U0964169

对外经济贸易大学研究生精品教材

Python 编程精通与实战

王树西　主　编
佟　强　副主编

对外经济贸易大学出版社
中国·北京

图书在版编目（CIP）数据

Python 编程精通与实战 / 王树西主编. -- 北京 : 对外经济贸易大学出版社, 2025. 2. --（对外经济贸易大学研究生精品教材）. -- ISBN 978-7-5663-2671-3

Ⅰ. TP312.8

中国国家版本馆 CIP 数据核字第 2025HK1544 号

Python 编程精通与实战

Python Biancheng Jingtong yu Shizhan

王树西　**主编**

责任编辑：张俊娟

出版发行：对外经济贸易大学出版社
社　　址：北京市朝阳区惠新东街 10 号
网　　址：www.uibep.com
资源网址：www.uibepresources.com
邮政编码：100029
邮购电话：010－64492338
发行部电话：010－64492342
E-mail：uibep@126.com

成品尺寸：185mm×260mm
印　　张：22.25
字　　数：501 千字
ISBN 978-7-5663-2671-3
印　　刷：三河市少明印务有限公司
版　　次：2025 年 2 月北京第 1 版
印　　次：2025 年 2 月第 1 次印刷
定　　价：58.00 元

本书由对外经济贸易大学研究生教材出版基金资助

前　　言

Python 是人工智能时代的编程语言。Python 语言简单易懂、功能强大，深受广大程序员的喜爱。Python 语言的用户越来越多，用途越来越广。

本教材涵盖从入门到实战，从理论分析到实际应用的多方面、多层次内容，具体列举如下：Python 的发展简史、Python 的基础语法、Python 的数据类型、Python 的运算符、Python 内置数学函数、条件控制（if）、while 循环语句、for 循环语句、字符串、列表（list）、元组（tuple）、字典（dictionary）、集合（set）、时间和日期、Python 语法举例、函数、类（class）、文件、模块（module）、turtle 绘制图形、Python 处理 Excel 文件、Python 处理 CSV 文件。除此之外，本教材还提供了配套的课件、习题及答案，可以扫描教材中提供的二维码查看，也可以登录对外经济贸易大学出版社资源网（www.uibepresources.com）下载。

与同类教材相比，本教材注重 Python 基础知识、基本技能的讲解，有助于培养学习者扎实的基本功。同时，本教材通俗易懂，通过大量的实例讲解相关知识点，有助于学习者掌握。

本教材适合立志掌握和精通 Python 的专科生、本科生、研究生、科技工作者使用。

目　　录

第 1 章　Python 概述

1.1　Python 广受欢迎

Python 语言是一门强大（而且越来越强大）的计算机编程语言。它与时俱进，发展速度很快，不断更新换代，人们对 Python 语言的关注度也越来越高。

在计算机编程语言领域，Python 语言得到了广泛而高度的认可。计算机编程语言流行度（受欢迎程度）的一个重要指标，是 TIOBE 开发语言排行榜（网址：https://www.tiobe.com/tiobe-index/）。TIOBE 是“The Importance of Being Earnest”的简称，每月更新一次。TIOBE 评级一般基于全球范围内的广泛调研：熟练的软件工程师、计算机编程语言课程开设情况、大企业（诸如百度、腾讯、Google、Meta、Apple、Microsoft、Amazon、YouTube）所用的计算机编程语言等。因此，TIOBE 排行榜受到业内的广泛认可，常被作为当前业内计算机编程语言流行度的有效指标。

根据 2024 年 7 月的 TIOBE 开发语言排行榜，Python 语言以 16.12%的市场份额位列编程语言第一名（较 2023 年同期增长 2.70%）。在这份排行榜上，Python 语言的市场份额比第二名 C++语言的市场份额（10.34%）高出了 5.78 个百分点。

从 TIOBE 的历史排名曲线来看，Python 语言从 2001 年 7 月 1.13%的市场份额，经过 23 年的发展，一路上涨到 2024 年 7 月 16.12%的市场份额，显示出 Python 语言极为强大的生命力。特别是 2016 年以来，Python 语言的市场份额快速增加，在 8 年之内，Python 语言的市场份额增长了 3 倍之多。而这个时期（从 2016 年开始），人工智能（Artificial Intelligence，AI）呈爆发式增长，Python 语言成为人工智能得心应手的工具，Python 与人工智能已经深深绑定在一起。人工智能的发展方兴未艾，随着人工智能大模型、云计算等领域持续迅猛的发展，Python 语言的市场份额会越来越高，其他计算机编程语言与 Python 语言的差距会越来越大。

判断计算机编程语言的流行度（市场份额），还有一个非常重要的指标，那就是 PYPL（网址：https://pypl.github.io/PYPL.html），PYPL 是“PopularitY of Programming Language”（编程语言流行指数）的简称，目前包含 4 个排行榜，分别是计算机编程语言、IDE（集成开发环境）、ODE（Online IDE）以及数据库。

PYPL 排名的原始数据来自 Google Trends，某编程语言在 Google 上的搜索频率越高，表示这门编程语言越受欢迎。也就是说，PYPL 排行榜来自众多计算机开发者以及计算机编程语言用户，PYPL 有深厚的群众基础。

根据 2024 年 7 月的 PYPL 计算机编程语言排行榜，Python 语言排名第一，市场份额为 29.35%，高出排名第二的 Java 语言（市场份额 15.6%）13.75 个百分点。

总而言之，Python 作为一种计算机编程语言，与人工智能深度绑定，发展势头强劲，发展潜力很大。

1.2 Python 发展简史

目前，在全世界范围之内，已经兴起了一股学习 Python 语言、使用 Python 语言的热潮。作为一门计算机编程语言，Python 为什么这么受关注？Python 的优势在哪里？Python 能做哪些工作？Python 能给我们带来什么？

Python（英国发音：/'paɪθən/，“派森”；美国发音：/'paɪθɑːn/，“派桑”）翻译成中文是“蟒蛇”。计算机编程语言 Python 是荷兰程序员吉多·范罗苏姆（Guido van Rossum）于 1989 年开发的（据说是为了打发无聊的圣诞节而编写），Python 语言迄今已有 35 年的历史。

1991 年，第一个 Python 编译器问世。它是用 C 语言实现的，能够调用 C 语言的库文件。从问世时起，Python 就具有了包括类、函数、异常处理、包含表和词典在内的核心数据类型，以及以模块为基础的拓展系统。

Python 语言的 logo（标志、标识、徽标、图标）是两条互相纠缠的“大蟒蛇”，如图 1.1 所示。那么，Python 编程语言为什么和“大蟒蛇”扯上关系？据说是吉多·范罗苏姆很喜欢一个名为《蒙提·派森的飞行马戏团》（Monty Python's Flying Circus）的电视喜剧片，于是，吉多·范罗苏姆就把这个电视喜剧片名字中的“Python”作为这门新开发的计算机编程语言的名字。

图 1.1 Python 编程语言的 logo

有意思的是，计算机编程语言 Python 的设计理念，和大蟒蛇的特性有相似之处。Python 的设计哲学是“优雅”“明确”“简单”，Python 旨在“用一种方法，最好是只有一种方法，来做一件事”。这与蟒蛇的特性有相似之处：蟒蛇捕食时，常慢慢爬行接近猎物，迅速咬住猎物，用身体将猎物缠绕致死，并压扁猎物使其呈长条形，然后分泌唾液使猎物润滑进而吞食（动作优雅，目标明确，方法简单）。

Python 语言之父吉多·范罗苏姆，于 1956 年出生于荷兰，1995 年移居美国，2018 年被收录进计算机历史博物馆荣誉墙，2019 年从 Dropbox 公司退休。目前，年近古稀的吉多·范罗苏姆老当益壮，仍然在维护 Python 的开发。吉多·范罗苏姆是非营利组织 Python 软件基金会（Python Software Foundation）的领袖，会在 Python 的“必要时刻”做出最终决定，一锤定音。吉多·范罗苏姆被普遍认为是一名纯粹的科技工作者，一位德高望重的忠厚长者，他醉心技术、耿直厚道、对 Python 精益求精，被 Python 社区的人们亲切称为“仁慈的独裁者”。如果想了解吉多·范罗苏姆的更多信息，可以访问其个人主页（http://www.python.org/~guido/）。从一张在网络上广泛流传的吉多·范罗苏姆的肖像中可以看到，他头发花白、慈眉善目，T 恤上有“人生苦短 Python 是岸”的中文字样。吉多·范罗苏姆与中国颇有渊源，甚至有中文博客，中国网友亲切地称他为“龟叔”。

值得一提的是，在促进计算机发展方面，荷兰这个国家人才辈出，做出了较大贡献。

除了 Python 语言是荷兰人吉多·范罗苏姆开发的，当今世界极具生命力的开源操作系统 Linux（Google、Meta、世界上最快的超级计算机均使用 Linux 操作系统，Linux 还是 Android 的核心），是荷兰人林纳斯·本纳第克特·托瓦兹（Linus Benedict Torvalds）于 1991 年开发的，他被尊称为 Linux 操作系统之父。此外，著名的计算机科学家艾兹格·W. 迪科斯彻（Edsger Wybe Dijkstra，1930—2002 年）也是荷兰人，他于 1972 年获得图灵奖。著名的光刻机生产商 ASML 公司（全称为 Advanced Semiconductor Material Lithography，中文译为“阿斯麦尔”）的总部也设在荷兰。

作为一个开源（Open Source）、主流的计算机编程语言，Python 近年来发展迅猛，有着越来越多的拥趸，众多程序员投身其中，为 Python 体系的建设添砖加瓦。目前，Python 的版权和许可证归属于 Python 软件基金会（由 Python 创始人吉多·范罗苏姆及其团队建立）。Python 软件基金会（官方网站为 https://www.python.org/）负责召集开源社区的志愿者共同研发 Python，主要工作为修复漏洞、增加新语法。Python 软件基金会大约每年发布 Python 的一个新版本，每次增加两三种新语法。

1.3 Python 的优点

Python 语言语法丰富、简明优雅、易于开发、易于学习，完成工作的代码极少。Python 是一种解释型语言、脚本语言（有点类似于 JavaScript 语言），Python 代码无须进行编译即可直接通过解释器解释运行，编程效率高。Python 是跨平台的语言，代码移植不需要重新编译。Python 处理数据的速度快，适用于数据分析与处理。Python 完全面向对象，支持常见的类概念（继承、重载、派生、多重继承等）。Python 具有高度的稳定性、可靠性。

Python 语言拥有数量众多、功能强大、简单易用的工具包（Package，也称“库”），这些工具包（如 numpy、scipy、theano、pylearn2 等）是众多程序员合力完成的，非常完善，可以提供丰富多样的功能。程序员可以直接加载这些 Python 工具包，使用这些工具包的功能，软件复用不需要自己编写大量代码，从而大幅简化编程工作，让编程工作更加高效，类似于搭积木。

Python 语言的应用范围很广，适用于 Web 程序、GUI 开发、机器学习、神经网络等，很多软件产品在开发过程中使用了 Python 语言，包括豆瓣、果壳、知乎、Dropbox 等重量级软件产品。

Python 语言拥有很完善的标准代码库，包括网络编程、文件系统、图形处理、数据库、文本处理等，所以 Python 有“内置电池”的美称。

Python 语言是一种开源的计算机编程语言，Python 社区和广大的志愿开发者为 Python 语言开发了大量的第三方库，形成了强大的 Python 语言生态。Python 语言可扩展性非常强，Python 提供了丰富的应用程序编程接口（API），开发者可以通过这些 API

进行开发。

Python 语言具有强大的黏合性、吸附性。开发者即便不懂得 Python，也可以使用其他主流编程语言（如 C 语言）编写模块并融入 Python 中，所以 Python 有“胶水语言”之称。

现在是信息时代、移动互联网时代、人工智能时代，Python 语言以其敏捷的特性、完备的生态成为这个时代的研发利器。可以说，Python 语言是开启未来的一把钥匙，应该与时俱进，正确使用。

1.4 Python 的版本

Python 的生命力旺盛，它与时俱进，不断推出新的版本。学习者和使用者可以从 Python 官网（https://www.python.org/downloads/release/）下载不同时期的 Python 版本，Python 官网提供不同操作系统（Windows、Linux/Unix、Mac OS X 等）的安装程序。Python 源代码遵循 GPL（General Public License）协议。

GPL 是一种由自由软件基金会（Free Software Foundation）发布的软件许可证，它授予计算机程序的使用人权利，也是一种很具代表性的开源软件许可协议。GPL 规定，只要满足其许可条款（在使用 GPL 许可的应用程序中保留原有的版权声明），用户可以使用、复制和传播 GPL 许可的这些程序。GPL 也有一种把软件免费开放的作用，使得世界上有大量的自由软件可以供公众使用、改编和交流。

截至 2024 年 10 月，Python 最新版本是 3.13。按照时间的顺序，Python 不同时期的版本如下。

（1）1991 年，公开发布第一个 Python 版本。

（2）2001 年 6 月 22 日，公开发布 Python 2.0.1 版本，正式进入 Python 2.x 时代。

（3）2020 年 4 月 20 日，公开发布 Python 2.7.18 版本。这也是 Python 2.x 的最后一个版本，从此 Python 2.x 的更新停止，Python 2.x 从此进入历史。Python 官方宣布停止维护 Python 2.x，不再修复漏洞。换句话说，这些旧版本的代码都超过了保质期。

（4）2008 年 12 月 3 日，公开发布 Python 3.0.0 版本，正式进入 Python 3.x 时代。从 Python 2.x 到 Python 3.x，是一个大的版本升级。Python 2.x 与 Python 3.x 并不兼容，几乎是两个不同的体系。也就是说，Python 2.x 的解释器通常不能运行 Python 3.x 语法的代码。Python 3.x 的解释器通常不能运行 Python 2.x 语法的代码。

本书讲解的内容是 Python 3.x 版本。那么，Python 是否会发布 4.x 版本？吉多・范罗苏姆曾在接受采访时被问到 Python 的未来，以及 Python 是否会发布 4.0 版本。吉多・范罗苏姆直言，Python 4.0 可能永远不会出现在世人面前。

在这次采访中，吉多・范罗苏姆表示：

（1）他和 Python 的核心开发团队成员对 Python 4 的想法并没有太多兴趣，大家已经从 Python 2 到 Python 3 的过渡期吸取了足够的教训。

（2）如果出现 Python 4.x 版本，之前 Python 3.x 的大量工作可能会报废。

（3）Python 3.x 更有可能继续编号，至少会编号到 3.33，甚至可能编号到 3.99。

（4）他并没有完全排除 Python 4.0 的可能性，但他暗示，这只有在与 C 语言兼容方面有重大改变时才可能出现。

（5）他强调说，在尽可能长的时间内，发布编程语言的增量更新是重点。

（6）在过去的六七年中，一直在向 Python 添加可选的静态类型，也被称为渐进类型。

（7）Python 在近几年开始把 TypeScript 作为发展的决定性因素。

1.5　Python 集成开发环境 PyCharm

Python 是一种计算机编程语言，是形式语言而不是自然语言。自然语言是在生产、生活中自然形成的语言，如汉语、英语、俄语、德语、日语等。计算机编程语言是人工定义的形式语言，是基于数学、逻辑学创立的。

自然语言学家告诉我们，为了掌握一门自然语言，应该多读、多说、多写、多用这门自然语言。同样的，为了掌握一门计算机编程语言，应该多写代码、多读代码、多用这门计算机编程语言完成任务。

练习 Python 语言，需要安装调试集成开发环境（Integrated Development Environment, IDE），在集成开发环境中运行 Python 程序、掌握 Python 语法、分析 Python 代码、编写 Python 代码，从而掌握 Python 语言，成为一名 Python 高手。

下面以 Python 集成开发环境（也称为“编程软件”，或者“编译器”）PyCharm（中文 Windows 版本）为例，介绍如何使用 PyCharm 这个编程软件建立 Python 项目、新建 Python 程序、编写 Python 代码、编译运行 Python 代码等。注意：Python 3.5 以上版本不能用于 Windows XP 及更早版本的 Windows 操作系统。PyCharm 软件的 logo 如图 1.2 所示。

图 1.2　PyCharm 软件的 logo

（1）建立文件夹。

在 C 盘上新建一个名为“Python Project”的文件夹。将 Python 项目（project）、相关 Python 程序文件、数据文件等集中存储在这个文件夹中，便于统一管理。

（2）打开 PyCharm 软件。

弹出“欢迎访问 PyCharm”对话框，如图 1.3 所示。

（3）新建项目。

在“欢迎访问 PyCharm”对话框中，点击“新建项目”上面的“+”，新建一个 Python 项目，弹出“新建项目”对话框，如图 1.4 所示。

（4）设置项目位置（所在文件夹）。

在弹出的“新建项目”对话框中，左列目录栏默认选择第一项“纯 Python”。点击右列中“位置(L):”右边的文本框，点击文本框中的文件夹图标。在弹出的“选择基目录”对话框（见图 1.5）中，为项目选择基目录，选择 C 盘上的“Python Project”文件夹，然后点击“确定”按钮。

图 1.3 “欢迎访问 **PyCharm**”对话框

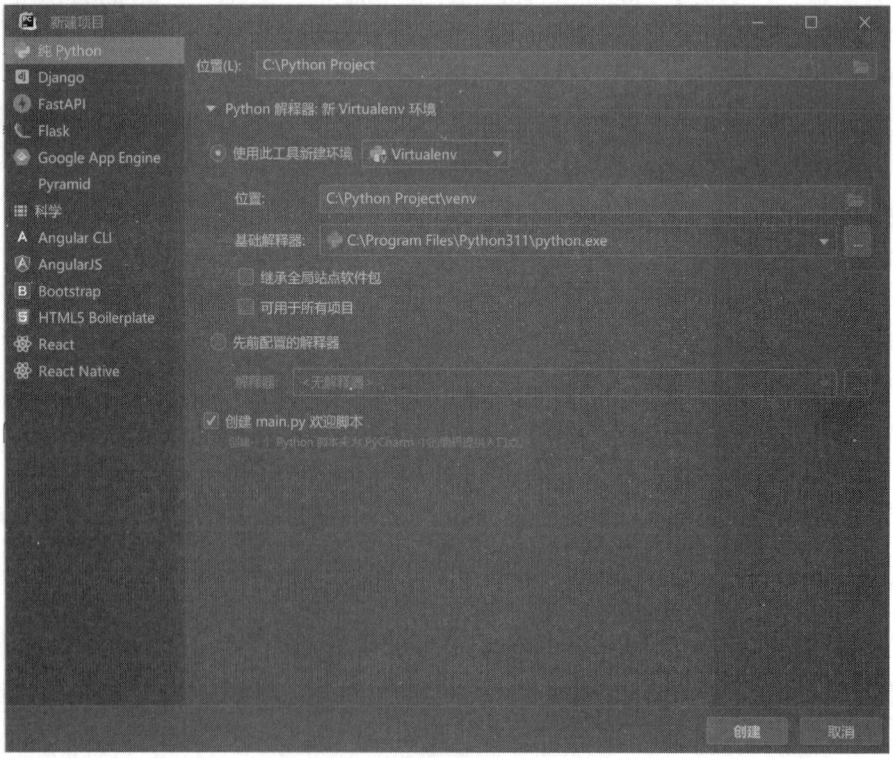

图 1.4 “新建项目”对话框

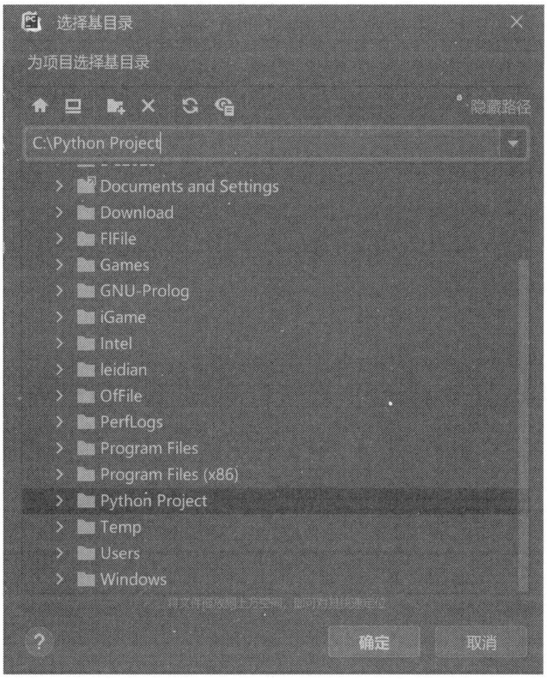

图 1.5 “选择基目录”对话框

（5）创建 main.py。

返回到“新建项目”对话框，点击“创建”按钮。弹出 PyCharm 界面，如图 1.6 所示。

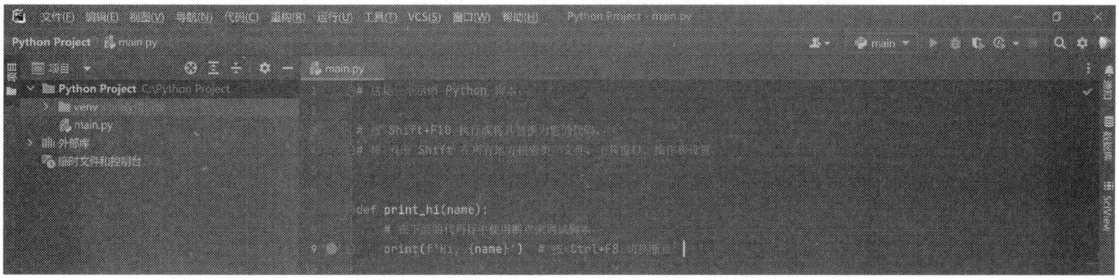

图 1.6 PyCharm 界面

PyCharm 界面的左上角是 PyCharm 的 logo。logo 右边是菜单栏，包括文件（F）、编辑（E）、视图（V）、导航（N）、代码（C）、重构（R）、运行（U）、工具（T）、VCS（S）、窗口（W）、帮助（H）等 11 个菜单。

PyCharm 界面的左列是项目列表，右列是打开的“main.py”文件，也是 PyCharm 的工作区。

在 PyCharm 界面中，点击最左侧的竖着写的“项目”两个字，项目列表就会隐藏起来。重新点击最左侧的竖着写的“项目”两个字，项目列表则会重新出现。

目前，“C:\pythonProject”这个目录下有“.idea”“venv”两个文件夹，还有“main.py”这个 Python 文件。

（6）编辑 Python 代码（main.py）。

点击右侧工作区，光标在闪烁，可以编辑 Python 代码（main.py）。main.py 的源代码如表 1.1 所示。

表 1.1　　main.py 源代码

```
#main.py,这是注释
print("hello, world")
```

（7）运行 Python 程序（main.py）。

为了运行 Python 程序（main.py），可以点击运行程序按钮；或者点击“运行（U）”菜单项，在弹出的下拉列表中，点击第一项“运行'main'（U）”；或者用鼠标点击 Python 程序（main.py）的工作区，使用快捷键“Shift+F10”，也就是第一个手指按住 Shift 键不放，同时第二个手指按 F10 键。

运行 Python 程序（main.py）之后，PyCharm 下方出现了 Python 控制台，控制台中出现了 Python 程序（main.py）的运行结果，如图 1.7 所示。

我们首先分析代码。

（1）第一行“#main.py,这是注释”。

其中，“#”是注释符，“#”后面的语句被注释而不进行编译。

图 1.7　Python 程序 main.py 运行结果（Python 控制台）

（2）第二行“print("hello, world")”。

其中“print”是打印的意思，表示打印左括号“(”和右括号“)”之间的内容，两个双引号之间的内容表示一个字符串，第二行的意思是打印“hello, world”这个字符串。第 2 行也可以写成语句 print('hello, world')，效果是一样的。

Python 程序（main.py）的运行结果分析如下：

（1）"C:\Python Project\venv\Scripts\python.exe"，指的是 python.exe 文件的绝对地址。

（2）"C:/Python Project/main.py"，指的是 main.py 这个 Python 文件的绝对地址。

（3）“hello, world”是打印出来的运行结果。

这是我们运行的第一个 Python 程序，在后续过程中，我们会通过更多的 Python 程序来学习 Python 语言。

必须说明的是：

（1）Python 文件的后缀名是“.py”。

（2）一个 Python 项目中，可能有多个 Python 文件。

（3）如果没有特殊说明，在运行程序时，默认运行 main.py 这个主文件。

（4）如果要运行 main.py 之外的某个 Python 程序（如 test.py），可以右击这个程序的工作区，在弹出的下拉列表中点击“运行'test'(U)”，或者点击快捷键“Ctrl + Shift + F10”，也就是第一个手指按住“Ctrl”键不放，同时第二个手指按住“Shift”键不放，第三个手指点击“F10”键盘。

总而言之，可以单独运行某个 Python 程序。

那么，如何在当前的 Python 项目（Python Project）中新建一个 Python 文件呢？

右击“main.py”这个文件，在弹出的下拉列表中，点击第一项“新建”，在弹出的下拉列表中，点击“Python 文件”选项。在弹出的“新建 Python 文件”对话框中，默认选择“Python 文件”选项，在文本框中，输入新建 Python 文件的名字“test”，按回车键，如图 1.8 所示。

图 1.8 “新建 Python 文件”对话框

查看左列的目录栏，在“main.py”的下面出现了“test.py”这个 Python 文件。双击打开“test.py”文件，编辑“test.py”这个 Python 程序的代码。

test.py 的源代码如表 1.2 所示。

表 1.2　　test.py 源代码

```
#test.py,这是注释
print("你好，这是 test.py")
```

运行 Python 程序“test.py”之后，PyCharm 下方出现了 Python 控制台，控制台中出现了 Python 程序（“test.py”）的运行结果，如图 1.9 所示。

图 1.9 Python 程序 test.py 运行结果（Python 控制台）

1.6 小结

本章较为简单，介绍了 Python 的发展历史、优势、版本以及如何搭建 Python 集成开发环境 PyCharm。为了更好地学习 Python，必须尽快搭建 Python 集成开发环境，建议安装 PyCharm 软件。

第 2 章　Python 基础语法

什么是语法呢？

自然语言学家告诉我们，自然语言（如中文、英文）的语法，就是用词造句的规则系统，它是词的构成规则、变化规则、组合规则的总和，也就是使用同一种语言的人，能够共同理解、共同接受、共同遵守的语言组合法则的整体。语法的规则客观存在于语言之中，是在语言长期发展过程中形成的，使用这种语言的全体成员必须共同遵守。

总而言之，自然语言的语法就是指使用自然语言的规则、方法。

什么是计算机编程语言（如 Python 语言）的语法呢？通俗易懂的说法是，计算机编程语言的语法是指使用计算机编程语言的规则、方法、法则。

自然语言的语法同计算机编程语言的语法有相似之处，但是也有明显的差别。

自然语言的语法，是人们通过不断观察而形成的对于这门语言规则的总结，是先有语言，后有语法。自然语言是人们在生产、生活中自然形成的，随着生产力的发展、变化，自然语言及其语法也在不断地发展、变化。自然语言的语法有可能会出现歧义，在表达内容不是很复杂的时候，可以通过语境和词义来弥补语法歧义带来的理解障碍。

计算机编程语言的语法是建立在逻辑学、数学基础上的，是一套数学系统，是没有歧义的，语法规则非常清晰。先有语法，后有计算机语言。一旦语法错误，程序就无法编译成功、无法运行。计算机编程语言也在与时俱进，也会出现新的语法。

本书所提到的 Python 语法是指 Python 3.x 语法。

2.1 支持中文

Python 支持中文吗？

Python 文件的编码方式默认是 UTF-8，也就是说，Python 支持中文。

表 2.1 是 Python 文件 Chap2_1.py 的源代码。

表 2.1　　　　Chap2_1.py 源代码

```
#Chap2_1.py,这是注释
print('你好，Python 3 支持中文')
```

Chap2_1.py 的运行结果如图 2.1 所示。

从程序运行结果可以看出，Python 支持中文，可以识别中文，可以打印中文。

第 2 行也可以写成语句 print("你好，Python 3 支持中文")，效果是一样的。

◎ **小技巧**：可以重新命名一个 Python 文件 Chap2_1.py，具体方法是，在 PyCharm 界面左侧的项目列表中，右击 Python 文件 Chap2_1.py，在弹出的下拉列表中，点击“重构(R)”选项，在弹出的下拉列表中，点击“重命名(R)… Shift+F6”，选项，在弹出的“重命名”对话框中输入“Chap2_2.py”，然后点击“重构”按钮，如图 2.2 所示。

图 2.1　Chap2_1.py 的运行结果

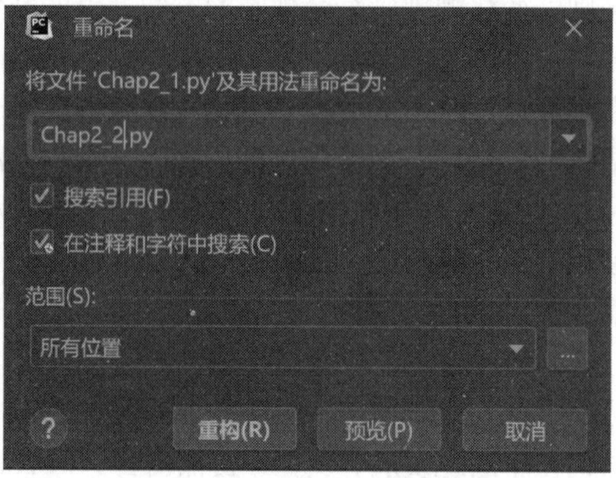

图 2.2　文件“重命名”对话框

2.2　标识符（变量）

在生活中，起名字是有讲究的。

给人起名字有讲究，要图个吉利，生僻字尽量少用，人的名字的寓意要吉祥，男孩的名字可以阳刚一些，女孩的名字可以柔美一些。

给企业起名字有讲究，企业名字要寓意生意兴隆、红红火火等。

给某个行动计划起名字有讲究，行动计划的名字应尽量简短有力、振奋人心，例如“春雷计划”“霹雳行动”等。

在 Python 编码过程中，需要用到大量的标识符（变量），这些标识符（变量）的名字必须遵循一定的规则。没有规矩，不成方圆。如果不按照规则，随便给标识符（变量）起名字，就有可能会出错。

Python 源代码中的标识符（变量）必须满足如下条件：

（1）标识符由大小写字母（a, b, c, …, z; A, B, C, …, Z）、数字和下划线组成。

（2）标识符不能以数字开头，必须以字母或者下划线开头。

（3）标识符对大小写敏感。

（4）不能将 Python 的关键字（保留字）作为标识符（变量）。

例如，“correctVar1”“_correctVar2”“CorrectVar3”都是正确的标识符（变量），“3FalseVar4”“false$Var5”“false(*!Var6”都是错误的标识符（变量），“sensitiveVar7”“SensitiveVar7”是不同的标识符（变量）。

给变量命名就像给人起名字一样重要，应该言简意赅、容易记忆、容易理解、可读性强、便于交流、便于记忆。

匈牙利程序员查尔斯·西蒙尼（Charles Simonyi）发明了一套变量命名规范，被程序员广泛接受，这套变量命名规范被称为“匈牙利命名法”。

匈牙利命名法的基本原则是：变量名=属性+类型+对象描述。简单来说，（1）变量由多个单词组成；（2）变量首单词小写；（3）变量首单词后续的每个单词，首字母大写，其余字母小写。

匈牙利命名法致力于保证变量的连续性。例如：“g_”开头的标识符表示全局变量，“c_”开头的标识符表示常量，“s_”开头的标识符表示静态变量，“a”开头的标识符表示数组变量，“p”开头的标识符表示指针变量，“fn”开头的标识符表示函数，“l”开头的标识符表示长整型变量，“b”开头的标识符表示布尔型变量，“f”开头的标识符表示浮点型变量，“n”开头的标识符表示短整型变量，“sz”开头的标识符表示字符串型变量，“d”开头的标识符表示双精度浮点型变量，“c”开头的标识符表示字符型变量，“cnt”开头的标识符表示计数型变量，“n”开头的标识符表示整型变量，“by”开头的标识符表示字节型变量，“r”开头的标识符表示实型变量，“u”开头的标识符表示无符号型变量，“frm”开头的标识符表示表单型变量，“lbl”开头的标识符表示标签型变量。

2.3 关键字（保留字）

关键字又称为保留字，是计算机编程语言中事先定义、有特殊意义的标识符，用来表示特定数据项目。

Python 3 的关键字（保留字）包括 False、None、True、and、as、assert、break、class、continue、def、del、elif、else、except、finally、for、from、global、if、import、in、is、lambda、nonlocal、not、or、pass、raise、return、try、while、with、yield 等。

通过 Chap2_2.py 程序，可以打印出 Python 的关键字（保留字），Chap2_2.py 的源代码如表 2.2 所示。

表 2.2　Chap2_2.py 源代码

```
#Chap2_2.py，Python 的关键字（保留字）
import keyword
print(keyword.kwlist)
```

Chap2_2.py 的运行结果如图 2.3 所示。

图 2.3 Chap2_2.py 的运行结果

在 Chap2_2.py 的源代码中，“import keyword”这条语句，是指导入“keyword”这个 Package（库、包），这是 Python 自带的一个 Package（库、包）。

Python 中的关键字（保留字）不能作为标识符（变量），否则集成开发环境（IDE）就会发出“invalid syntax”的错误提示信息。后续章节会逐一介绍这些关键字（保留字）的用法。

2.4 注 释

注释的内容，一般是说明当前这段代码的架构、逻辑、输入输出、重要变量等，它是给阅读代码的人看的。之所以进行注释，是为了让代码更有可读性，方便之后进行修改。注释应该简洁，不应该过于烦琐，因为代码中的注释毕竟不是开发文档。

Python 中的注释包括单行注释、多行注释。单行注释以“#”开头，“#”后面是注释的内容；多行注释以三个单引号（'''）开头，以三个单引号（'''）结尾，也可以三个双引号（"""）开头，三个双引号（"""）结尾，中间可以有多行注释。

文件 Chap2_3.py 的源代码介绍了代码中注释的不同类型，如表 2.3 所示。

表 2.3 Chap2_3.py 源代码

```
#Chap2_3.py
# 单行注释，可以用#，#后面是注释的内容
print ('# 单行注释，可以用#，#后面是注释的内容')
'''
多行注释
多行注释
'''
print("多行注释可以用 \'\'\'，\'\'\'之间的内容，是多行注释 ")
"""
多行注释
多行注释
"""
print("多行注释可以用 \"\"\"，\"\"\"之间的内容，是多行注释 ")
```

Chap2_3.py 的运行结果如图 2.4 所示。

图 2.4　Chap2_3.py 的运行结果

注意，为了通过 print 语句打印出单引号，单引号需要用“\'”表示，其中“\”是转义符；为了通过 print 语句打印出双引号，双引号需要用“\"”表示，其中“\”是转义符。

2.5　代码缩进

Python 不使用大括号（{}）表示代码块，而是使用代码缩进表示代码块。

代码缩进的空格数可变，但是在同一代码块中，所有行（语句）的缩进空格数必须相同。如果同一代码块中不同行（语句）的缩进空格不同，就会编译出错。

Chap2_4.py 程序说明在同一代码块中所有行的缩进空格数必须相同，源代码如表 2.4 所示。

表 2.4　　　Chap2_4.py 源代码

```
#Chap2_4.py，同一代码块中不同语句缩进不一致，会导致运行错误
print("第 1 行，缩进 0 字符")
   print("第 2 行，缩进 3 字符")
```

Chap2_4.py 的运行结果如图 2.5 所示。

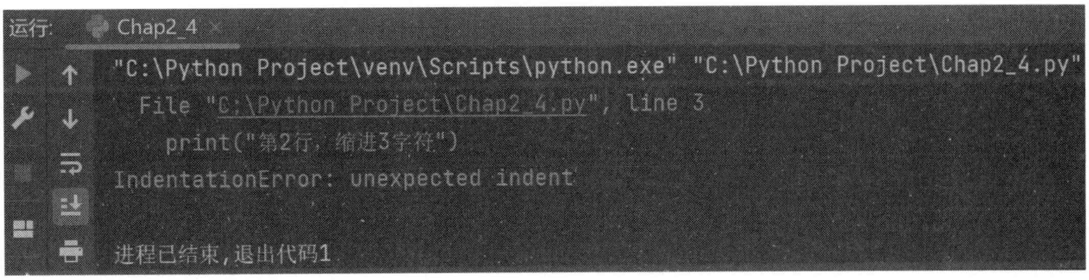

图 2.5　Chap2_4.py 的运行结果

在 Chap2_4.py 这个例子中，同一个代码块中，有的行（语句）缩进 0 空格，有的行（语句）缩进 3 空格，这样就会在编译过程中报错。“IndentationError: unexpected indent”就是报错信息。

那么，如果同一代码块中，所有行（语句）的缩进空格数都相同，而且缩进空格数

大于 0，是否可以呢？不可以。表 2.5 是文件 Chap2_5.py 的源代码。

表 2.5　　Chap2_5.py 源代码

```
#Chap2_5.py，统一代码块中不同语句缩进一致，缩进空格数大于 0
   print("第 1 行，缩进 3 字符")
   print("第 2 行，缩进 3 字符")
```

Chap2_5.py 的运行结果如图 2.6 所示。

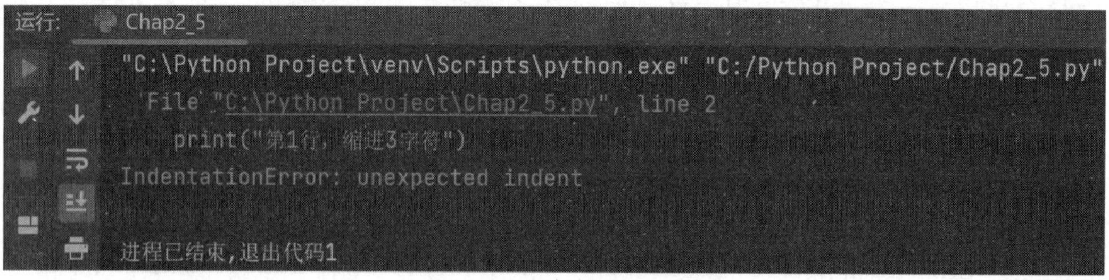

图 2.6　Chap2_5.py 的运行结果

通过这个例子可以看出，同一代码块中，所有行（语句）的缩进空格数必须相同，而且，如果这个代码块上面没有引领代码（如 if、while 等），那么缩进空格数应该是 0。

2.6　数字类型转换

Python 有 6 种数据类型：number（数字）、string（字符串）、list（列表）、tuple（元组）、set（集合）、dictionary（字典）。其中，number（数字）共 4 种，包括：int（整数类型，简称“整型”，如 1、2、3）、float（浮点数类型，浮点型，如 3.14、2E-3）、bool（布尔型，True 和 False）、complex（复数型，如 1.2+2.3i、3+4.5j）。

Python 中的变量不需要声明所属类型。变量在赋值之后才会被创建，变量在使用前必须赋值。例如“a=1”就是一种变量赋值，“x, y = 1, 2”也是一种变量赋值，表示 x=1，y=2。

不同类型的数字在一定条件之下是可以互相转换的。在 Python 编程中，数字类型转换是处理数据时必不可少的技能。掌握如何灵活地在不同数字类型之间转换，能让代码更加高效和灵活。下面举例说明。

2.6.1　整数转字符串

在程序 Chap2_6.py 中，将年龄（整数）转换为字符串，以便在消息中显示，使用 str()函数将整数转换为字符串，便于拼接输出，源代码如表 2.6 所示。

表 2.6 **Chap2_6.py 源代码**

```
#Chap2_6.py
age = 25
age_str = str(age)
print("My age is " + age_str)
```

Chap2_6.py 的运行结果如图 2.7 所示。

图 2.7 Chap2_6.py 的运行结果

2.6.2 字符串转整数

程序 Chap2_7.py 中，从用户输入中获取年龄，并将其转换为整数进行计算，具体而言是使用 int()函数将字符串转换为整数，其源代码如表 2.7 所示。注意：输入可能是非数字，需加入异常处理。

表 2.7 **Chap2_7.py 源代码**

```
#Chap2_7.py
age_input = input("请您输入年龄: ")
age = int(age_input)
print("10 年之后，您的年龄是： " + str(age + 10))
```

Chap2_7.py 的运行结果如图 2.8 所示。

图 2.8 Chap2_7.py 的运行结果

如果将包含非数字字符的字符串（如"25 years"）转换为整数，会导致 ValueError。为避免此类错误，可以先使用 str.replace()或正则表达式清理字符串。

改进的程序 Chap2_8.py 的源代码如表 2.8 所示。

表 2.8　　　　Chap2_8.py 源代码

```
#Chap2_8.py
import re
age_str = "25 years"
age_str_cleaned = re.sub(r'\D', '', age_str)   # 移除非数字字符
age = int(age_str_cleaned)
print("Age:", age)
```

Chap2_8.py 的运行结果如图 2.9 所示。

图 2.9　Chap2_8.py 的运行结果

2.6.3　浮点数转整数

程序 Chap2_9.py 中，计算商品折扣后的价格，保留整数部分，使用 int()函数丢弃小数部分，实现浮点数到整数的转换。其源代码如表 2.9 所示。

表 2.9　　　　Chap2_9.py 源代码

```
#Chap2_9.py
price = 19.99
discounted_price = int(price * 0.8)
print("Discounted price: $" + str(discounted_price))
```

Chap2_9.py 的运行结果如图 2.10 所示。

图 2.10　Chap2_9.py 的运行结果

2.6.4　字符串转日期

程序 Chap2_10.py 中，将生日字符串转换为日期对象，方便计算年龄，使用 datetime.strptime()函数将字符串按照指定格式转换为日期对象，实现从字符串到日期的转换。其源代码如表 2.10 所示。

表 2.10　　　　Chap2_10.py 源代码

```
#Chap2_10.py
from datetime import datetime
birthday_str = "1995-01-01"
birthday_date = datetime.strptime(birthday_str, "%Y-%m-%d")
print("Birthday:", birthday_date)
```

Chap2_10.py 的运行结果如图 2.11 所示。

图 2.11　Chap2_10.py 的运行结果

2.6.5　日期转字符串

程序 Chap2_11.py 中，将当前日期转换为字符串，使用 strftime()函数将日期对象按照指定格式转换为字符串，实现日期到字符串的转换。其源代码如表 2.11 所示。

表 2.11　　　　Chap2_11.py 源代码

```
#Chap2_11.py，日期转字符串
from datetime import datetime
today = datetime.now()
today_str = today.strftime("%Y%m%d")
print("Today's date:", today_str)
```

Chap2_11.py 的运行结果如图 2.12 所示。

图 2.12　Chap2_11.py 的运行结果

类似的例子还有很多。掌握 Python 中的数据类型转换是成为一个高效程序员的关键。

2.7　转　义　符

所谓转义符，是指在字符前面添加反斜杠（\），对这个字符进行转义。

例如字符串“I'm a student”，为了让编译器能够正确理解字符串中的单引号（'），应该对这个单引号进行转义，在这个单引号的前面添加反斜杠（\）。

某些转义字符及其含义如表 2.12 所示。

表 2.12　　转义符及其含义

转义符	含义
\'	单引号
\"	双引号
\a	发出系统响铃声
\b	退格
\n	换行
\t	横向制表（TAB）
\v	纵向制表
\r	回车符
\f	换页
\o	八进制数代表的字符
\x	十六进制数代表的字符
\0	空字符
\\	反斜杠

2.8　格式化字符

格式化字符及其用途如表 2.13 所示。

表 2.13　　格式化字符及其用途

格式化字符	用途
%c	格式化字符及 ASCII 码
%s	格式化字符串
%d	格式化整数
%o	格式化无符号八进制数
%x	格式化无符号十六进制数
%X	格式化无符号十六进制数（大写）
%f	格式化浮点数，可指定小数点后的精度
%e,%E	用科学计数法格式化浮点数

续表

格式化字符	用途
%g,%G	根据值的大小决定使用%f 或%e
m.n	m 是最小总宽度，n 是小数点后位数
-	用于左对齐
+	在正数前面显示加号（+）
#	在八进制数前面显示 '0o'，在十六进制数前面显示 '0x' 或 '0X'
0	显示结果的前面用'0'填充空格

表 2.14 给出了 Chap2_12.py 的源代码，展示了格式化字符的用途。

表 2.14　　Chap2_12.py 源代码

```
#Chap2_12.py，格式化字符
print ('%c'%97)
print ('%c %c %c'%(97, 98, 99))
print ('%o'%12)
print('%5.5f' %27.55)
print('%0x' %18)
```

Chap2_12.py 的运行结果如图 2.13 所示。

图 2.13　Chap2_12.py 的运行结果

2.9 输　　入

前面已经介绍了输出（print 语句），现在介绍如何从键盘输入。表 2.15 给出了 Chap2_13.py 的源代码，说明如何使用 Python 内置的 input()函数，从键盘输入。

表 2.15　　　　Chap2_13.py 源代码

```
#Chap2_13.py
str=input("请您键盘输入并回车");
print("您输入的内容是：",str)
print("您输入的类型是：",type(str))
num=int(input("请您键盘输入一个整数"))
print("您输入的内容是：",num)
print("您输入的类型是：",type(num))
a=10;
print("a=10,eval(\"a+1\")=",eval("a+1"))
s="abck"
print("s=\"abck\",eval(\'s\')=",eval('s'))
c,d=eval(input("请输入两个数"))
print("c,d=",c,d)
```

Chap2_13.py 的运行结果如图 2.14 所示。

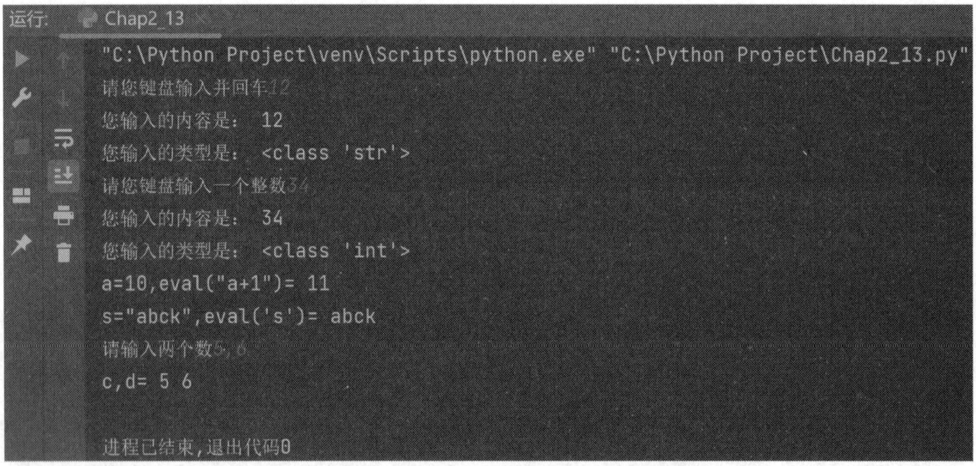

图 2.14　Chap2_13.py 的运行结果

通过 Chap2_13.py 的源代码，我们可以看到，input()函数接收从键盘输入的内容，括号中的字符串是提示用语。eval()函数用来执行一个字符串表达式，并返回表达式的值，eval()函数格式如下：eval(expression, globals[ ], locals[ ])。

Python 的内置函数很多，我们在后续章节会进行讲解。

2.10　输　　出

Python 内置的输出函数 print()默认输出之后换行。如何在输出之后不换行？需要在末尾加上语句：end="分隔符"。其中，分隔符可由自己定义，如“|”、“\”、“&”。

表 2.16 给出了 Chap2_14.py 的源代码，说明如何输出。

表 2.16　　Chap2_14.py 源代码

```
#Chap2_14.py，输出之后打印分隔符
str1="abc"
str2="def"
# 不换行输出
print(str1,end="$$" )
print(str2,end="$$" )
print()
str="www.gziscas.com.cn"
print("str=\"www.gziscas.com.cn\"\nstr.split(\'.\')=",str.split('.'))
```

Chap2_14.py 的运行结果如图 2.15 所示。

图 2.15　Chap2_14.py 的运行结果

通过 Chap2_14.py 的源代码，我们可以看到，输出函数 print(输出内容，end="分隔符")，在输出内容之后打印分隔符。内置分割函数 split()的用法如下：str.split('分割符')，其中 str 是一个字符串，运算结果是将 str 这个字符串通过分割符分割开并打印出来。

2.11　import 语句

Python 通过“import”语句，或者“from...import”语句，导入相应的模块（或称库、包）。导入模块（module）语句格式为“import module”。

表 2.17 给出了 Chap2_15.py 的源代码，讲解如何使用 import 指令。

表 2.17　　Chap2_15.py 源代码

```
#Chap2_15.py import 指令
import sys
print ('Python import mode，命令行参数为:')
for i in sys.argv:
    print (i)
print ('python  路径为',sys.path)
```

Chap2_15.py 的运行结果如图 2.16 所示。

图 2.16　Chap2_15.py 的运行结果

从某个模块中导入具体函数的格式为“from module import function”。表 2.18 给出了文件 Chap2_16.py 的源代码。

表 2.18　　Chap2_16.py 源代码

```
#Chap2_16.py from module import function
from sys import argv, path    # 导入特定的成员
print('python from import,argv:', argv)
print('python from import,path:', path)   # 因为已经导入 path 成员，所以此处引用时不需要加 sys.path
```

Chap2_16.py 的运行结果如图 2.17 所示。

图 2.17　Chap2_16.py 的运行结果

以 time 这个模块（module）为例，如果要导入（import）这个模块，可以有不同的方法，例如：

（1）import time 将整个模块导入。引用格式为 time.sleep(1)，表示停顿 1 秒钟。

（2）from time import *将整个模块中全部函数导入。引用格式为 sleep(1)。

（3）from time import sleep 将模块中特定函数导入。引用格式为 sleep(1)。

（4）import time as slpTime 将模块换别名。引用格式为 slpTime.sleep(1)。

表 2.19 给出了文件 Chap2_17.py 的源代码。

表 2.19　　Chap2_17.py 源代码

```
#Chap2_17.py，导入 module 并使用 sleep 函数
from time import *
print("首先输出，然后停顿 5 秒钟...")
sleep(5)
print("停顿 5 秒钟之后，继续输出")
```

Chap2_17.py 的运行结果如图 2.18 所示。

图 2.18　Chap2_17.py 的运行结果

2.12 小　结

Python 的语法较为繁杂，本书逐步介绍。本章简单介绍了 Python 的基础语法，包括 Python 支持中文、标识符（变量）、关键字（保留字）、注释、代码缩进、数据类型、转义符、格式化字符、输入、输出、import 语句等。

第 3 章　Python 数据类型

Python 有 6 种数据类型：number（数字）、string（字符串）、list（列表）、tuple（元组）、set（集合）、dictionary（字典）。

下面逐一介绍这 6 种数据类型。

3.1　number（数字）

number（数字），就是前面章节提到的 int、float、bool、complex 类型。下面通过文件 Chap3_1.py 介绍数字类型的基本运算，其源代码如表 3.1 所示。

表 3.1　　Chap3_1.py 源代码

```
#Chap3_1.py，number（数字类型）包括：int、float、bool、complex
a,b,c,d=20,5.5,True,4+3j
print(type(a),type(b),type(c),type(d))
num=111
print("isinstance(num,int)=",isinstance(num,int))
print("2+3=",2+3)#加法
print("8-3=",8-3)#减法
print("2*3=",2*3)#乘法
print("2/3=",2/3)#除法，得到浮点数
print("4//3=",4//3)#除法，得到整数商
print("17%3=",17%3)#除法，得到余数
print("2**5=",2**5)#乘方
```

Chap3_1.py 的运行结果如图 3.1 所示。

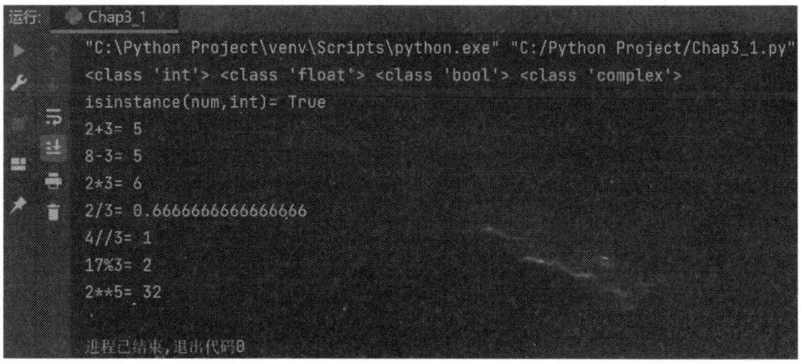

图 3.1　Chap3_1.py 的运行结果

Chap3_1.py 的源代码中，不但涉及 4 种数字类型（int、float、bool、complex）的识别方法，而且涉及加（+）、减（–）、乘（*）、除（/）、乘方（**）、求余（%）、求整数商（//）等运算。

3.2 string（字符串）

Python 中的字符串，用两个单引号（'）包括起来，或者用两个双引号（"）包括起来，两个字符串可以通过“+”运算符连接在一起。

例如，两个字符串“water”“stream”，通过“+”运算符连接在一起，运算结果是字符串“waterstream”。

字符串“'water'*3”的运算结果是“waterwaterwater”。

可以通过 Python 内置的 len()函数求出字符串的长度。例如，len("Beijing")的运算结果是 7。

表 3.2 给出了 Chap3_2.py 的源代码，介绍字符串的基本操作。

表 3.2　　Chap3_2.py 源代码

```
#Chap3_2.py
str ="water"+"stream"
print("\"water\"+\"stream\"=",str)
str='water'*3
print('\'water\'*3=',str)
str="Beijing"
print(len(str))
i=8
print("i=8,i=",i)
f=2.4
print("f=2.4,f=",f)
b=True
print("b=true,b=",b)
str="China"
print("str=China,str[0]=",str[0])
print("str=China,str[4]=",str[4])
print("str=China,str[-1]=",str[-1])
print("str=China,str[:3]=",str[:3])
print("str=China,str[2:5]=",str[2:5])
```

Chap3_2.py 的运行结果如图 3.2 所示。

需要说明的是，字符串有 2 种索引方式：从左往右，下标从 0 开始；从右往左，下标从 – 1 开始。

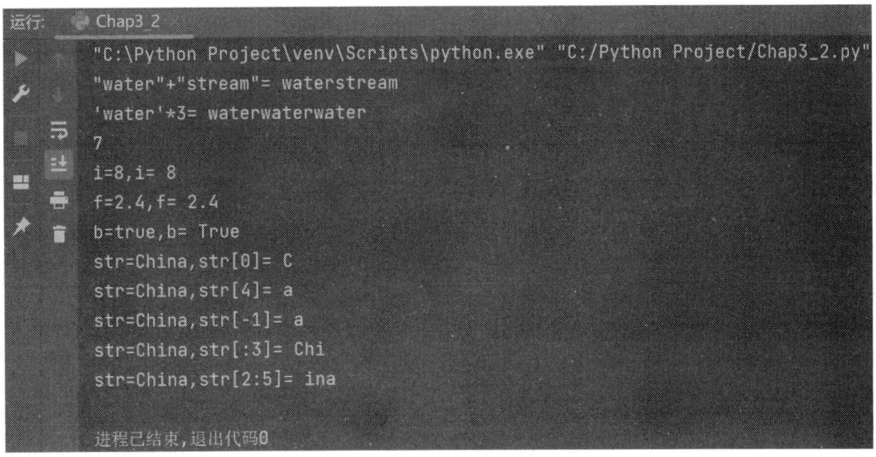

图 3.2　**Chap3_2.py 的运行结果**

3.3　list（列表）

list（列表）在 Python 中使用频繁。list（列表）中的元素，写在方括号（[]）之间，元素之间用逗号（“,”）隔开。list（列表）的元素类型可以不同，可以支持 number（数字）、string（字符串）等多种数据类型。list（列表）的索引值从头到尾以 0 开始，从尾到头从 –1 开始。

如表 3.3 所示，Chap3_3.py 源代码较为详细地给出了 list（列表）的常用语法。

表 3.3　　Chap3_3.py 源代码

```
#Chap3_3.py,list(列表)
list1=['Beijing',12,3.14,'c',"中国"]
list2=[23,56.6,11.2,1.1]
print("list1=",list1)        #输出 list1 完整列表
print("list2=",list2)        #输出 list2 完整列表
print("list1[0]=",list1[0])   #输出列表第一个元素
print("list1[1:3]=",list1[1:3])      #从第二个开始输出到第三个元素
print("list1[2:]=",list1[2:])   #输出从第三个元素开始的所有元素
print("list1*2=",list1*2)   #输出两次列表
print("list1+list2=",list1+list2)   # 连接列表
list1.append('Wuhan 武汉')   #使用 append() 添加元素
list1.append('c')
print("list1=",list1)
list1.pop() #删最后一个元素
print("list1.pop(),list1=",list1)
list1.pop(2)#指定下标，删除指定的元素，如果删除一个不存在的元素会报错
print("list1.pop(2),list1=",list1)
list1.remove('c') #删除里面的一个元素，有多个相同的元素，删除第一个
print("list1.remove('c'),list1=",list1)
```

续表

```
print("list1.pop()=",list1.pop()) #有返回值
del list1[1] #删除指定下标对应的元素
print("del list1[1],list1=",list1)
#del list2 #删除整个列表，list 删除后无法访问
list1.reverse()#将列表反转
print("list1.reverse(),list1=",list1)
print("list2=",list2)
list2.sort()#排序，默认升序
print("list2.sort(),list2=",list2)
list2.sort(reverse=True) #降序排列
print("list2.sort(reverse=True),list2=",list2)
print("len(list2)=",len(list2))#列表元素个数
print("max(list2)=",max(list2))#返回列表元素最大值
print("min(list2)=",min(list2))#返回列表元素最小值
for i,v in enumerate(list1):
    print('index=%s,value=%s'%(i,v))
```

Chap3_3.py 的运行结果如图 3.3 所示。

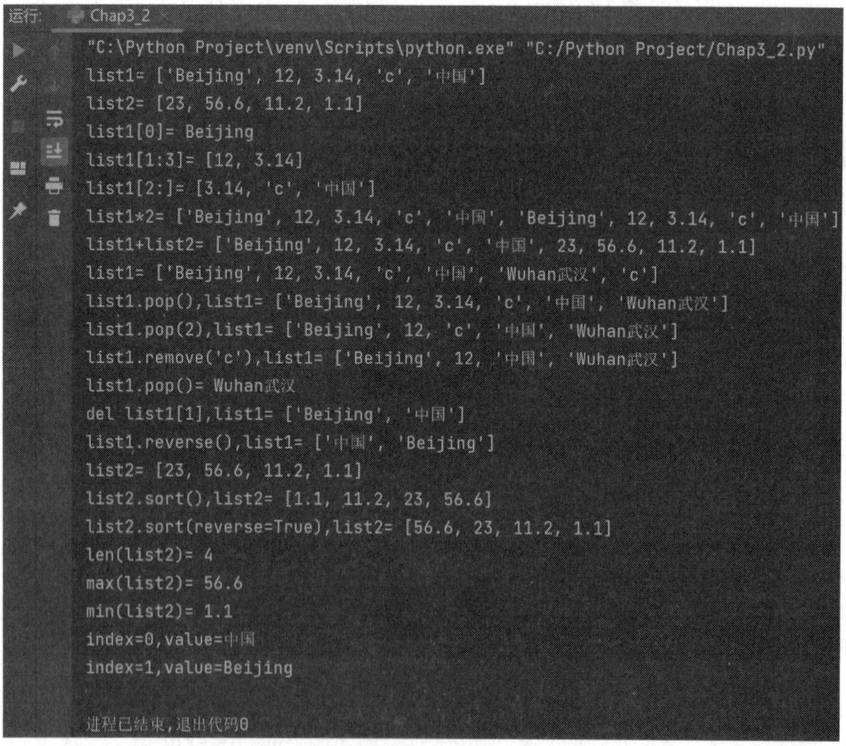

图 3.3 Chap3_3.py 的运行结果

Chap3_3.py 的源代码比较长，较为详细地给出了 list（列表）的一些常用操作，包

括输出完整列表、输出列表指定位置的元素、输出列表、添加元素、连接列表、输出列表指定区域的元素、删除列表最后一个元素、删除列表指定的元素、删除列表中特定的一个元素、删除列表中指定下标的元素、删除整个列表、将列表反转、列表升序排列、列表降序排列、计算列表元素个数、返回列表元素最大值、返回列表元素最小值、打印列表元素序列以及元素等。

3.4 tuple（元组）

tuple（元组）与 list（列表）较为类似，不同之处在于，list（列表）的元素可以修改，而 tuple（元组）的元素不能修改。

tuple（元组）的元素被写在小括号“()”之内，元素之间用逗号（“,”）隔开。创建空元组所用语句是“tup1=()”。元组中只包含一个元素时，需要在元素后面添加逗号，例如 tup1 = (50,)。string（字符串）、list（列表）和 tuple（元组）都属于 sequence（序列）。tuple 的特点如下：

（1）不支持添加元素（增）。

（2）不支持删除元素（删）。

（3）不支持修改元素（修改操作的步骤是：先删除，再添加）。

Chap3_4.py 的源代码涉及了 tuple（元组）的一些基本语法，如表 3.4 所示。

表 3.4　Chap3_4.py 源代码

```
#Chap3_4.py,tuple(元组)
tuple1=('Beijing',12,3.14,'c',"中国")
tuple2=(23,56.6,11.2,1.1)
print("tuple1=",tuple1)        #输出完整元组
print("tuple2=",tuple2)        #输出完整元组
print("tuple1[0]=",tuple1[0])  #输出元组第一个元素
print("tuple1[1:3]=",tuple1[1:3])      #从第二个开始输出到第三个元素
print("tuple1[2:]=",tuple1[2:])  #输出从第三个元素开始的所有元素
print("tuple1*2=",tuple1*2)  #将元组输出两次
print("tuple1+tuple2=",tuple1+tuple2)  # 连接两个元组
print("len(tuple2)=",len(tuple2))#元组元素个数
print("max(tuple2)=",max(tuple2))#返回元组元素最大值
print("min(tuple2)=",min(tuple2))#返回元组元素最小值
for i,v in enumerate(tuple1):
    print('index=%s,value=%s'%(i,v))
```

Chap3_4.py 的运行结果如图 3.4 所示。

Chap3_4.py 源代码演示了 tuple（元组）的一些操作，例如输出完整元组、输出元组某个元素、输出元组某个区域的元素、将元组输出两次、连接两个元组、求出元组元素个数、返回元组元素最大值、返回元组元素最小值等。

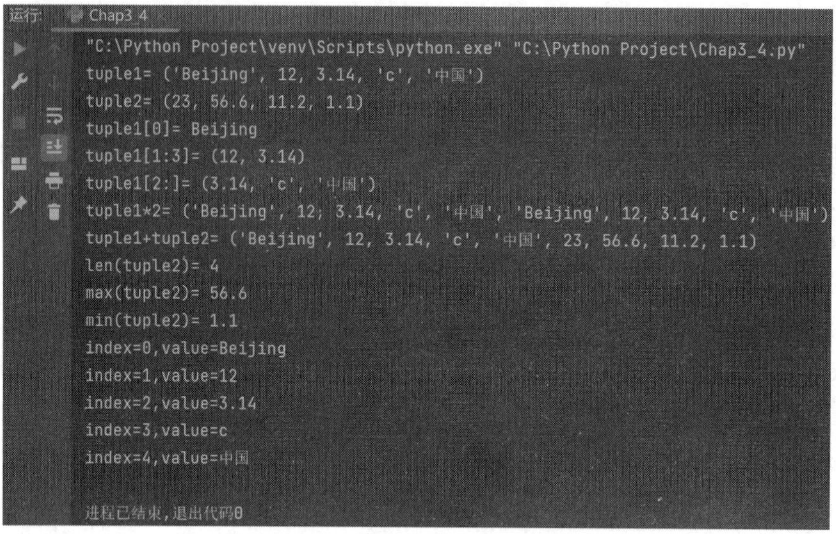

图 3.4　**Chap3_4.py** 的运行结果

既然 tuple（元组）数据类型不支持数据的增加、删除、修改等操作，那么，如何在 tuple（元组）中增加元素、删除元素、修改元素呢？

解决方案有很多，这里给出一种解决方案：先将 tuple（元组）转换为 list（列表），在列表中增加元素、删除元素、修改元素，然后将 list（列表）转换为 tuple（元组）。

Chap3_5.py 的源代码如表 3.5 所示。

表 3.5　　**Chap3_5.py** 源代码

```
#Chap3_5.py
T=(11,33,22,44)#元组对象
print("T=",T)
L=list(T)#转变为列表对象
L.append(55)
L.remove(11)
L.sort()#用 sort()函数对列表进行排序
T=tuple(L)#再将列表转换回元组
print("增加 55，删除 11，排序")
print("T=",T)
```

Chap3_5.py 的运行结果如图 3.5 所示。

图 3.5　**Chap3_5.py** 的运行结果

Chap3_5.py 的源代码给出了 tuple（元组）的增加、删除、排序等操作。具体方法是：先把 tuple（元组）转换为 list（列表），对 list（列表）进行增加、删除、排序等操作，然后把 list（列表）转换为 tuple（元组）。

如何在 tuple（元组）中进行查询操作呢？见表 3.6 所示的 Chap3_6.py 源代码。

表 3.6　Chap3_6.py 源代码

```
#Chap3_6.py
Tuple1 = (1, 2, 'hello', 8,'hello', 'hello')
print(Tuple1.count('hello'))
print(Tuple1.index('hello'))
```

Chap3_6.py 的运行结果如图 3.6 所示。

图 3.6　Chap3_6.py 的运行结果

在 tuple（元组）中，方法 count()用来统计某个元素出现的次数，它可以查询并输出某个元素第一次出现的索引位置。

3.5　set（集合）

set（集合）由多个元素组成，可以求两个 set（集合）的交集、并集、差集、异或集合。

set（集合）遵循集合的操作方法，如求交集、并集、差集、对称差集合。

set（集合）求集合的交集，使用“&”符号。

set（集合）求集合的并集，用“|”符号，运算结果（并集）去掉重复元素。

set（集合）求集合的差集，使用“-”符号。

set（集合）求两个集合的对称差集合，也就是两个集合交集之外元素构成的集合，使用 difference 函数。

set（集合）的常用函数如表 3.7 所示。

表 3.7　set（集合）的常用函数

函数	用途
add()	在集合中添加元素
update()	更新集合元素

续表

函数	用途
remove()	删除集合元素
discard()	删除集合元素
pop()	弹出集合第一个元素
clear()	清空集合中所有元素
len()	集合长度
in	判断元素在集合中出现
not in	判断元素不在集合中出现
issubset()	判断是否子集
issuperset()	判断是否超集
intersection()	求交集
difference()	求差集
symmetric_difference()	求对称差集合
copy()	集合复制

此外，set（集合）可以使用大于（>）、小于（<）、大于等于（>=）、小于等于（<=）、等于（==）、不等于（!=）来判断两个集合之间的关系：真包含、真包含于、包含、包含于、等于、不等于。

还有一种不可改变的集合类型，那就是 frozenset，不像 set（集合）可以增加或删除元素，frozenset 集合中的内容是不可改变的（类似于字符串、元组），如果试图改变 frozenset 集合中的元素，就会报 AttributeError 错误。

表 3.8 给出了 Chap3_7.py 的源代码，讲解 set（集合）的一些语法。

表 3.8　　Chap3_7.py 源代码

```
#Chap3_7.py set(集合)操作
s1=set([1,2,3,4])#通过列表建立一个集合
print("s1=set([1,2,3,4]),s1=",s1)
s2=set("book")#通过字符串建立一个集合
print("s2=set(\"book\"),s2=",s2)
s2.add("pen")
print("s2.add(\"pen\"),s2=",s2)#增加一个元素
s2.update('kitty')
print("s2.update(\'kitty\'),s2=",s2)#添加元素，合并重复元素
s2.remove('pen')
print("s2.remove(\'pen\'),s2=",s2)#删除集合中的一个元素
s2.discard('i')
```

续表

```
print("s2.discard(\'i\'),s2=",s2)#删除集合中的一个元素
print("s2.pop()=",s2.pop())#随机删除并返回 set 中的一个元素
#集合元素遍历
print("s2=",end=" ")
for ele in s2:
    print(ele,end="   ")
print()
#集合元素遍历，得到每个下标所对应的元素
s2.clear()
print("s2.clear(),s2=",s2)
print("s2=",end="   ")
for idex,i in enumerate(s2):
        print (idex,"-",i,end=" ; ")
print()
```

Chap3_7.py 的运行结果如图 3.7 所示。

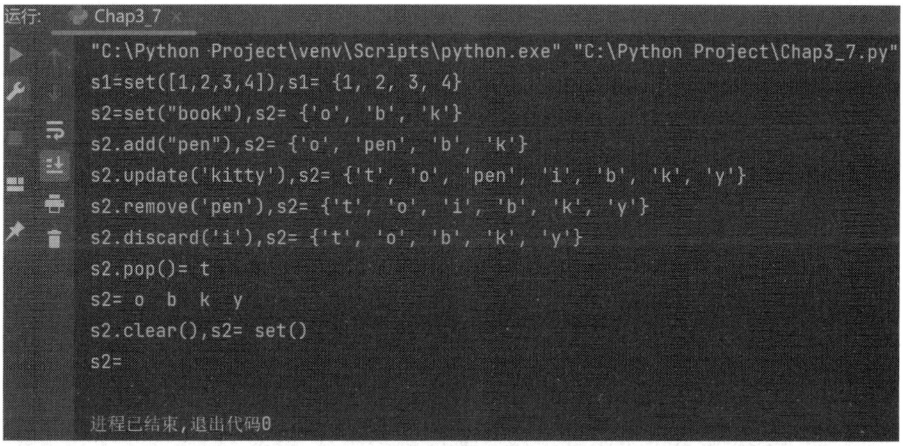

图 3.7　Chap3_7.py 的运行结果

程序 Chap3_7.py 讲解了 set（集合）一些基本操作，包括通过列表建立一个集合、通过字符串建立一个集合、在集合中添加元素、合并重复元素、删除集合中的一个元素、随机删除并返回集合中的一个元素、集合元素遍历、得到每个下标所对应的元素等。

表 3.9 给出了 Chap3_8.py 的源代码，讲解 set（集合）的其他一些语法。

表 3.9　Chap3_8.py 源代码

```
#Chap3_8.py
nameSet={'Tom 汤姆',"Jim 吉姆","张三", "张三","Jerry 杰瑞",'China'}
print("nameSet=",nameSet)  # 输出集合，重复的元素被自动去掉
#判断成员是否在 set(集合)中出现
```

续表

```
if "Jerry 杰瑞" in nameSet :
    print('Jerry 杰瑞  出现在集合 nameSet 中')
else:
    print('Jerry 杰瑞  不在集合 nameSet 中')
#set(集合)可以进行集合运算
set1=set('setabadabra')
set2=set('setalazam')
print("set1=",set1)
print("set2=",set2)
print("set1-set2=",set1-set2)   #set1 和 set2 的差集
print("set1|set2=",set1|set2)   #set1 和 set2 的并集
print("set1&set2=",set1&set2)   #set1 和 set2 的交集
print("set1^set2=",set1^set2)   #set1 和 set2 中对称差集合
set1=set([1,2,3,4,5,6,7])
set2=set([1,2,3,4])
set3=set(['1','8','9','5'])
print("set1=",set1)
print("set2=",set2)
print("set3=",set3)
print("set1>set2 ? ",set1>set2)
print("set1>set3 ? ",set1>set3)
print("set2>set3 ? ",set2>set3)
print("set2!=set3 ? ",set2!=set3)
```

Chap3_8.py 的运行结果如图 3.8 所示。

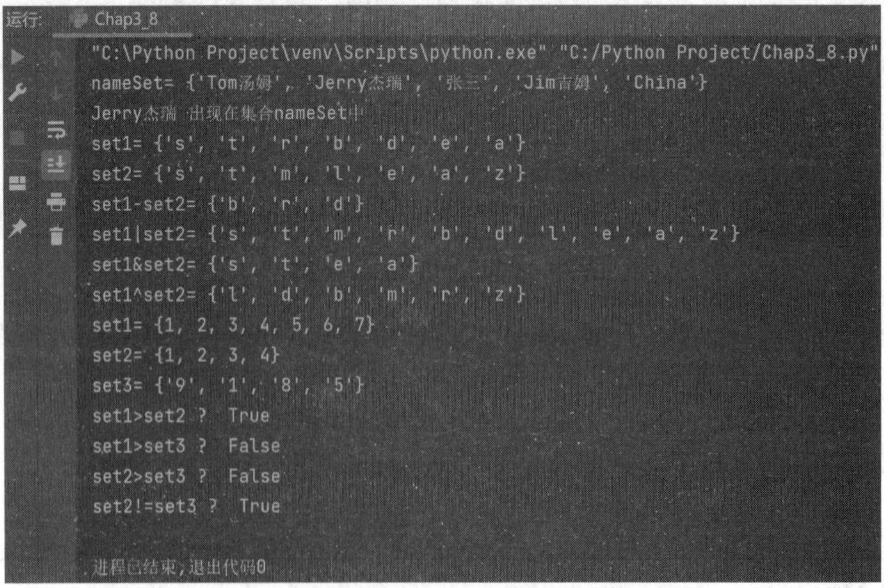

图 3.8　Chap3_8.py 的运行结果

文件 Chap3_8.py 讲解了 set（集合）一些基本操作，包括：输出集合内容（重复的

元素被自动去掉）、判断成员是否在 set（集合）中出现、set（集合）可以进行集合运算、set1 和 set2 的差集、set1 和 set2 的并集、set1 和 set2 的交集、set1 和 set2 中的对称差集合等。

3.6 dictionary（字典）

dictionary（字典）是很有用的内置数据类型。不同于 list（列表）是有序的对象集合，dictionary（字典）是无序的对象集合。两者之间的区别在于：dictionary（字典）中的元素通过键存取，不是通过偏移存取。

dictionary（字典）是一种映射类型，用“{ }”标识，它是一个无序的“键（key）:值（value)”的集合。在同一个字典中，key（键）必须使用不可变类型，key（键）必须是唯一的。

dictionary（字典）的操作很多，包括输出字典中所有的键、输出字典中所有的值、修改字典中已有的键/值对、向字典中添加新键/值对、删除字典中特定的键/值对、清空字典中所有键/值对、删除字典等。

表 3.10 给出了 Chap3_9.py 的源代码，讲解 dictionary（字典）的一些语法。

表 3.10　　Chap3_9.py 源代码

```
#Chap3_9.py，dictionary(字典)
dict1={}
dict1['one']="oneValue"
dict1[2]="2Value"
print("dict1=",dict1)
print ("dict1[2]=",dict1[2]) #输出 dict2 这个字典中键为 2 的值
dict2={'姓名': '张强', '学号': 20190001, 'gender 性别': '男'}
print("dict2=",dict2)
print ("dict2.keys()=",dict2.keys())     #输出 dict2 这个字典中的所有键
print ("dict2.values()=",dict2.values()) #输出 dict2 这个字典中的所有值
dict3={'张三':95, '李四':93, '王五':99,"马六":97,"特朗普":10}
print("dict3=",dict3)
dict3['特朗普']=8 #  修改 dict3 字典中已有的键/值对
dict3['小布什'] = 60 #向 dict3 字典添加新键/值对
print("dict3[\'特朗普\']=8")
print("dict3[\'小布什\'] = 60")
print("dict3=",dict3)
print("dict3[\'特朗普\']=",dict3['特朗普'])
del dict3['特朗普'] #删除 dict3 字典键是'特朗普'的键/值对
print("del dict3[\'特朗普\'],dict3=",dict3)
dict3.clear() #清空 dict3 字典所有条目
print("dict3.clear(),dict3=",dict3)
del dict3         #删除字典 dict3
```

Chap3_9.py 的运行结果如图 3.9 所示。

文件 Chap3_9.py 讲解了 dictionary（字典）一些基本操作，包括：输出 dict2 这个字典中键为 2 的值、输出 dict2 这个字典中的所有值、修改 dict3 字典中已有的键/值对、向 dict3 字典添加新键/值对、删除 dict3 字典键是'特朗普'的键/值对、清空 dict3 字典所有条目、删除字典 dict3。

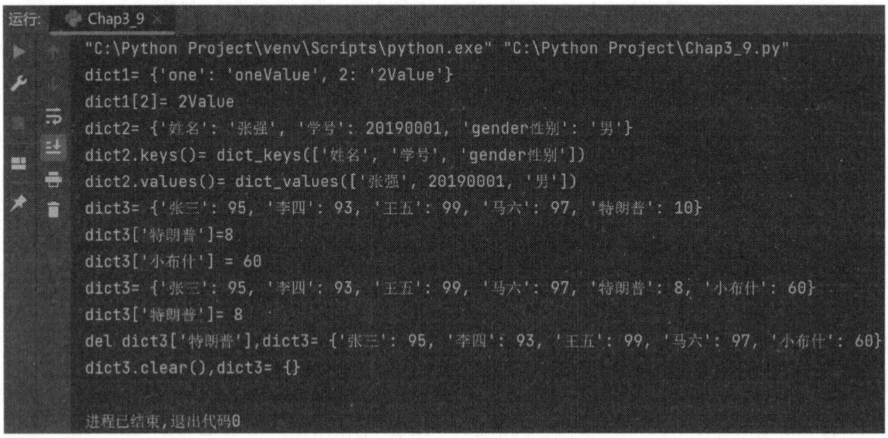

图 3.9　Chap3_9.py 的运行结果

dictionary（字典）包含了以下内置函数：

（1）cmp(dict1, dict2)：比较两个字典元素。

（2）len(dict)：计算字典元素个数，即键的总数。

（3）str(dict)：输出字典可打印的字符串。

（4）type(variable)：返回输入的变量类型，如果变量是字典就返回字典类型。

dictionary（字典）包含了以下内置方法：

（1）radiansdict.clear()：删除字典内所有元素。

（2）radiansdict.copy()：返回一个字典的浅复制。

（3）radiansdict.fromkeys()：创建一个新字典，以序列 seq 中的元素做字典的键，val 为字典所有键对应的初始值。

（4）radiansdict.get(key, default=None)：返回指定键的值，如果值不在字典中则返回 default 值。

（5）radiansdict.has_key(key)：如果键在字典里，则返回 True，否则返回 False。

（6）radiansdict.items()：以列表返回可遍历的(键, 值) 元组数组。

（7）radiansdict.keys()：以列表返回一个字典所有的键。

（8）radiansdict.setdefault(key, default=None)：和 get()类似，但如果键不存在于字典中，将会添加键并将值设为 default。

（9）radiansdict.update(dict2)：把字典 dict2 的键/值对更新到现有的 dict 里。

（10）radiansdict.values()：以列表形式返回字典中的所有值。

dictionary（字典）与 set（集合）的比较：集合无序，不支持索引，字典也是无序，但其元素是由键（key）和值（value）两个属性组成的键/值对，可以通过键（key）来进行索引；集合是无重复元素序列，自动去除重复元素，字典因为 key 的唯一性，也不会出现相同元素。

3.7　数据类型转换

如果需要转换数据类型，那么只要将数据类型作为函数名就可以。如表 3.11 所示，这些内置函数可以转换数据类型，可以返回新的对象表示转换之后的值。

表 3.11　　　转换数据类型的函数

函数	转换数据类型
int(x [,base])	将 x 转换为整数
float(x)	将 x 转换为浮点数
complex(real [,imag])	创建复数
str(x)	将 x 转换为字符串
repr(x)	将 x 转换为表达式字符串
eval(str)	计算在字符串中的有效表达式
tuple(s)	将 s 转换为元组
list(s)	将 s 转换为列表
set(s)	将 s 转换为可变集合
dict(d)	创建一个(key, value)元组序列的字典
frozenset(s)	将 s 转换为不可变集合
chr(x)	将整数 x 转换为字符
ord(x)	将字符 x 转换为整数值
hex(x)	将整数 x 转换为十六进制字符串
oct(x)	将整数 x 转换为八进制字符串

表 3.12 给出了 Chap3_10.py 的源代码，讲解转换数据类型的一些语法。

表 3.12　　　Chap3_10.py 源代码

```
#Chap3_10.py, 数据类型转换
#list 转 str
nums=['1','2','3']
print("\"\".join(nums)=","".join(nums))
nums=[1,2,3]
num_str="".join([str(x) for x in nums])
print("nums=[1,2,3],num_str="".join([str(x) for x in nums]),num_str=",num_str)
```

续表

```
#str 转 list
str1="123"
print("str1=\"123\",list(str1)=",list(str1))
print("int(3.6)=",int(3.6))#浮点数转换为整数
print("float(1)=",float(1))#整数转换为浮点数
print("float(\'123\')=",float('123'))#字符串转为浮点数
print("complex(1,2)=",complex(1,2))#整数转为复数
print("complex(\'1\')=",complex('1'))#字符串转为复数
dict={'张三':94,'李四':95,'特朗普':11}
print("dict={\'张三\':94,\'李四\':95,\'特朗普\':11},str(dict)=",str(dict))
i=int(10)
print("i=int(10),str(i)=",str(i))
print("dict={\'张三\':94,\'李四\':95,\'特朗普\':11},repr(dict)=",repr(dict))
x=7
print("eval(\'3*x\')=",eval('3*x'))#可以操作字符串
list1=['北京','NewYork','Moscow 莫斯科','武汉']
print("tuple(list1)=",tuple(list1))
t=('1','2','3')
print("t=(\'1\',\'2\',\'3\'),list(t)=",list(t))
x=set('Beijing 北京')
y=set('Moscow 莫斯科')
print("x=set(\'Beijing 北京\'),y=set(\'Moscow 莫斯科\'),x,y=",x,y)
```

Chap3_10.py 的运行结果如图 3.10 所示。

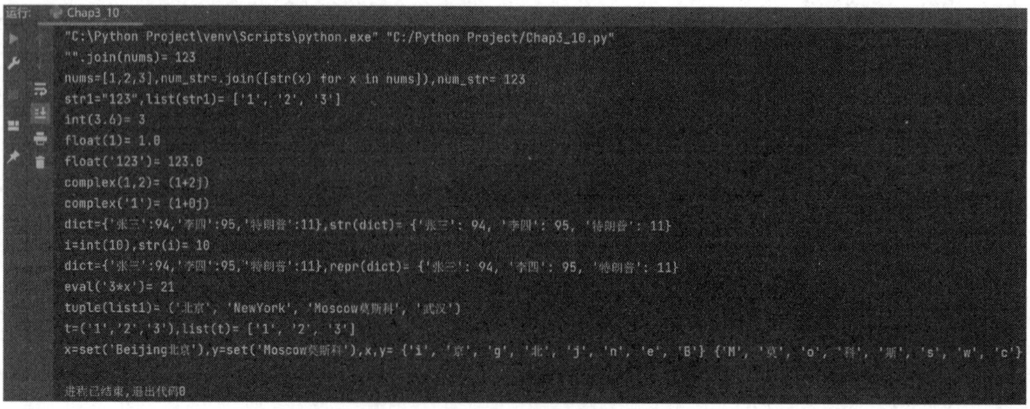

图 3.10　Chap3_10.py 的运行结果

Chap3_10.py 讲解了数据类型转换的一些基本操作，包括浮点数转换为整数、整数转换为浮点数、字符串转换为浮点数、整数转换为复数、字符串转换为复数、整数转换为字符串等。

3.8　小　结

本章讲解了 Python 的 6 种数据类型，包括 number（数字）、string（字符串）、list（列表）、tuple（元组）、set（集合）、dictionary（字典），并讲解了数据类型转换的函数。

第 4 章　Python 运算符

Python 语言支持的运算符类型包括算术运算符、比较（关系）运算符、赋值运算符、逻辑运算符、位运算符、成员运算符、身份运算符等。很多运算符在之前的章节已经讲解过，本章对运算符的运算规则进行总结，并讲解运算符优先级。

Python 编程模式分为两种：脚本式、交互式。所谓脚本式编程，就是先把 Python 语句写好，保存在后缀名为“.py”的文件里，然后运行这个文件，我们一直采用的都是这种编程模式。所谓交互式编程，是指在 Python 提示符的后面输入 Python 代码，按回车键之后，Python 代码就会立即执行，并显示运行结果。交互式编程不需要开发工具。

4.1　算术运算符

表 4.1 对算术运算符进行了总结，包括运算符、功能描述、实例。

表 4.1　　算术运算符

运算符	功能描述	实例（a=7，b=2）
+	加法运算	a+b（运算结果：39）
-	减法运算	a-b（运算结果：15）
*	乘法运算	a*b（运算结果：324）
/	除法运算	a/b（运算结果：2.25）
%	求除法的余数	a%b（运算结果：3）
**	幂运算	a%b（运算结果：49）
//	除法运算结果下取整	a//b（运算结果：3）

表 4.2 给出了 Chap4_1.py 的源代码，讲解算术运算符的一些语法。

表 4.2　　**Chap4_1.py** 源代码

```
#Chap4_1.py，算术运算符
a=7;b=2
print("a=7,b=2,a+b=",a+b)
print("a=7,b=2,a-b=",a-b)
print("a=7,b=2,a*b=",a*b)
print("a=7,b=2,a/b=",a/b)
```

续表

```
print("a=7,b=2,a%b=",a%b)
print("a=7,b=2,a**b=",a**b)
print("a=7,b=2,a//b=",a//b)
a=-7
print("a=-7,b=2,a//b=",a//b)
```

Chap4_1.py 的运行结果如图 4.1 所示，它讲解了算术运算符的一些基本操作，包括加、减、乘、除、求余数、求平方、求商等。

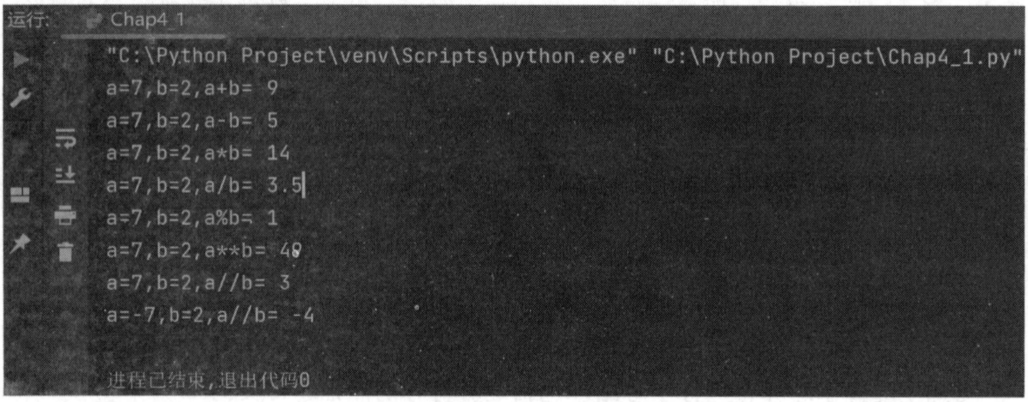

图 4.1　Chap4_1.py 的运行结果

4.2　比较运算符

比较运算符之前章节运用了多次。比较运算符包括：大于（>）、大于等于（>=）、小于（<）、小于等于（<=）、等于（==）、不等于（!=）。比较运算符是二元运算符，需要两个运算数，它还是逻辑运算符，运算结果是 True 或者 False。

表 4.3 总结了比较运算符，包括运算符、功能描述、实例。

表 4.3　比较运算符

运算符	功能描述	实例（a=7，b=2）
==	等于	a==b（运算结果：False）
!=	不等于	a!=b（运算结果：True）
>	大于	a>b（运算结果：True）
<	小于	a<b（运算结果：False）
>=	大于等于	a>=b（运算结果：True）
<=	小于等于	a<=b（运算结果：False）

表 4.4 给出了 Chap4_2.py 的源代码，讲解比较运算符的一些语法。

表 4.4　　Chap4_2.py 源代码

```
#Chap4_2.py 比较运算符
a=7;b=2
if(a==b):
    print("a=7;b=2,a==b 正确")
else:
    print("a=7;b=2,a==b 错误")
if(a!=b):
    print("a=7;b=2,a!=b 正确")
else:
    print("a=7;b=2,a!=b 错误")
if(a<b):
    print("a=7;b=2,a<b 正确")
else:
    print("a=7;b=2,a<b 错误")
if(a>b):
    print("a=7;b=2,a>b 正确")
else:
    print("a=7;b=2,a>b 错误")
```

Chap4_2.py 的运行结果如图 4.2 所示。

图 4.2　Chap4_2.py 的运行结果

4.3　赋值运算符

赋值运算符之前用过多次，表 4.5 总结了赋值运算符及其功能描述、实例。

表 4.5　　赋值运算符

运算符	功能描述	实例（a=7，b=2）
=	简单的赋值运算符	c=a+b（运算结果：c=9）
+=	加法赋值运算符	a+=b 等于 a=a+b（运算结果：a=9）

续表

运算符	功能描述	实例（a=7，b=2）
-=	减法赋值运算符	a-=b 等于 a=a-b（运算结果：a=5）
*=	乘法赋值运算符	a*=b 等于 a=a*b（运算结果：a=14）
/=	除法赋值运算符	a/=b 等于 a=a/b（运算结果：a=3.5）
%=	取模赋值运算符	a%=b 等于 a=a%b（运算结果：a=1）
**=	幂赋值运算符	a**=b 等于 a=a**b（运算结果：a=49）
//=	取整除赋值运算符	a//=b 等于 a=a//b（运算结果：a=3）

表 4.6 给出了 Chap4_3.py 的源代码，讲解赋值运算符的一些语法。

表 4.6　Chap4_3.py 源代码

```
#Chap4_3.py 赋值运算符
a=7;b=2;c=a+b
print("a=7,b=2,c=a+b,c=",a+b)
a=7;b=2;a+=b
print("a=7,b=2,a+=b,a=",a)
a=7;b=2;a-=b
print("a=7,b=2,a-=b,a=",a)
a=7;b=2;a*=b
print("a=7,b=2,a*=b,a=",a)
a=7;b=2;a/=b
print("a=7,b=2,a/=b,a=",a)
a=7;b=2;a%=b
print("a=7,b=2,a%=b,a=",a)
a=7;b=2;a**=b
print("a=7,b=2,a**=b,a=",a)
a=7;b=2;a//=b
print("a=7,b=2,a//=b,a=",a)
```

Chap4_3.py 的运行结果如图 4.3 所示。

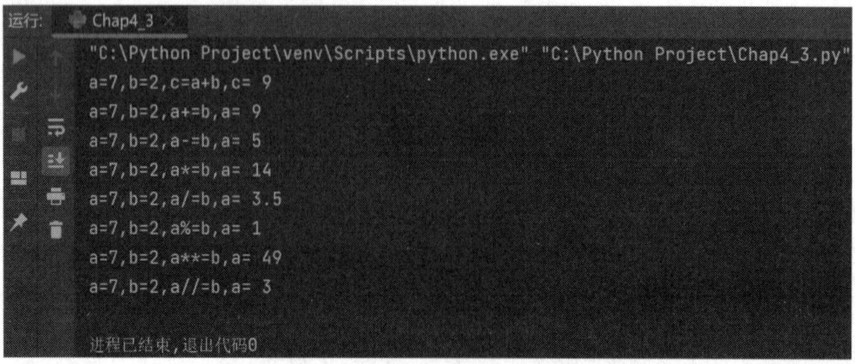

图 4.3　Chap4_3.py 的运行结果

4.4 进制转换

十进制数字和其他进制（二进制、八进制、十六进制）数字可以互相转换，包括：十进制数字转换为其他进制数字；其他进制数字转换为十进制数字；十进制数字转换为固定长度其他进制数字。

4.4.1 十进制数字转换为其他进制数字

十进制数字可以转换为其他进制（二进制、八进制、十六进制）数字，主要有两种方法。

（1）通过函数方法，将十进制数字转换成其他进制数字。

一个十进制的数字 num（如 199），通过 bin(num)函数，转换成以 0b 开头的二进制数字（0b11000111）；通过 oct(num)函数，转换成以 0o 开头的八进制数字（0o307）；通过 hex(num)函数，转换成以 0x 开头的十六进制数字（0xc7）。

（2）通过 format 方法，将十进制数字转换成其他进制数字。

一个十进制数字 num（如 199）可以使用方法 print("{:b}".format(num))转换成没有 0b 开头的二进制数字，并打印出来；可以使用方法 print("{:o}". format(num))转换成没有 0o 开头的八进制数字，并打印出来；可以使用方法 print("{:x}".format(num))转换成没有 0x 开头的十六进制数字，并打印出来。

表 4.7 给出了 Chap4_4.py 的源代码，讲解十进制数字如何转换为其他进制（二进制、八进制、十六进制）数字。

表 4.7　　Chap4_4.py 源代码

```
#Chap4_4.py，十进制数字转换为其他进制（二进制、八进制、十六进制）数字
numa=199 #1100 0111
print("numa=199,十进制转换成 ob 开头二进制，bin(numa)=",bin(numa))
print("numa=199,十进制转换成 0o 开头八进制，oct(numa)=",oct(numa))
print("numa=199,十进制转换成 0x 开头十六进制，hex(numa)=",hex(numa))
print("numa=199,十进制转换成纯二进制，binary={:b}".format(numa))
print("numa=199,十进制转换成纯八进制，binary={:o}".format(numa))
print("numa=199,十进制转换成纯十六进制，binary={:x}".format(numa))
```

Chap4_4.py 的运行结果如图 4.4 所示。

4.4.2 其他进制数字转换为十进制数字

其他进制（二进制、八进制、十六进制）数字转换成十进制数字主要有两种方法。

（1）通过 int()函数，将其他进制数字转换成十进制数字。

int(x,y)函数中，括号中的 x 是需要转换的数值，type 必须是字符串；y 是当前进制数。

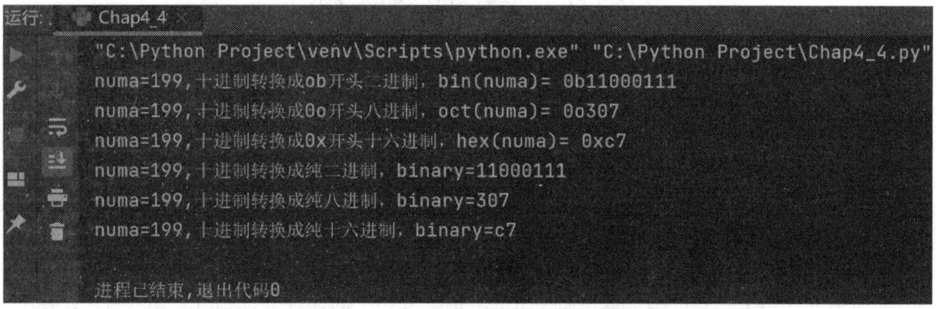

图 4.4　**Chap4_4.py** 的运行结果

例如，通过函数 int('0b1010',2)或者函数 int('1010',2)，把二进制数字 0b1010 或者 1010 转换成十进制数字 10；通过函数 int('0o12',8)或者函数 int('12',8)，把八进制数字 0o12 或者 12 转换成十进制数字 10；通过函数 int('0xa',16)或者函数 int('a',16)，把十六进制 0xa 或者 a 转换成十进制数字 10。

（2）通过 eval 函数，将其他进制数字转换成十进制数字。

eval(str)函数中，参数 str 是字符串，str 前面的进制标志（0b,0o,0x）必不可少。

例如，通过函数 eval('1111')，把字符串'1111'转换成十进制数字 1111；通过函数 eval('0b1111')，把二进制数字 0b1111 转换成十进制数字 15；通过函数 eval('0o1111')，把八进制数字 0o1111 转换成十进制数字 585；通过函数 eval('0x1111')，把十六进制数字 0x1111 转换成十进制数字 4369。

表 4.8 给出了 Chap4_5.py 的源代码，讲解二进制、八进制、十六进制数字如何转换为十进制数字。

表 4.8　　**Chap4_5.py 源代码**

```
#Chap4_5.py，其他进制数字转换为十进制数字
print("二进制转换成十进制，int(\'0b1010\',2)=",int('0b1010',2))
print("二进制转换成十进制，int(\'1010\',2)=",int('1010',2))
print("八进制转换成十进制，int(\'0o12\',8)=",int('0o12',8))
print("八进制转换成十进制，int(\'12\',8)=",int('12',8))
print("十六进制转换成十进制，int(\'0xa\',16)=",int('0xa',16))
print("十六进制转换成十进制，int(\'a\',16)=",int('a',16))
print("十进制转换成十进制，eval(\'1111\')=",eval('1111'))
print("二进制转换成十进制，eval(\'0b1111\')=",eval('0b1111'))
print("八进制转换成十进制，eval(\'0o1111\')=",eval('0o1111'))
print("十六进制转换成十进制，eval(\'0x1111\')=",eval('0x1111'))
```

Chap4_5.py 的运行结果如图 4.5 所示。

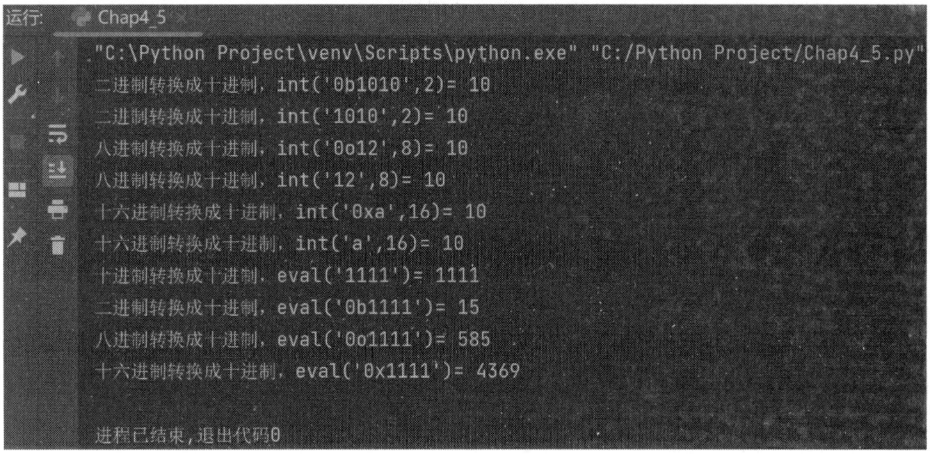

图 4.5　Chap4_5.py 的运行结果

4.4.3　十进制数字转换为固定长度的其他进制数字

可以通过两种方法，将十进制数字转换为固定长度的二进制、八进制、十六进制数字。

（1）通过 format 方法，将十进制数字转换成固定长度的其他进制数字。

通过 print('{:08b}'.format(199))，将十进制数字 199 转换成固定长度为 8 的二进制数字 11000111（'{:08b}'中，b 表示转换为二进制，08 表示固定长度为 8，高位用 0 补齐）；通过 print('{:06o}'.format(299))，将十进制数字 299 转换成固定长度为 6 的八进制数字 000453；通过 print('{:06x}'.format(299))，将十进制数字 299 转换成固定长度为 6 的十六进制数字 00012b。

（2）通过两步骤方法，将十进制数字转换成固定长度的其他进制数字。

例如，通过 binNum=bin(5)[2:]，将十进制数字 5 转换成二进制数字 101，并存储于变量 binNum 中，然后通过 binNumFill=str.zfill(binNum,8)，将二进制数字 binNum 转换成固定长度为 8 的二进制数字，高位用 0 补齐，然后存储于变量 binNumFill 中。

通过 octNum=oct(299)[2:]，将十进制数字 299 转换成八进制数字 453，并存储于变量 octNum 中，然后通过 octNumFill=str.zfill(octNum,8)，将八进制数字 octNum 转换成固定长度为 8 的八进制数字 00000453，高位用 0 补齐，然后存储于变量 octNumFill 中。

通过 hexNum=hex(299)[2:]，将十进制数字 299 转换成十六进制数字 12b，并存储于变量 hexNum 中，然后通过 hexNumFill=str.zfill(hexNum,8)，将十六进制数字 hexNum 转换成固定长度为 8 的十六进制数字 0000012b，高位用 0 补齐，然后存储于变量 hexNumFill 中。

Chap4_6.py 源代码如表 4.9 所示，讲解十进制数字转换为固定长度的其他进制数字。

表 4.9　　　　Chap4_6.py 源代码

```
#Chap4_6.py，十进制数字转换为固定长度的其他进制数字
numa=199 #1100 0111
numb=299#100101011
print('numa=199,十进制转换成长度为 8 的二进制={:08b}'.format(numa))
print('numb=299,十进制转换成长度为 6 的八进制={:06o}'.format(numb))
print('numb=299,十进制转换成长度为 6 的十六进制={:06x}'.format(numb))
binNum=bin(numa)[2:]
print("十进制转换成二进制 numa=199,binNum=bin(num1)[2:],binNum=",binNum)
binNumFill=str.zfill(binNum,8)
print("二进制数字固定长度为 8binNumFill=str.zfill(binNum,8),binNumFill=",binNumFill)
octNum=oct(numb)[2:]
print("十进制转换成八进制 numb=299,octNum=oct(numb)[2:]=",octNum)
octNumFill=str.zfill(octNum,8)
print("八进制数字固定长度为 8octNumFill=str.zfill(octNum,8),octNumFill=",octNumFill)
hexNum=hex(numb)[2:]
print("十进制转换成十六进制 numb=299,hexNum=hex(numb)[2:]=",hexNum)
hexNumFill=str.zfill(hexNum,8)
print("十六进制数字固定长度为 8hexNumFill=str.zfill(hexNum,8),hexNumFill=",hexNumFill)
```

Chap4_6.py 的运行结果如图 4.6 所示。

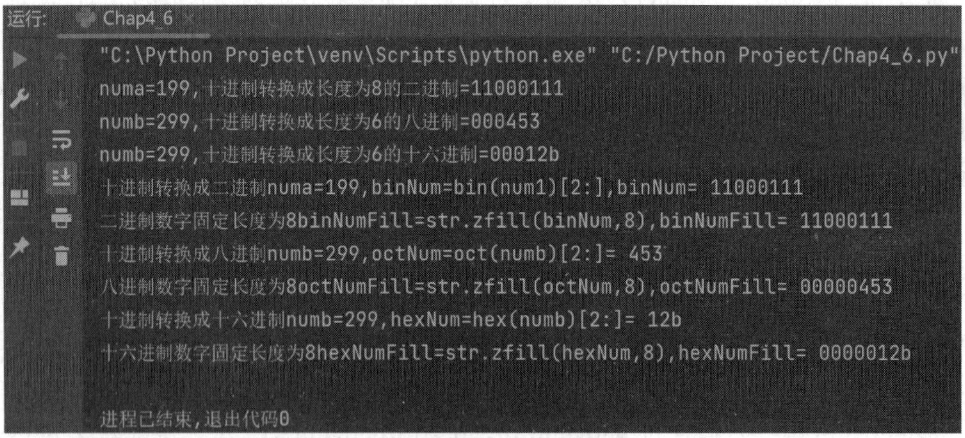

图 4.6　Chap4_6.py 的运行结果

4.5 位运算符

位运算符把数字看作二进制进行计算。二进制运算包括：按位与（&）、按位或（|）、按位异或（^）、取反（~）、左移动（<<）、右移动（>>）。表 4.10 是位运算法则。

表 4.10　　　　位运算法则

运算符	功能描述	a=0011 1100, b=0000 1101
按位与（&）	如果两个位都为 1，则结果为 1，否则为 0	a&b=0000 1100
按位或（|）	只要有一个为 1，则为 1，否则为 0	a|b=0011 1101
按位异或（^）	两个二进位相异为 1，否则为 0	a^b =0011 0001
取反（~）	对每个二进制位取反，即把 1 变 0，把 0 变 1	~a=1100 0011
左移动（<<）	运算数的各二进位全部向左移若干位	a<<2=1111 0000
右移动（>>）	运算数的各二进位全部向右移若干位	a>>2=0000 1111

表 4.11 给出了 Chap4_7.py 的源代码，讲解位运算的一些语法。

表 4.11　　　　Chap4_7.py 源代码

```
#Chap4_7.py，位运算法则
numa=199 #1100 0111
numb=299#100101011
print('numa=199,binary={:b}'.format(numa))#转换成二进制 11000111
print('numb=299,binary={:b}'.format(numb))#转换成二进制 100101011
numc=numa&numb
print('numa 与 numb 的按位与运算结果为：',numc)
numc=numa|numb
print('a 与 b 的按位或运算结果为：',numc)
numc=numa^numb
print('numa 与 numb 的按位异或运算结果为：',numc)
numc=~numa
print('numa 按位取反运算为：',numc)
numc=numa<<3
print('numa 左移动 3 运算为：',numc)
numc=numa>>3
print('numa 右移动 3 运算为：',numc)
```

Chap4_7.py 的运行结果如图 4.7 所示。

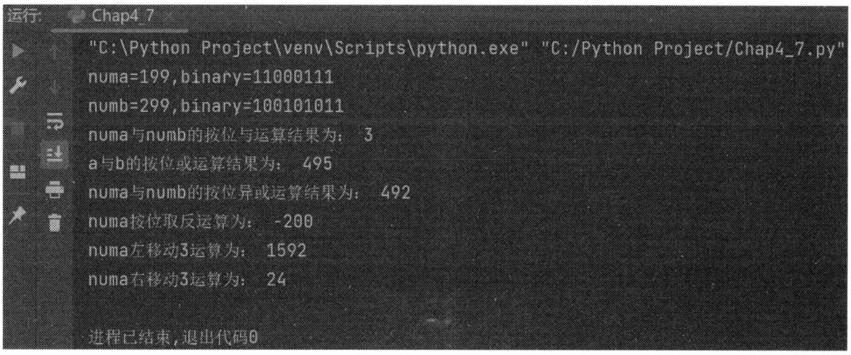

图 4.7　Chap4_7.py 的运行结果

4.6 逻辑运算符

逻辑运算符有 3 种：not、and、or。其中，or、and 是二元运算符（需要两个运算数），not 是一元运算符（需要一个运算数）。

Python 中的任何数据类型都有逻辑值，逻辑运算符可以对所有数据进行操作。在 Python 中，逻辑运算返回值并不一定是 True/False。

逻辑运算的数据类型如表 4.12 所示。

表 4.12　　　　逻辑运算数据类型

数据类型	False	True
整型	0	其他
浮点型	0.0	其他
字符串	''	其他
字典	{}	其他
元组	()	其他
列表	[]	其他
None	None	

（1）两个运算数 x 和 y 的 or 逻辑运算结果（x or y）。

如果 x 为 True 则运算结果是 x，如果 x 为 False 则运算结果是 y。这是因为：如果 x 为 True，那么 or 运算不需要继续运算，因为一个为真则为真，所以运算结果是 x；如果 x 为 False，那么 or 运算结果取决于 y，所以运算结果是 y。

（2）两个运算数 x 和 y 的 and 逻辑运算结果（x and y）。

如果 x 为 True 则运算结果是 y；如果 x 为 False 则运算结果是 x。这是因为：如果 x 为 True，那么 and 逻辑运算会取决于 y 的值，所以运算结果是 y；如果 x 为 False，那么 and 运算就会结束并返回 x 的值。

（3）运算数 x 的 not 逻辑运算结果（not x）。

如果 x 为 True 则运算结果是 False；如果 x 为 False 则运算结果为 True。

表 4.13 是逻辑运算符及其运算规则。

表 4.13　　　　逻辑运算符及其运算规则

运算符	运算规则
or	如果 x 为 True 则运算结果是 x，如果 x 为 False 则运算结果是 y
and	如果 x 为 True 则运算结果是 y；如果 x 为 False 则运算结果是 x
not	如果 x 为 True 则运算结果是 False；如果 x 为 False 则运算结果为 True

这 3 个逻辑运算符（not、and、or）的优先顺序是：先进行括号内的计算，同在括

号之内（或者同在括号之外），not > and > or。

表 4.14 给出了 Chap4_8.py 的源代码，讲解逻辑运算的一些语法。

表 4.14　　Chap4_8.py 源代码

```
#Chap4_8.py，逻辑运算符
print("1 or 2=",1 or 2)
print("3 or 2=",3 or 2)
print("0 or 2=",0 or 2)
print("0 or 100=",0 or 100)
print("0 or 0=",0 or 0)
print("1 and 2=",1 and 2)
print("3 and 0=",3 and 0)
print("0 and 2=",0 and 2)
print("0 and 2=",0 and 2)
print("0 and 2=",0 and 0)
print("10 and 20=",10 and 20)
print("10 or 20=",10 or 20)
print("0 and 20=",0 and 20)
print("0 or 20=",0 or 20)
print("not(0 and 20)=",not(0 and 20))
```

Chap4_8.py 的运行结果如图 4.8 所示。

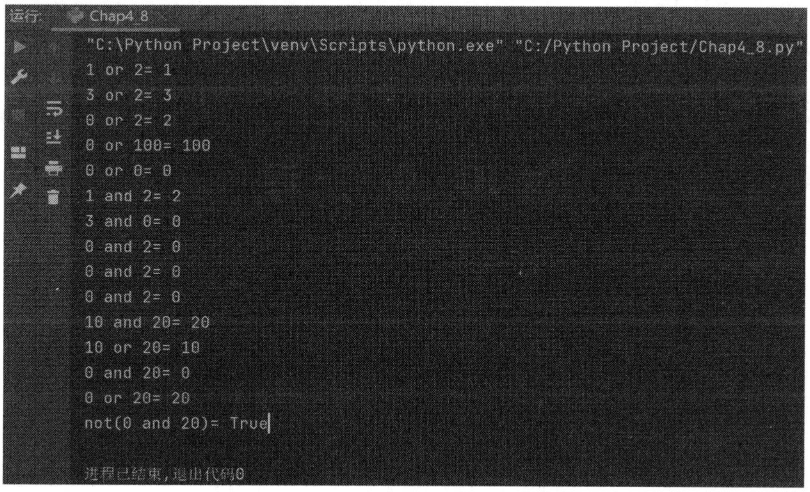

图 4.8　Chap4_8.py 的运行结果

4.7　成员运算符

成员运算符的运算数包括字符串、列表、元组等。成员运算符及其运算规则如表 4.15 所示。

表 4.15 成员运算符及其运算规则

运算符	运算规则
in	x in y：如果 x 在 y 序列中则返回 True
not in	x not in y：如果 x 不在 y 序列中则返回 True

表 4.16 给出了 Chap4_9.py 的源代码，讲解成员运算符的一些语法。

表 4.16 Chap4_9.py 源代码

```
#Chap4_9.py，成员运算符
num=7
list=[9,2,'book',4,"China",10,7,1]
print("num=",num)
print("list=",list)
if ( num in list ):
    print("变量 num 在给定的列表中 list 中")
else:
    print("变量 num 不在给定的列表中 list 中")
```

Chap4_9.py 的运行结果如图 4.9 所示。

图 4.9 Chap4_9.py 的运行结果

4.8 身份运算符

身份运算符用来比较两个对象是否身份相同。身份运算符有两个：is、is not。身份运算符及其运算规则如表 4.17 所示。

表 4.17 身份运算符及其运算规则

运算符	运算规则
is	判断两个标识符是不是引用自一个对象。x is y 类似 id(x) == id(y)，如果引用的是同一个对象则返回 True，否则返回 False
is not	判断两个标识符是不是引用自不同对象。x is not y 类似 id(a) != id(b)，如果引用的不是同一个对象则返回 True，否则返回 False

表 4.18 给出了 Chap4_10.py 的源代码，讲解身份运算符的一些语法。说明：id()函数用于获取对象内存地址。

表 4.18　　Chap4_10.py 源代码

```
#Chap4_10.py,身份运算符
a=20;b=20
print("a=",a)
print("b=",b)
if (a is b):
    print("a is b,a 和 b 有相同的标识")
else:
    print("a is not b,a 和 b 没有相同的标识")
if (id(a) == id(b)):
    print("id(a)==id(b), a  和  b  有相同的标识")
else:
    print("id(a)!=id(b),a  和  b  没有相同的标识")
b=30 #修改变量  b 的值
print("b=",b)
if(a is b):
    print("a is b, a  和  b  有相同的标识")
else:
    print("a is not b, a  和  b  没有相同的标识")
if(a is not b):
    print("a is not b, a  和  b  没有相同的标识")
else:
    print("a is b, a  和  b  有相同的标识")
```

Chap4_10.py 的运行结果如图 4.10 所示。

图 4.10　Chap4_10.py 的运行结果

4.9　运算符优先级

按照运算优先级从高到低的顺序，我们对运算符的运算优先级进行了排列。需要说明的是，如果有括号，先计算括号里面的内容。Python 主张简洁为美，所以不建议使用过于复杂的表达式。

（1）指数运算符（**）。

（2）按位翻转运算符（~）、一元加号运算符（+）、一元减号运算符（–）。

（3）乘运算符（*）、除运算符（/）、求余数运算符（%）、取整除运算符（//）。

（4）加法运算符（+）、减法运算符（-）。

（5）右移运算符（>>）、左移运算符（<<）。

（6）位 'AND'运算符（&）。

（7）位运算符（^、|）。

（8）比较运算符（<=、<、>、>=）。

（9）等于运算符（==、!= ）。

（10）赋值运算符（=、%=、/=、//=、-=、+=、*=、**=）。

（11）身份运算符（is、is not）。

（12）成员运算符（in、not in）。

（13）逻辑运算符（not、and、or）。

4.10 小　　结

本章对运算符的运算规则进行了总结，并讲解了运算符优先级，具体介绍了算术运算符、比较运算符、赋值运算符、进制转换（十进制数字转换为其他进制数字、其他进制数字转换为十进制数字、十进制数字转换为固定长度的其他进制数字）、位运算符、逻辑运算符、成员运算符、身份运算符、运算符优先级等。

第 5 章　Python 内置数学函数

什么是内置函数呢？编程语言中预先定义的函数，叫作内置函数。内置函数，又称内嵌函数，是指嵌入主调函数中的函数。

内置函数的作用是提高程序的执行效率，大多数编程语言都有自己的内置函数。内置函数的存在极大地提升了程序员的工作效率和程序的可阅读性。

Python 内置函数的英文官方文档网址为 https://docs.python.org/3/library/functions.html，如果需要可以自行查阅。

Python 的很多内置函数，本章之前已经介绍、使用过。本章将较为系统地介绍 Python 的内置函数，通过一些具体的程序实例来讲解。

Python 的内置函数如表 5.1 所示。

表 5.1　　Python 内置函数

abs()	all()	any()	ascii()	bin()
bool()	breakpoint()	bytearray()	bytes()	callable()
chr()	classmethod()	compile()	complex()	delattr()
dict()	dir()	divmod()	enumerate()	eval()
exec()	filter()	float()	format()	frozenset()
getattr()	globals()	hasattr()	hash()	help()
hex()	id()	input()	int()	isinstance()
issubclass()	iter()	len()	list()	locals()
map()	max()	memoryview()	min()	next()
object()	oct()	open()	ord()	pow()
print()	property()	range()	repr()	reversed()
round()	set()	setattr()	slice()	sorted()
staticmethod()	str()	sum()	super()	tuple()
type()	vars()	zip()	__import__()	

5.1　数学常量

这里介绍两个数学常量，即圆周率 pi、自然常数 e，如表 5.2 所示。

表 5.2　　　　　　　　　　　　　　数学常量

常量	描述
pi	数学常量 pi（圆周率，一般以 π 来表示）
e	数学常量 e，e 即自然常数（自然常数）

要使用数学函数，就必须在程序头部使用语句 import math，从而导入 math 模块。表 5.3 给出了 Chap5_1.py 的源代码，讲解如何获取这两个数学常量的值。

表 5.3　　　　　　　　　　　　Chap5_1.py 源代码

```
#Chap5_1.py，数学常量
import math
print("math.pi=",math.pi)
print("math.e=",math.e)
```

Chap5_1.py 的运行结果如图 5.1 所示。

图 5.1　Chap5_1.py 的运行结果

5.2　常用数学函数

这里介绍一些常用的数学函数，如表 5.4 所示。

表 5.4　　　　　　　　　　　　　　数学函数

函数	功能
abs(x)	求数字的绝对值，如 abs(-10) 返回 10
ceil(x)	数字上取整，如 math.ceil(4.1) 返回 5
exp(x)	求 e 的 x 次幂(e^x),如 math.exp(1) 返回 2.718281828459045
fabs(x)	求数字的绝对值，如 math.fabs(-10) 返回 10.0
floor(x)	数字下取整，如 math.floor(4.9)返回 4
log(x)	求 x 的自然对数，x>0。math.log(math.e)为 1.0，math.log(100,10)返回 2.0
log10(x)	求以 10 为基数的 x 的对数，如 math.log10(100)返回 2.0
max(x1, x2,...)	求给定参数的最大值，参数可以为序列

续表

函数	功能
min(x1, x2,...)	求给定参数的最小值，参数可以为序列
modf(x)	求 x 的整数部分与小数部分，两部分的数值符号与 x 相同，整数部分以浮点型表示
pow(x, y)	求 x 的 y 次幂 x^y，等于 x**y 运算后的值
round(x [,n])	求浮点数 x 的四舍五入值，如给出 n 值则代表舍入到小数点后的位数
sqrt(x)	求数字 x 的平方根

表 5.5 给出 Chap5_2.py 的源代码，讲解如何使用数学函数进行如下运算：绝对值、上取整、自然常数的 π 次幂、下取整、对数。

表 5.5　Chap5_2.py 源代码

```
#Chap5_2.py，数学函数
import math
print("abs(-10)=",abs(-10))
print("abs(0)=",abs(0))
print("abs(10)=",abs(10))
print("math.ceil(-45.17) : ", math.ceil(-45.17))
print("math.ceil(100.12) : ", math.ceil(100.12))
print("math.exp(math.pi) : ", math.exp(math.pi))#exp() 方法返回 x 的指数,e^x
print("math.fabs(-12.34) : ", math.fabs(-12.34))
print ("math.floor(-45.17) : ", math.floor(-45.17))
print ("math.floor(100.12) : ", math.floor(100.12))
print ("math.log(100.72) : ", math.log(100.72))
print ("math.log(math.pi) : ", math.log(math.pi))
print ("math.log10(119) : ", math.log10(119))
print ("math.log10(math.pi) : ", math.log10(math.pi))
```

Chap5_2.py 的运行结果如图 5.2 所示。

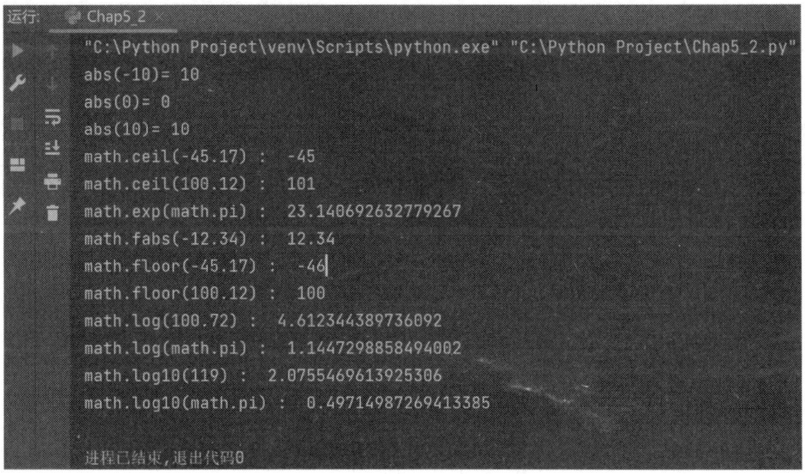

图 5.2　Chap5_2.py 的运行结果

表 5.6 给出了 Chap5_3.py 的源代码，讲解如何使用数学函数进行如下运算：最大值、最小值、整数和小数分离、指数、四舍五入、平方根。

表 5.6　Chap5_3.py 源代码

```
#Chap5_3.py，数学函数
import math
print ("max(0, 100, -400) : ", max(0, 100, -400))
print ("min(0, 100, -400) : ", min(0, 100, -400))
print ("math.modf(100.12) : ", math.modf(100.12))
print ("math.modf(math.pi) : ", math.modf(math.pi))
print ("math.pow(2, 4) : ", math.pow(2, 4))
print ("round(70.23456) : ", round(70.23456))
print ("round(56.659,1) : ", round(56.659,1))
print ("round(80.264, 2) : ", round(80.264, 2))
print ("round(100.000056, 3) : ", round(100.001056, 3))
print ("math.sqrt(7) : ", math.sqrt(7))
print ("math.sqrt(math.pi) : ", math.sqrt(math.pi))
```

Chap5_3.py 的运行结果如图 5.3 所示。

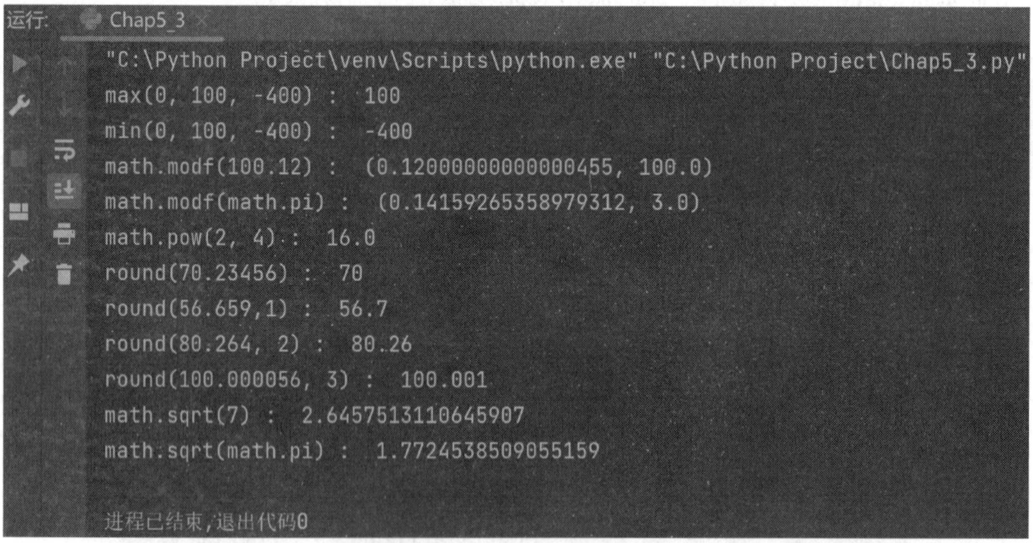

图 5.3　**Chap5_3.py** 的运行结果

5.3　随机数函数

随机数可被用于数学、游戏、安全等领域中，还经常被嵌入算法中，用以提高算法效率，并提高程序的安全性。表 5.7 列出了随机数函数及其功能。

表 5.7　　随机数函数

函数	功能
choice(seq)	从序列中随机挑选一个元素，例如 random.choice(range(10))，从 0 到 9 这些数中随机挑选一个
randrange ([start,] stop [,step])	从指定范围内、按指定基数递增的集合中获取一个随机数，基数默认值为 1
random()	随机生成[0,1)内的一个实数
seed([x])	改变随机数生成器的种子 seed
shuffle(lst)	将序列的所有元素随机排序
uniform(x, y)	随机生成下一个实数，它在[x,y]范围内

随机数函数是不能直接访问的，需要通过 import random 语句导入 random 模块，然后通过 random 静态对象调用该方法。

表 5.8 给出了 Chap5_4.py 的源代码，讲解如何使用随机数函数，包括：随机从 1~32 中找一个数、从列表[1, 3, 5, 7, 9]中随机找一个元素、从字符串“ILoveChina”中随机找一个字符、从“abcdefghij”中随机取 3 个字符、随机选取字符串等。

表 5.8　　Chap5_4.py 的源代码

```
#Chap5_4.py，随机数函数
import random
import string #string module 里包含了阿拉伯数字,ascii 码,特殊符号
print("从 1~32,range(32)中找一个随机数 ：",random.choice(range(32)))
print("从列表中 [1, 3, 5, 7, 9]) 一个找一个元素 ：",random.choice([1,3,5,7,9]))
print("从字符串中'ILoveChina'中随机找一个字符 ：",random.choice('ILoveChina'))
print("从 abcdefghij 中随机取 3 个字符：",random.sample('abcdefghij',3) )
print("随机选取字符串:",random.choice ( ['apple', 'pear', 'peach', 'orange', 'lemon'] ))
```

Chap5_4.py 的运行结果如图 5.4 所示。

图 5.4　Chap5_4.py 的运行结果

表 5.9 给出了 Chap5_5.py 的源代码，讲解如何使用随机数函数，包括：从 1～50 中选取一个奇数、从 1～50 中选取一个偶数、从 0～49 中选取一个随机数、在[0,1)范围

内随机生成一个实数、生成 100～150 的一个随机小数、生成 100～211 的一个随机小数、生成 12～20 的一个随机整数、使用默认种子生成随机数、使用整数 10 作为种子生成随机数、使用字符串种子生成随机数、对列表随机排序、生成 5～20 的随机浮点数。

表 5.9　　Chap5_5.py 的源代码

```
import random
print("从 1-50 中选取一个奇数: ",random.randrange(1,50,2))
print("从 1-50 中选取一个偶数: ",random.randrange(1,50,1))
print("从 0-49 选取一个随机数: ", random.randrange(50))
print ("在[0,1)范围内随机生成一个实数 random() : ", random.random())
print("实现 100-150 随机小数:",(random.random()*51)+100)
print("实现 100-211 随机小数:",random.uniform(100,211))
print("生成 12 到 20 之间的一个随机整数:",random.randint(12, 20))
random.seed()
print ("使用默认种子生成随机数:", random.random())
random.seed(10)
print ("使用整数 10 种子生成随机数:", random.random())
random.seed("hello",2)
print ("使用字符串种子生成随机数:", random.random())
list = [1,3,5,7,9];
print("list=",list)
random.shuffle(list)
print ("random.shuffle(list),随机排序列表:", list)
print ("uniform(5, 20)的随机浮点数:", random.uniform(5, 20))
```

Chap5_5.py 的运行结果如图 5.5 所示。

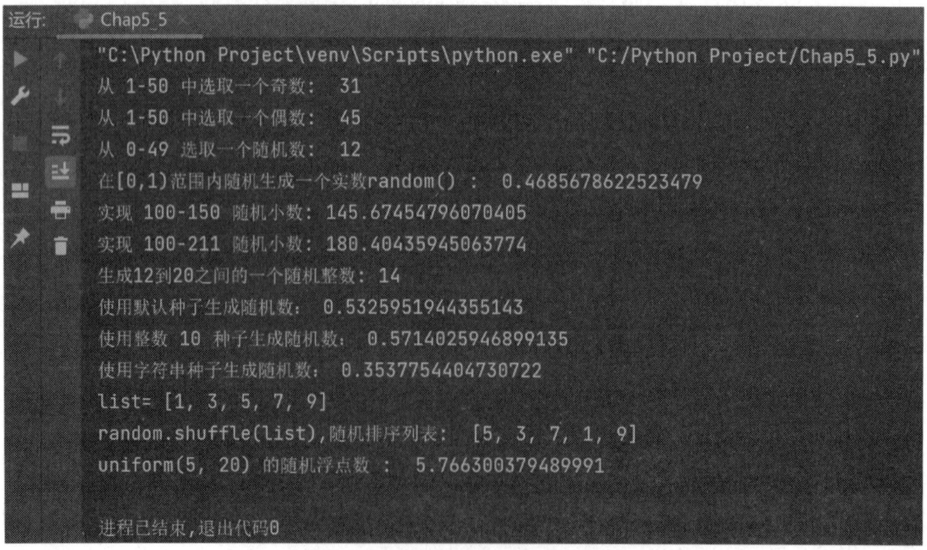

图 5.5　Chap5_5.py 的运行结果

表 5.10 给出了 Chap5_6.py 的源代码，讲解如何使用随机数函数随机生成密码组合。

表 5.10　　Chap5_6.py 的源代码

```
#Chap5_6.py,创建随机密码组合
import random
import string
a = int(input('请输入要求的密码长度'))
b = string.digits + string.ascii_letters + string.punctuation #构建密码池
password = "" #命名一个字符串
for i in range(0,a):   #for loop  指定重复次数
    password = password + random.choice(b)    #从密码池中随机挑选内容构建密码
print("生成的随机密码:",password)    #输出密码
```

Chap5_6.py 的运行结果如图 5.6 所示。

图 5.6　Chap5_6.py 的运行结果

表 5.11 给出了 Chap5_7.py 的源代码，讲解如何使用随机数函数，随机从字典中抽取数据，打印随机抽取的值，删除已抽取的键/值对，打印剩余的键/值对。

表 5.11　　Chap5_7.py 的源代码

```
#Chap5_7.py,随机从字典中抽取数据
import random
list1={1:'馒头', 2:'包子',3:'水饺', 4:'油条', 5:'豆浆', 6:'米粉', 7:'面条'}
copy={1:'馒头', 2:'包子',3:'水饺', 4:'油条', 5:'豆浆', 6:'米粉', 7:'面条'}
for c in copy.keys():
    a = random.sample(sorted(list1.keys()), 1)   # 随机一个字典中的 key，第二个参数为限制个数
    b = a[0]
    print(list1[b]) # 打印随机抽取的值
    del list1[b] # 删除已抽取的键/值对
    print(list1) # 打印剩余的键/值对
```

Chap5_7.py 的运行结果如图 5.7 所示。

表 5.12 给出了 Chap5_8.py 的源代码，讲解如何使用随机数函数写一个猜数字游戏。也就是说，随机产生一个整数（答案），用户去猜这个整数（答案）。用户猜答案（整数）可采用二分查找的思路。

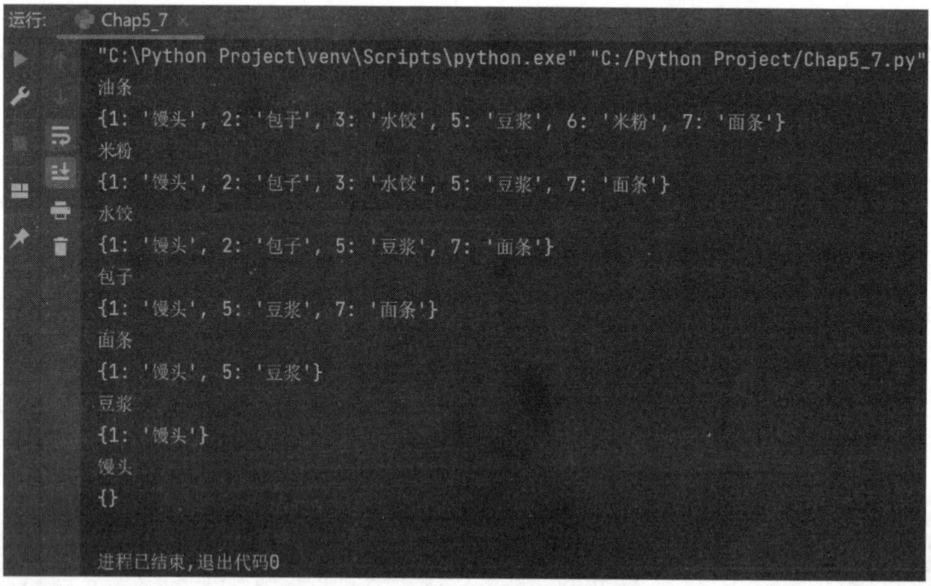

图 5.7 Chap5_7.py 的运行结果

表 5.12 Chap5_8.py 的源代码

```
#Chap5_8.py,写一个猜数字游戏:
import random
n = 0
correct = random.randint(0, 100)   # 产生 1 到 100 的一个整数型随机数
while n < 10: # 循环
    guess= int(input("请输入一个整数（0-100）："))
    if guess==correct:
        print("恭喜您猜对了！",sep='')
        break
    elif guess>correct:
        print("您猜大了，请重新猜吧！",sep='')
        #print("答案是：",correct,sep='')
    elif guess<correct:
        print("您猜小了，请重新猜吧！")
        #print("答案是：",correct,sep='')
    n += 1#计数
else:
    print("您已经输入 10 次了！",sep='')
```

Chap5_8.py 的运行结果如图 5.8 所示。

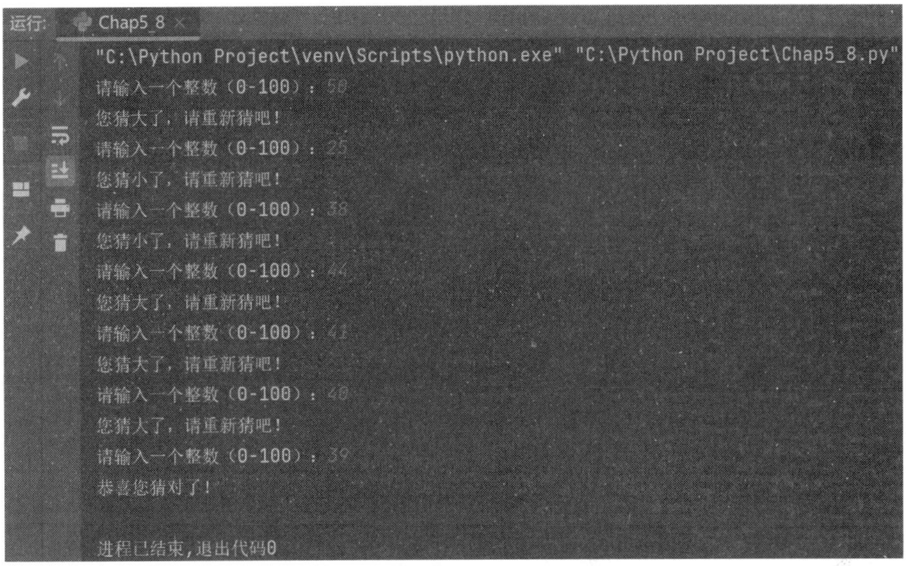

图 5.8　Chap5_8.py 的运行结果

5.4 三角函数

三角函数较多，包括正弦函数（sin(x)）、余弦函数（cos(x)）、正切函数（tan(x)）等。表 5.13 列出了三角函数及其描述。

表 5.13　　三角函数及其描述

三角函数	描述
acos(x)	返回 x 的反余弦弧度值
asin(x)	返回 x 的反正弦弧度值
atan(x)	返回 x 的反正切弧度值
atan2(y, x)	返回给定的 x 及 y 坐标值的反正切值
cos(x)	返回 x 的弧度的余弦值
hypot(x, y)	返回欧几里得范数 sqrt(x*x + y*y)
sin(x)	返回的 x 弧度的正弦值
tan(x)	返回 x 弧度的正切值
degrees(x)	将弧度转换为角度，如 degrees(math.pi/2)返回 90.0
radians(x)	将角度转换为弧度

表 5.14 给出了 Chap5_9.py 的源代码，讲解如何使用三角函数。

表 5.14　　　　Chap5_9.py 的源代码

```
#Chap5_9.py,三角函数
import math
print("math.sin(1)=",math.sin(1))
print("math.cos(1)=",math.cos(1))
print("math.tan(1)=",math.tan(1))
print("math.asin(1)=",math.asin(1))
print("math.acos(1)=",math.acos(1))
print("math.atan(1)=",math.atan(1))
print ("atan2(5,5)=",math.atan2(5,5))
print ("hypot(0, 2)=",math.hypot(0,2))
print ("degrees(math.pi)=",math.degrees(math.pi))
print ("radians(180)=",   math.radians(180))
print ("radians(90)=",   math.radians(90))
```

Chap5_9.py 的运行结果如图 5.9 所示。

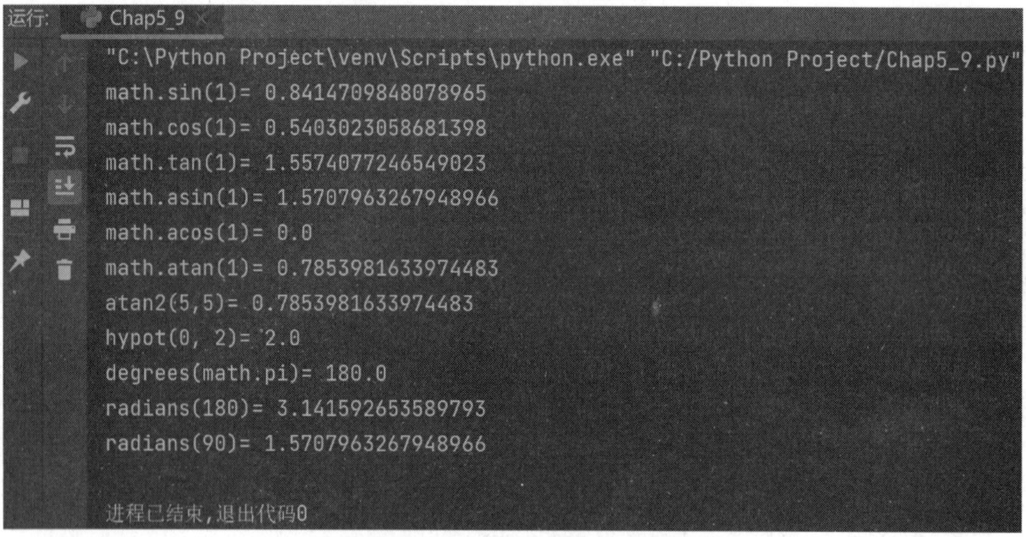

图 5.9　Chap5_9.py 的运行结果

5.5　其他内置函数

operator 模块用以输出一系列对应内部操作符的函数，例如，operator.add(x, y)等价于表达式 x+y。

为了向下兼容，许多函数都保留着双下划线，不具备双下划线是为了使表达更清晰。这些函数有比较、逻辑操作、数学运算、序列操作等作用。

表 5.15 给出了 Chap5_10.py 的源代码，重点讲述了 operator 模块的一些用法实例。

表 5.15　　Chap5_10.py 的源代码

```
#Chap5_10.py
import math
import operator   #首先要导入运算符模块
c= 1.2+3.4j
print("c=1.2+3.4j,c=",c)
print("c.real=",c.real)
print("c.imag=",c.imag)
print("operator.gt(1,2)=",operator.gt(1,2))   #意思是 greater than（大于）
print("operator.ge(1,2)=",operator.ge(1,2)) #意思是 greater and equal（大于等于）
print("operator.eq(1,2)=",operator.eq(1,2))#意思是 equal（等于）
print("operator.le(1,2)=",operator.le(1,2))#意思是 less and equal（小于等于）
print("operator.lt(1,2)=",operator.lt(1,2))#意思是 less than（小于）
a=4
b=4
print("a=4,b=4,a==b?",a==b)
print("a=4,b=4,a is b?",a is b)
```

Chap5_10.py 的运行结果如图 5.10 所示。

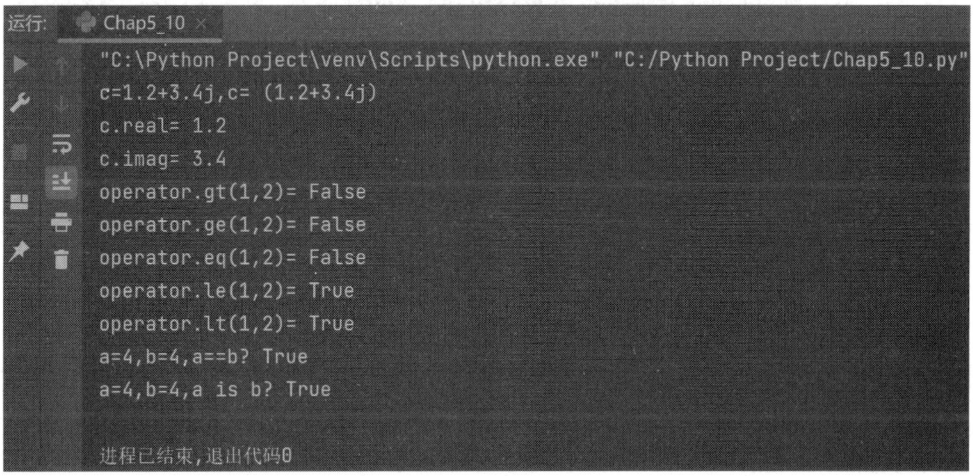

图 5.10　Chap5_10.py 的运行结果

表 5.16 给出了 Chap5_11.py 的源代码，给出了一些内置函数实例，包括：字符转为数字、字符转为列表、分别取两个整数的商和余数、2 的 10 次方等。

表 5.16　　Chap5_11.py 的源代码

```
#Chap5_11.py
import math
var='1234'
num=int(var) #字符转为数字
```

续表

```
print("var='1234',num=int(var)=",num)
num_list=list(var)#字符转为列表
print("var='1234',num_list=list(var)=",num_list)
divmod(20,6)#分别取商和余数
print("divmod(20,6)=",divmod(20,6))
print("float('123')=",float('123'))
print("float(1)=",float(1))
print("pow(2,10)=",pow(2,10))# 2 的 10 次方
s="1+2*3"
print("s=\"1+2*3\",type(s)=",type(s))
print("eval(s)=",eval(s))
```

Chap5_11.py 的运行结果如图 5.11 所示。

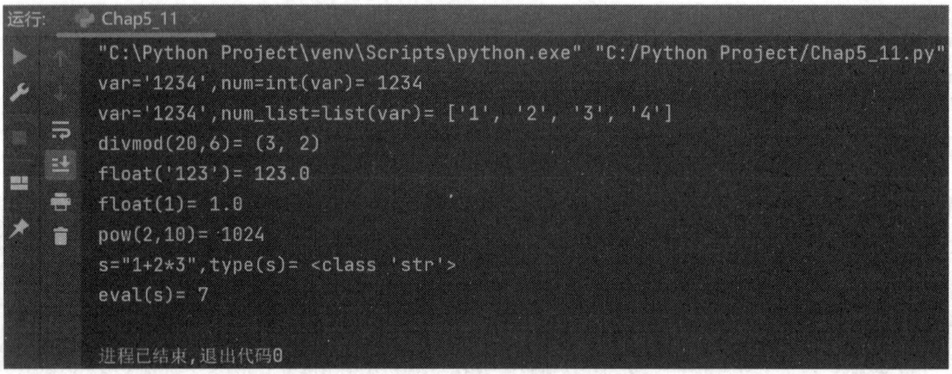

图 5.11　Chap5_11.py 的运行结果

表 5.17 给出了 Chap5_12.py 的源代码，给出了一些内置函数的用法实例。

表 5.17　Chap5_12.py 的源代码

```
#Chap5_12.py
test=['a','b','c']
for k,v in enumerate(test):
    print(k,v)
mylist=[1,3,5]
mylist.append(7)
print("mylist=[1,3,5],mylist.append(7),mylist=",mylist)
mylist=[36,6,-12,9,-22]
mylist.sort()
print("mylist=[36,6,-12,9,-22],mylist.sort(),mylist=",mylist)
list_1=[1,2,3]
list_2=['a','b','c']
s=zip(list_1,list_2)
print("s=zip(list_1,list_2)=",list(s))
```

续表

```
text='hot water'
print("text='hot water',len(text)=",len(text))
print("text[:3]=",text[:3])
print("text[4:9]=",text[4:9])
print("text[4:]=",text[4:])
```

Chap5_12.py 的运行结果如图 5.12 所示。

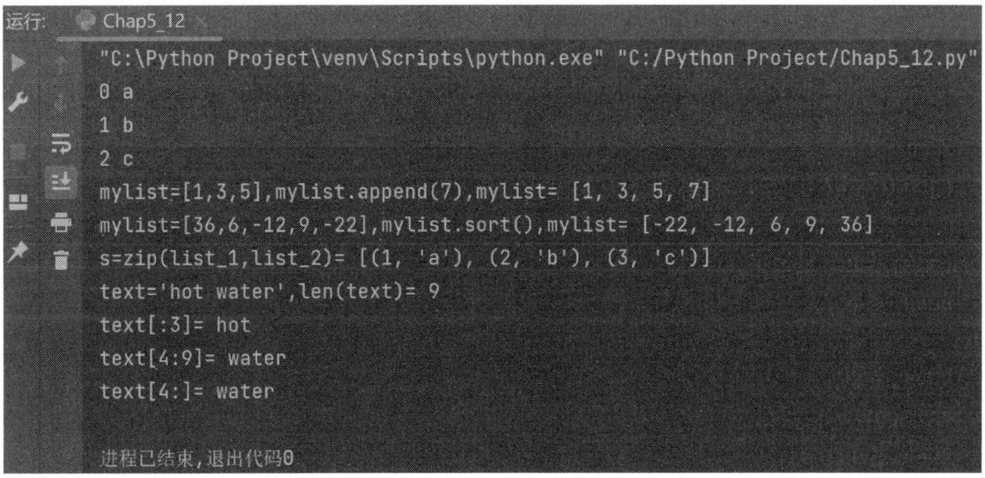

图 5.12　Chap5_12.py 的运行结果

5.6 小　结

本章讲解了 Python 内置数学函数，包括数学常量、常用数学函数、随机数函数、三角函数、其他内置函数，并给出了一些实例。还有很多的 Python 内置函数在后面章节会讲解。

第 6 章　条件控制（if）语句

前面的章节已经多次使用了简单的条件控制（if）语句，本章将较为详细地介绍条件控制（if）语句。

首先说明，条件控制语句是通过条件（True 或者 False）来决定后续执行的代码块。

6.1　if 语句的一般形式

if 语句的一般形式如表 6.1 所示。

表 6.1　　if 语句的一般形式

```
if 条件 1 为 true:
执行第一条语句
elif 条件 2 为 true:
执行第二条语句
else:
    执行第三条语句
```

上述表达式中，“elif”表示“else if”，if 语句的关键字为“if-elif-else”。

需要注意的是：

（1）每个条件后面要使用冒号“:”，表示接下来是满足条件后要执行的语句。

（2）所有缩进来的语句的缩进数必须相同。

（3）Python 中没有“switch－case”语句。

表 6.2 给出了 Chap6_1.py 的源代码，这是 if 语句的一个简单例子。

表 6.2　　Chap6_1.py 的源代码

```
#Chap6_1.py, if 语句
cond1=100
if cond1:
    print("cond1=100,表达式条件为 true")
cond2=0
if cond2:
    print("cond2=0,表达式条件为 true")
else:
    print("cond2=0,表达式条件为 false")
```

Chap6_1.py 的运行结果如图 6.1 所示。

图 6.1　Chap6_1.py 的运行结果

表 6.3 给出了 Chap6_2.py 的源代码，这是一个稍微复杂的 if 语句的例子。

表 6.3　　Chap6_2.py 的源代码

```
#Chap6_2.py，输入年龄，判断人生阶段
age=int(input("请您输入年龄: "))#int(input("***"))表示将输入内容转化成整数
print("您输入的年龄是",age)
if age <= 0:
    print("年龄怎么能小于等于 0？输入错误")
elif age <= 3:
    print("婴幼儿")
elif age <= 6:
    print("儿童")
elif age <=15:
    print("少年")
elif age <=30:
    print("青年")
elif age <=60:
    print("中年")
else:
    print("老年")
input("点击 enter 键退出")
```

Chap6_2.py 的运行结果如图 6.2 所示。

图 6.2　Chap6_2.py 的运行结果

6.2　if 语句中常用的操作运算符

if 中常用的操作运算符包括：<（小于）、<=（小于或等于）、>（大于）、>=（大于或等于）、==（等于）、!=（不等于）。

表 6.4 给出了 Chap6_3.py 的源代码，这是 if 语句中操作运算符的一个例子。

表 6.4　　Chap6_3.py 的源代码

```
#Chap6_3.py，if 条件语句
score=int(input("请您输入成绩"))
print("您输入的成绩是:",score)
if score >= 85:
    print('优秀')
elif score >= 75:
    print("良好")
elif score >= 60:
    print("及格")
else:
    print("不及格")
```

Chap6_3.py 的运行结果如图 6.3 所示。

图 6.3　Chap6_3.py 的运行结果

6.3　if 语句中多个条件同时判断

表 6.5 给出了 Chap6_4.py 的源代码，讲解如何在 if 语句中同时判断多个条件。

表 6.5　　Chap6_4.py 的源代码

```
#Chap6_4.py，多个条件同时判断
num =int(input("输入一个整数"))
print("您输入的数 num=",num)
if num >= 0 and num <= 10:   # 判断值是否在 0~10 之间
    print("在 0~10 之间")
```

续表

```
elif num < 0 or num > 10:   # 判断值是否在小于 0 或大于 10
    print("小于 0 或大于 10")
else:
    print("输入错误 ")
```

Chap6_4.py 的运行结果如图 6.4 所示。

图 6.4　Chap6_4.py 的运行结果

表 6.6 给出了 Chap6_5.py 的源代码，讲解如何在 if 语句中同时判断多个条件。

表 6.6　Chap6_5.py 的源代码

```
#Chap6_5.py,判断一个人身高和体重的比例
height = float(input("输入身高（米）："))
weight = float(input("输入体重（千克）："))
bmi = weight / (height * height)   #计算 BMI 指数
if bmi<18.5:
    print("BMI 指数为："+str(bmi))
    print("体重过轻")
elif bmi>=18.5 and bmi<24.9:
    print("BMI 指数为："+str(bmi))
    print("正常范围，注意保持")
elif bmi>=24.9 and bmi<29.9:
    print("BMI 指数为："+str(bmi))
    print("体重过重")
else:
    print("BMI 指数为："+str(bmi))
    print("肥胖")
```

Chap6_5.py 的运行结果如图 6.5 所示。

图 6.5　Chap6_5.py 的运行结果

表 6.7 给出了 Chap6_6.py 的源代码，这是在 if 语句中同时判断多个条件的另一种方法。

表 6.7　　　　　　　　　　Chap6_6.py 的源代码

```
#Chap6_6.py,if 多条件语句的另外一种表示方法
score = float(input("请您输入成绩: "))
print("您输入的成绩是：",score)
if 85 <= score <= 100:
    print('优秀')
elif 75 <= score <= 84:
    print('良好')
elif 60 <= score <= 74:
    print('及格')
elif 0 <= score < 60:
    print('不及格')
else:
    print('输入成绩是负数')
```

Chap6_6.py 的运行结果如图 6.6 所示。

图 6.6　Chap6_6.py 的运行结果

6.4　各种类型的条件表达式

条件表达式可以有不同的类型：布尔型、数值型、字符串型、容器型、None 型。表 6.8 列出了不同数值类型表达式的 True 和 False 判别标准。

表 6.8　　　　　不同数值类型表达式 True 和 False 判别标准

类型	False	True
布尔型	False(与 0 等价)	True(与 1 等价)
数值型	0,0.0	非零的数值
字符串型	'', ""(空字符串)	非空字符串
容器型	[], (),{},set()	至少有一个元素的容器对象
None 型	None	非 None 对象

表 6.9 给出了 Chap6_7.py 的源代码，讲解如何判断布尔型、数值型、字符串型的表达式。

表 6.9　　　　Chap6_7.py 的源代码

```
#Chap6_7.py,if elif 判断布尔型、数值型、字符串型的表达式
b = False
print("b = False")
if b:
    print('b 是 True')
else:
    print('b 是 False')
n = 0
print("n = 0")
if n:
    print('n 不是零值')
else:
    print('n 是零值')
s = ""
print("s = \"\"")
if s:
    print('s 不是空字符串')
else:
    print('s 是空字符串')
```

Chap6_7.py 的运行结果如图 6.7 所示。

图 6.7　Chap6_7.py 的运行结果

表 6.10 给出了 Chap6_8.py 的源代码，讲解如何判断容器型、None 型的表达式。

表 6.10　　　　Chap6_8.py 的源代码

```
#Chap6_8.py,if elif 判断容器型、None 型的表达式
l = []
print("l = []")
```

续表

```
if l:
    print('l 不是空列表')
else:
    print('l 是空列表')
d = {}
print("d = {}")
if d:
    print('d 不是空字典')
else:
    print('d 是空字典')
def func():
    print("函数被调用")
if func():
    print('func()返回值不是空')
else:
    print('func()返回值为空')
```

Chap6_8.py 的运行结果如图 6.8 所示。

图 6.8　Chap6_8.py 的运行结果

6.5　条件表达式嵌套

在嵌套 if 语句中，可以把“if...elif...else”结构，放在另外一个“if...elif...else”结构中，如表 6.11 所示。

表 6.11　嵌套条件表达式的结构

```
if 表达式 1:
    语句
    if 表达式 2:
        语句
```

续表

```
    elif 表达式 3:
        语句
    else:
        语句
elif 表达式 4:
    语句
else:
    语句
```

表 6.12 给出了 Chap6_9.py 的源代码，讲解嵌套条件表达式。

表 6.12　　Chap6_9.py 的源代码

```
#Chap6_9.py,if 嵌套
num=int(input("输入一个数字："))
print("您输入的数字是：",num)
if num%2==0:
    if num%3==0:
        print("可以整除 2 ，可以整除 3")
    else:
        print("可以整除 2，不能整除 3")
else:
    if num%3==0:
        print("不能整除 2,可以整除 3")
    else:
        print("不能整除 2,不能整除 3")
```

Chap6_9.py 的运行结果如图 6.9 所示。

图 6.9　Chap6_9.py 的运行结果

表 6.13 给出了 Chap6_10.py 的源代码，这是讲解条件表达式嵌套的又一个例子。

表 6.13 Chap6_10.py 的源代码

```
#Chap6_10.py,if 例子
import random
num1=random.choice(range(100))
num2=random.choice(range(200))
print("num1=",num1)
print("num2=",num2)
if num1 > num2:
    print('num1 大，num1=',num1)
elif num1 == num2:
    print('num1==num2，两个之和:',num1 + num2)
else:
    print('num2 大，num2=',num2)
```

Chap6_10.py 的运行结果如图 6.10 所示。

图 6.10 Chap6_10.py 的运行结果

6.6 小　结

本章讲解了条件控制（if）语句，包括：if 语句的一般形式、if 语句中常用的操作运算符、if 语句中多个条件同时判断、各种类型的条件表达式、条件表达式嵌套。

第 7 章　while 循环语句

Python 中的循环语句包括 for 和 while，之前的章节已经用过这两种循环语句，它们的区别是：while 语句在循环之前先判断条件，满足条件后再循环；for 语句循环的时候，必须有一个可迭代的对象（数组等）。本章介绍 while 循环语句。

7.1　while 循环语句的一般格式

while 语句的一般格式如表 7.1 所示，必须注意格式中的冒号（:）和缩进。

表 7.1　　while 语句的一般格式

```
while 判断条件(condition) :
    执行语句(statements)
```

表 7.2 给出了 Chap7_1.py 的源代码，展示的是使用 while 循环语句计算 1 到 10 的总和。

表 7.2　　Chap7_1.py 的源代码

```
#Chap7_1.py
n=10
sum=0
counter=1
while counter<=n:
    sum=sum+counter
    counter+=1
print("1 到%d 之和为: %d" % (n, sum))
```

Chap7_1.py 的运行结果如图 7.1 所示。

图 7.1　Chap7_1.py 的运行结果

可以设置条件表达式永远为 True，从而实现无限循环，可以使用“Ctrl+C”，退出无限循环。无限循环在服务器满足客户端实时请求时非常有用。

表 7.3 给出了 Chap7_2.py 的源代码，展示的是使用 while 循环语句实现无限循环。

表 7.3　　Chap7_2.py 的源代码

```
#Chap7_2.py
cond=1
while cond==1:   # 表达式永远为 true
    x= input("请随便输入，然后回车。可以使用 CTRL+C 来退出当前的无限循环")
    print("你输入的是: ", x)
print("Good bye!")
```

Chap7_2.py 的运行结果如图 7.2 所示。

图 7.2　Chap7_2.py 的运行结果

7.2　while…else 语句

while 循环可以使用 else 语句，也就是“while...else”语句，当条件语句为 False 的时候执行 else 的语句块。“while...else”语句的语法格式如表 7.4 所示。

表 7.4　　while…else 语句的语法格式

```
while <expr>:
    <statement(s)>
else:
    <additional_statement(s)>
```

表 7.5 给出了 Chap7_3.py 的源代码，讲解“while...else”语句的用法。

表 7.5　　Chap7_3.py 的源代码

```
#Chap7_3.py,while...else 语句
count = 0
while count<5:
    print(count, " 小于 5")
    count=count + 1
else:
    print(count, " 大于或等于 5")
```

Chap7_3.py 的运行结果如图 7.3 所示。

图 7.3 Chap7_3.py 的运行结果

7.3 while 循环中的 break 语句

while 循环中有两个重要的关键字：continue 和 break。continue 是跳出本次循环，开始下次循环；break 是停止整个循环。continue（break）下面的代码不执行。

表 7.6 给出了 Chap7_4.py 的源代码，讲解 while 循环中的 break 语句。

表 7.6　　Chap7_4.py 的源代码

```
#Chap7_4.py while 中的 break 语句
count=0
while count<10:
    x=input('请随便输入：')
    print('你输入的是：',x)
    if x=='quit':
        break #结束循环，在循环里面遇到 break，立即结束整个循环
    count+=1
    print( "已经循环了  %d 次" %count)
```

Chap7_4.py 的运行结果如图 7.4 所示。

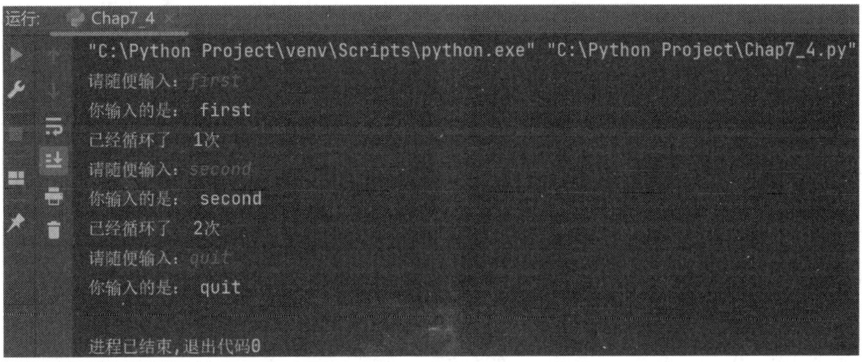

图 7.4 Chap7_4.py 的运行结果

7.4 while 循环中的 continue 语句

如前所述，在 while 循环中，continue 是结束当前循环，进入下一个循环。表 7.7 给出了 Chap7_5.py 的源代码，讲解 while 循环中的 continue 语句。

表 7.7　　Chap7_5.py 的源代码

```
#Chap7_5.py,while 循环中的 continue 语句
i = 0
while i<7:
    i+=1
    if i==3:   #当 i=5 时，结束当前循环进入下一个循环
        continue
    print("i=%d"%i)
```

Chap7_5.py 的运行结果如图 7.5 所示。

图 7.5　Chap7_5.py 的运行结果

7.5 while 循环的综合实例

表 7.8 给出了 Chap7_6.py 的源代码，这是 while 循环的一个综合实例（进制转换）。

表 7.8　　Chap7_6.py 的源代码

```
#Chap7_6.py,for 循环综合实例
languaegs = ['c','c++','java','python']
for i in range(len(languaegs)):
    print(i, ':', languaegs[i])
print("1-100 的和:",sum(range(101)))
#进制转化
```

续表

```
while True:
    number = input('请输入一个整数(输入 Q 退出程序)：')
    if number in ['q','Q']:
        break                    #如果输入的是 q 或 Q,结束退出
    elif not number.isdigit():
        print('您的输入有误！只能输入整数(输入 Q 退出程序)！请重新输入')
        continue                 #如果输入的数字不是十进制,结束循环,重新开始
    else :
        number = int(number)
        print('十进制 --> 十六进制 ：%d -> 0x%x' %(number,number))
        print('十进制 -->    八进制 ：%d -> 0o%o' %(number,number))
        print('十进制 -->    二进制 ：%d ->'%number,bin(number))
```

Chap7_6.py 的运行结果如图 7.6 所示。

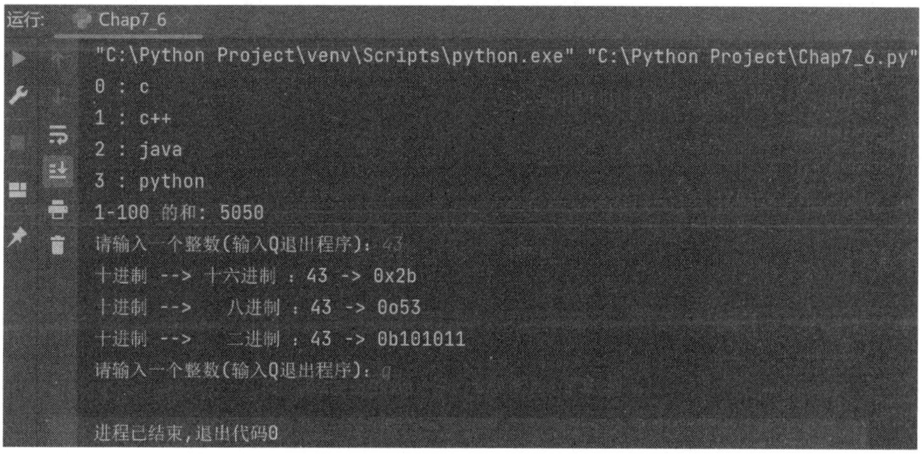

图 7.6　Chap7_6.py 的运行结果

7.6 小　结

本章讲解了 Python 中的 while 循环语句，包括：while 循环语句一般格式、while...else 语句、while 循环中的 break 语句、while 循环中的 continue 语句。

第 8 章　for 循环语句

for 循环语句，可以说是 Python 中最常用的循环语句。

for 循环可以遍历字符串、列表、元组等序列中的成员，它为迭代循环，可遍历任何可迭代对象（字典、文件等）。for 循环语句可以用在列表解析和生成器表达式中。在 for 循环语句中，break、continue、else 的用法与在 while 中的用法一致。

for 循环语句的一般格式如表 8.1 所示。

表 8.1　　for 循环语句的一般格式

```
for <variable> in <sequence>:
    <statements>
else:
    <statements>
```

8.1　for 循环语句的一般用法

表 8.2 给出了 Chap8_1.py 的源代码，讲解 for 循环语句的一般用法。

表 8.2　　Chap8_1.py 的源代码

```
#Chap8_1.py，for 循环语句的一般用法
msg="China"
for i in (msg):
    print(i,end=" ")
print()
name_list=['中国','China']
#通过序列项迭代
for i in name_list:
    print(i,end=" ")
print()
#通过序列索引迭代
for i in range(len(name_list)):
    print('index is %s,name is %s' %(i,name_list[i]))
for i in range(7,9):
    print(i,end=" ")
```

续表

```
print()
#也可以使 range 以指定数字开始并指定不同的增量(甚至可以是负数，有时这也叫做'步长'):
for i in range(0, 10, 3) :
    print(i,end=" ")
print()
for i in range(-10, -100, -30) :
    print(i,end=" ")
```

Chap8_1.py 的运行结果如图 8.1 所示。

图 8.1　Chap8_1.py 的运行结果

表 8.3 给出了 Chap8_2.py 的源代码，用 for 循环语句打印 9*9 乘法表。

表 8.3　　Chap8_2.py 的源代码

```
#Chap8_2.py，用 for 循环语句打印 9*9 乘法表
for i in range(1,10):
    for j in range(1,10):
        print('%d*%d=%d\t' %(i,j,i*j),end='')
    print()
```

Chap8_2.py 的运行结果如图 8.2 所示。

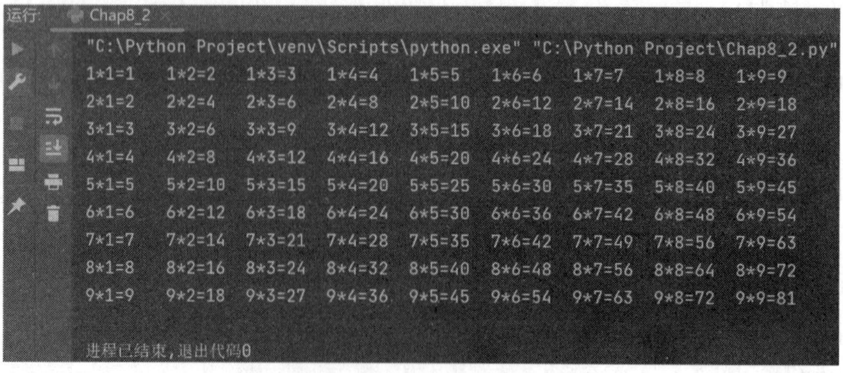

图 8.2　Chap8_2.py 的运行结果

表 8.4 给出了 Chap8_3.py 的源代码，用 for 循环语句打印元组（tuple）。在这个例子中，zip(name,years)指令把 name 和 years 这两个元组连接在一起。

表 8.4　　Chap8_3.py 的源代码

```
#Chap8_3.py,for 循环实例
name=('t 特朗普','w 王五','l 李四','z 张三')
years=(1945,1987, 1990, 2003)
#sorted:排序
for x in sorted(name):
    print(x,end=" ")
print()
#reversed:翻转
for x in reversed(name):
    print(x,end=" ")
print()
#enumerate:返回项和
for i in enumerate(name):
    print(i,end=" ")
print()
for i in range(len(name)):
    print(i, name[i],end="|")
print()
#zip:组合
for i in zip(name,years):
    print(i,end=" ")
```

Chap8_3.py 的运行结果如图 8.3 所示。

图 8.3　Chap8_3.py 的运行结果

8.2　for...else 语句

else 语句是不能脱离其他语句单独存在的。for 循环正常结束后，else 语句中的内容也会正常执行。如果 for 循环被 break 中断，那么后面的 else 语句不执行。

表 8.5 给出了 Chap8_4.py 的源代码，这是 for...else 语句的一个实例。

表 8.5　　Chap8_4.py 的源代码

```
#Chap8_4.py，for...else 语句的一个实例
for i in range(3):
    print(i)
else:
    print('else content, not range(3)')
for i in range(3):
    break
else:
    print('else content')
```

Chap8_4.py 的运行结果如图 8.4 所示。

图 8.4　Chap8_4.py 的运行结果

8.3　for 循环中的 break 语句

前面章节已经讲过，break 语句会打破最小封闭的 for 循环或 while 循环，它会终止循环语句，如果使用嵌套循环，break 语句将停止执行最深层的循环。

表 8.6 给出了 Chap8_5.py 的源代码，这是 for 循环中 break 语句的一个实例，这个实例中还包含了 for 循环的嵌套。

表 8.6　　Chap8_5.py 的源代码

```
#Chap8_5.py
while True:
    print("123")
    break
print("456")
for i in range(3):
    print("-----%d-----" %i)
    for j in range(6):
        if j >2:
            break
        print(j,end=" ")
    print()
```

Chap8_5.py 的运行结果如图 8.5 所示。

图 8.5 Chap8_5.py 的运行结果

8.4 for 循环中的 continue 语句

前面章节已经讲解过，continue 语句是跳出当前这次循环（break 跳出整个循环），continue 语句跳过而不执行当前循环的剩余语句，然后进行下一轮循环。

表 8.7 给出了 Chap8_6.py 的源代码，这是 for 循环中 continue 语句的一个实例。

表 8.7　　Chap8_6.py 的源代码

```
#Chap8_6.py
for letter in "Python":
    if letter == 'h':
        continue #此处跳出 for 枚举'h'的那一次循环
    print('当前字母 :', letter)
for j in range(3,10):
    if j > 5 and j <= 8:
        print("%d 是 continue 特殊"%j)
        continue
    print(j)
```

Chap8_6.py 的运行结果如图 8.6 所示。

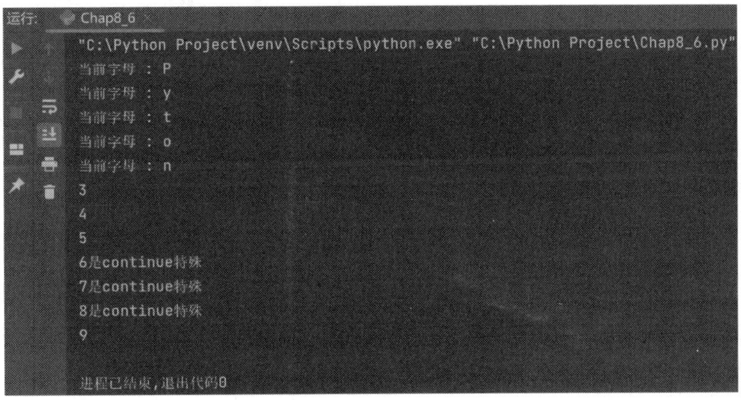

图 8.6 Chap8_6.py 的运行结果

8.5　for 循环中的 exit 语句

exit()语句用于结束整个程序。

表 8.8 给出了 Chap8_7.py 的源代码，这是 exit()语句一个实例。

表 8.8　　Chap8_7.py 的源代码

```
#Chap8_7.py,exit():结束整个程序
for element in "Python":
    if element == "t":
        exit()
    else:
        print(element)
```

Chap8_7.py 的运行结果如图 8.7 所示。

图 8.7　Chap8_7.py 的运行结果

8.6　for 循环中的 pass 语句

pass 语句只起到“占位”的作用，而不做任何事情。pass 是空语句，其作用在于保持程序结构的完整性。

表 8.9 给出 Chap8_8.py 的源代码，这是 pass 语句一个实例。

表 8.9　　Chap8_8.py 的源代码

```
#Chap8_8.py,pass 语句
for element in "MyPython":
    if element == "y":
        pass
    else:
        print(element)
```

Chap8_8.py 的运行结果如图 8.8 所示。

图 8.8　**Chap8_8.py** 的运行结果

8.7　for 循环的综合实例

表 8.10 给出了 Chap8_9.py 的源代码，这是 for 循环的综合实例，用以判断一个数是不是素数。

表 8.10　　Chap8_9.py 的源代码

```
#Chap8_9.py，综合实例
for num in range(2, 10):
    for x in range(2, num):
        if num%x == 0:
            print(num, 'equals', x, '*', num//x)
            break
    else:#  循环中没有找到元素
        print(num, 'is a prime number')
```

Chap8_9.py 的运行结果如图 8.9 所示。

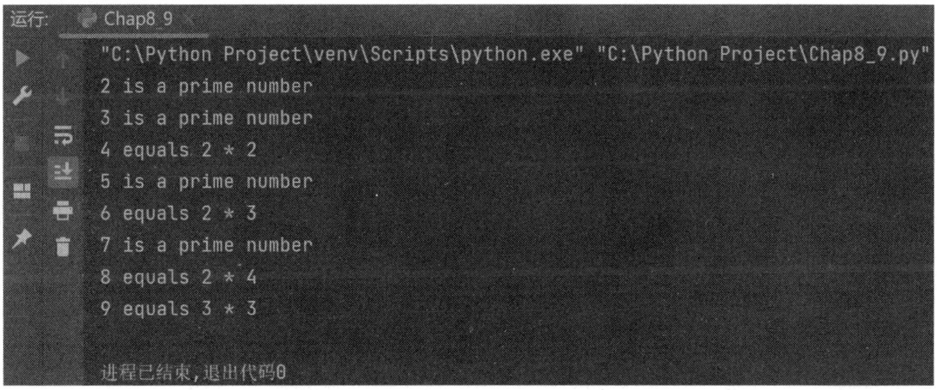

图 8.9　**Chap8_9.py** 的运行结果

表 8.11 给出了 Chap8_10.py 的源代码，这是 for 循环嵌套的综合实例，用以打印钻石形状。

表 8.11　　　　　　　　　　Chap8_10.py 的源代码

```
#Chap8_10.py,打印钻石形状
line=4
headblank=10
for i in range(1,line+1):
    for j in range (1,headblank+line-i):
        print(" ",end="")
    for k in range (0,2*i-1):
        print("*", end="")
    print()
for i in range(line-1,0,-1):
    for j in range (1,headblank+line-i):
        print(" ",end="")
    for k in range (0,2*i-1):
        print("*", end="")
    print()
```

Chap8_10.py 的运行结果如图 8.10 所示。

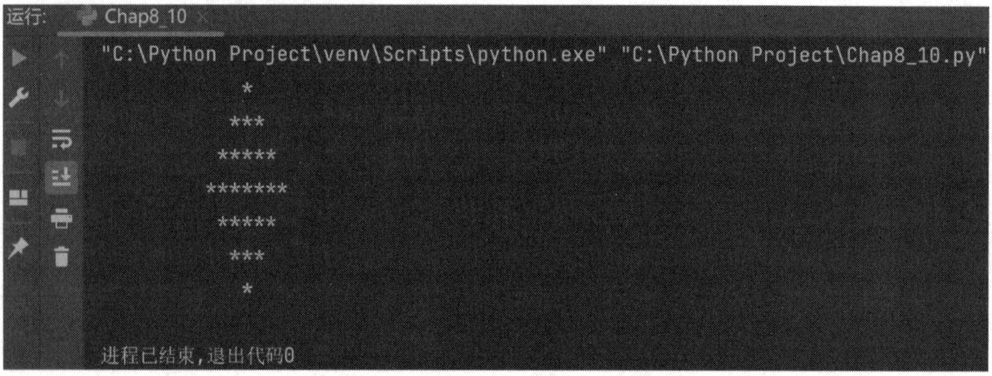

图 8.10　Chap8_10.py 的运行结果

8.8 小　　结

本章介绍了 for 循环语句，包括：for 循环语句的一般用法、for...else 语句、for 循环中的 break 语句、for 循环中的 continue 语句、for 循环中的 exit 语句、for 循环中的 pass 语句、for 循环的综合实例。

第 9 章　字　符　串

在 Python 中，字符串是最常用的数据类型之一。之前的章节中已经对字符串操作进行了一些介绍，本章将较为详细地介绍字符串的操作。

9.1　字符串的基本操作

字符串可以用两个单引号（'）引起来，也可以用两个双引号（"）引起来。可以使用方括号（[]）截取字符串，两个字符串也可以拼接在一起。

在字符串打印语句 print("字符串 1","字符串 2",..."字符串 n",sep='分割符',end='结束符')中，sep 表示分割符（默认是空格），end 表示结束符（默认是回车键）。

表 9.1 给出了 Chap9_1.py 的源代码，讲解字符串的基本操作。

表 9.1　　Chap9_1.py 的源代码

```
#Chap9_1.py,字符串基本操作
str='学习 Python!'
print("str=",str)
print("str[0]: ", str[0])
print("str[1:5]: ",str[1:5])
#分割符 sep、结束符 end，
print("北京","上海","纽约",sep='#',end='@\n')
#字符串更新
print ("已更新字符串 ：", str[:2] + '使用')
```

Chap9_1.py 的运行结果如图 9.1 所示。

图 9.1　Chap9_1.py 的运行结果

转义字符（用“反斜杠\+字符”表示特殊字符）、格式化字符串的输出，在前面章节已经讲解得较为详细，这里不再赘述。

9.2 字符串运算符

表 9.2 列出了字符串运算符。在表 9.2 中，变量 a 为字符串“Study”，变量 b 为字符串“Python”。

表 9.2　　字符串运算符

运算符	功能	实例
+	字符串连接	a+b: StudyPython
*	重复输出字符串	a*2 : StudyHello
[]	通过索引获取字符串中的字符	a[1] : t
[:]	截取一部分字符串，左闭右开：str[0,2]不包含第 3 个字符	a[1:4] : tud
in	如果字符串中包含给定的字符返回 True	'S' in a : true
not in	如果字符串中不包含给定的字符返回 True	'H' not in a :True
r/R	字符串前加上字母 r 或者 R，字符串内容直接输出	print(r'\n') print(R'\n')
%	格式字符串	

表 9.3 给出了 Chap9_2.py 的源代码，讲解字符串运算符的基本操作。

表 9.3　　Chap9_2.py 的源代码

```
#Chap9_2.py，字符串运算符
a = "Study" ;b = "Python"
print("a=",a); print("b=",b)
print("a + b =", a + b)
print("a * 2 =", a * 2)
print("a[1] =", a[1])
print("a[1:4] =", a[1:4])
if ("S" in a):
    print("S 在 字符串 a 中")
else:
    print("S 不在字符串 a 中")
if ("M" not in a):
    print("M 不在 a 中")
else:
    print("M 在 a 中")
print(r'\n')
print(R'\n')
```

Chap9_2.py 的运行结果，如图 9.2 所示。

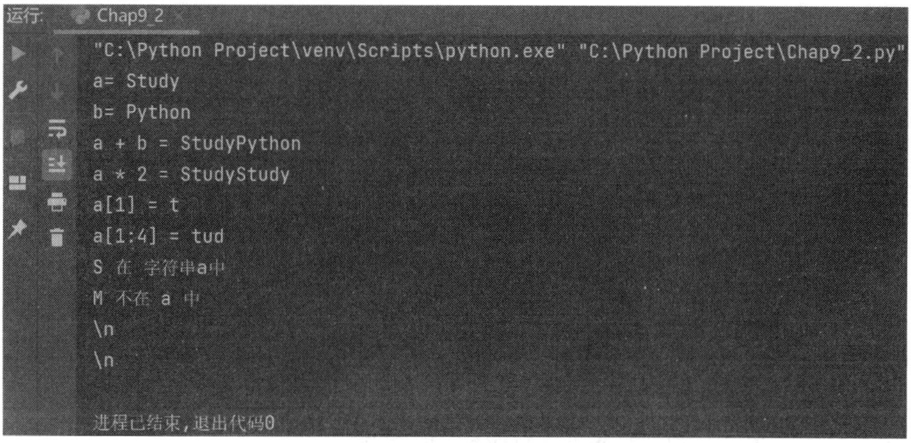

图 9.2　Chap9_2.py 的运行结果

9.3　字符串格式化指令

字符串格式化，需要用到格式化操作符辅助指令，表 9.4 列出了字符串的格式化操作符辅助指令。

表 9.4　格式化操作符辅助指令

符号	功能
*	定义宽度或小数点精度
-	左对齐
+	在正数前面显示加号（+）
<sp>	在正数前面显示空格
#	八进制数前显示'0'，十六进制数前显示'0x'或'0X'
0	显示的数字前面填充'0'
%	'%%'输出'%'
(var)	映射变量（字典参数）
m.n.	m 是显示的最小总宽度，n 是小数点后的位数

需要说明的是，格式化字符串的函数 str.format()增强了字符串格式化的功能。函数 str.format()的基本语法是：通过“{}”和“:”来代替以前的格式和操作符“%”。

表 9.5 给出了 Chap9_3.py 的源代码，它是字符串格式化的一个实例。

表 9.5　　　　　　　　　　Chap9_3.py 的源代码

```
#Chap9_3.py，字符串格式化实例
import math
from math import pi
print("学校名称：{name}，学校网址 {url}".format(name="对外经贸大学", url="www.uibe.edu.cn"))
# 通过字典设置参数
site = {"name": "对外经贸大学", "url": "www.uibe.edu.cn"}
print("学校名称：{name}，学校网址 {url}".format(**site))
# 通过列表索引设置参数
my_list = ['对外经济贸易大学', 'www.uibe.edu.cn']
print("学校名称：{0[0]}，学校网址：{0[1]}".format(my_list))   # "0" 是必须的
print("3.1415926，2f={:.2f}".format(3.1415926))
#可以使用大括号 {} 来转义大括号
print ("{} 对应的位置是 {{0}}".format("www.uibe.edu.cn"))
print('The value of PI is approximately {0:.3f}.'.format(math.pi))
#在字段后的 : 后面加一个整数会限定该字段的最小宽度，这在美化表格时很有用:
table = {'Sjoerd': 4127, 'Jack': 4098, 'Dcab': 7678}
for name, phone in table.items():
    print('{0:10} ==> {1:10d}'.format(name, phone))
print('{:a>+10.2f}'.format(pi))
```

Chap9_3.py 的运行结果如图 9.3 所示。

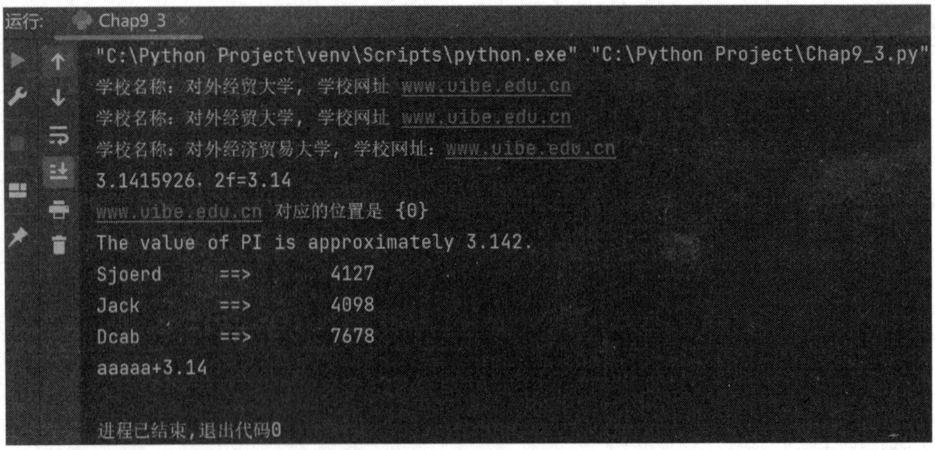

图 9.3　Chap9_3.py 的运行结果

表 9.6 展示了 str.format() 格式化数字的多种方法。其中，^、<、>分别表示居中、左对齐、右对齐，后面带宽度；: 符号后面带填充的字符，只能是一个字符，不指定则默认是用空格填充；正数前显示+，负数前显示–，空格表示在正数前加空格；b、d、o、x 分别表示二进制、十进制、八进制、十六进制。

表 9.6 **str.format()格式化数字方法**

数字	格式	输出	描述
3.1415926	{:.2f}	3.14	保留小数点后两位
3.1415926	{:+.2f}	+3.14	带符号保留小数点后两位
−1	{:+.2f}	−1.00	带符号保留小数点后两位
2.71828	{:.0f}	3	不带小数
5	{:0>2d}	05	数字补零（填充左边，宽度为 2）
5	{:x<4d}	5xxx	数字补 x（填充右边，宽度为 4）
10	{:x<4d}	10xx	数字补 x（填充右边，宽度为 4）
1000000	{:,}	1,000,000	以逗号分隔的数字格式
0.25	{:.2%}	25.00%	百分比格式
1000000000	{:.2e}	1.00e+09	指数记法
13	{:>10d}	13	右对齐（默认，宽度为 10）
13	{:<10d}	13	左对齐（宽度为 10）
13	{:^10d}	13	中间对齐（宽度为 10）

9.4 字符串%操作符

%操作符的格式为“%[(name)][flags][width].[precision]typecode”。其中，(name)为命名；flags 可以是+、-、' '或 0，+表示右对齐，-表示左对齐，' ' 为一个空格，表示在正数的左侧填充一个空格，从而与负数对齐；0 表示使用 0 填充；width 表示显示宽度；precision 表示小数点后的精度。具体的类型码前面章节已经介绍过，这里不再赘述。

表 9.7 给出了 Chap9_4.py 的源代码，它是%操作符的一个实例。

表 9.7 **Chap9_4.py 的源代码**

```
#Chap9_4.py，%操作符举例
#第一个 % 后面的内容为显示的格式说明，6 为显示宽度，3 为小数点位数，f 为浮点数类型
#第二个 % 后面为显示的内容来源，输出结果右对齐，2.300 长度为 5，故前面有一空格
print("%6.3f" % 2.3)
#x 为表示 16 进制，显示宽度为 10，前面有 8 个空格。
print("%+10x" % 10)
#%-5x 负号为左对齐，显示宽度为 5，故 -a 后面有 3 个空格
print("%-5x" % -10)
pi=3.1415
print ("pi 的值是%s"%pi)
print ("pi 的值是%.8f"%pi)
print("%10.*f" % (4, 1.2))
str= "Beijing"
print("City name is %s" % str)
```

Chap9_4.py 的运行结果如图 9.4 所示。

图 9.4　Chap9_4.py 的运行结果

9.5　三引号（""""）

三引号（""""）允许一个字符串跨多行，字符串中可以包含换行符、制表符以及其他特殊字符。三引号（""""）让程序员从引号和特殊字符串的泥潭里面解脱出来。

一个典型的应用场景是：当需要 HTML 语句或者 SQL 语句时，应该使用三引号（""""），否则，如果使用字符串组合、特殊字符串转义，将会非常烦琐。

表 9.8 给出了 Chap9_5.py 的源代码，它是三引号的一个实例。

表 9.8　　Chap9_5.py 的源代码

```
#Chap9_5.py,三引号
para_str = """这是一个多行字符串的实例
多行字符串可以使用制表符
TAB ( \t )。
也可以使用换行符 [ \n ]。
"""
print (para_str)
errHTML = """
<HTML><HEAD><TITLE>
Friends CGI Demo</TITLE></HEAD>
<BODY><H3>ERROR</H3>
<B>%s</B><P>
<FORM><INPUT TYPE=button VALUE=Back
ONCLICK="window.history.back()"></FORM>
</BODY></HTML>
cursor.execute(
CREATE TABLE users (
login VARCHAR(8),
uid INTEGER,
prid INTEGER)
)
"""
print("errHTML=",errHTML)
```

Chap9_5.py 的运行结果如图 9.5 所示。

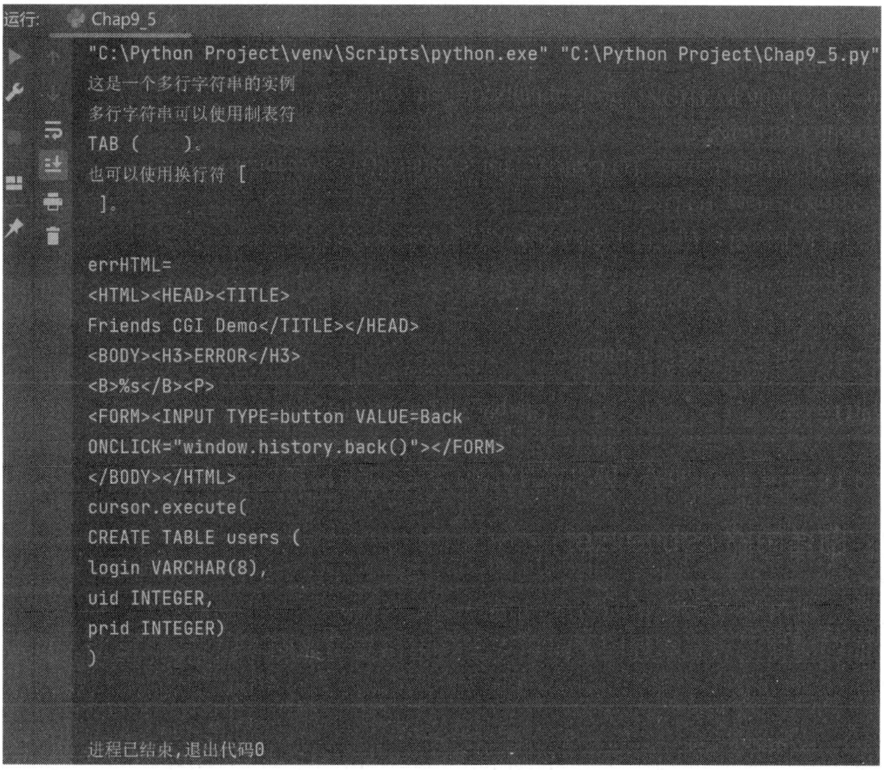

图 9.5　Chap9_5.py 的运行结果

9.6　格式化字符串函数 f-string

格式化字符串函数 f-string，是 Python 3.6 之后版本添加的，是较新的格式化字符串语法。格式化字符串函数 f-string 以 f 开头，后面跟着字符串，字符串中的表达式位于大括号{}中间，变量或表达式计算后的值会替换进去。

表 9.9 给出了 Chap9_6.py 的源代码，它是格式化字符串函数 f-string 的实例，在 Python 3 中，所有字符串都是可以用中文识别的 Unicode 字符串。

表 9.9　　Chap9_6.py 的源代码

```
#Chap9_6.py,格式化字符串函数 f-string
name = '中国'
print(f'Hello {name}')  # 替换变量
print(f'{1+2}')         # 使用表达式
w = {'name': '中国日报', 'url': 'www.uibe.edu.cn'}
print(f'{w["name"]}: {w["url"]}')
x = 1
print("x=1,f(x+1)=",f'{x+1}')
```

Chap9_6.py 的运行结果如图 9.6 所示。

图 9.6　Chap9_6.py 的运行结果

9.7　字符串内建（built-in）函数

所谓内建（built-in）函数，是指由语法规定存在的函数，是各编译器为了支持这些语法规则而提供的函数。这些内建（built-in）函数被包含在编译器的库中，程序员只需调用这些内建函数就可以，不必重新书写实现。

使用者应该充分掌握内建函数的用法，现有的资源应该被充分地整合利用起来，从而提高工作效率。

字符串内建函数较多，包括数学运算类、集合类操作、逻辑判断、反射、IO 操作、字符串操作等，表 9.10 列出了字符串内建（built-in）函数及其用途。

表 9.10　　字符串内建（built-in）函数

函数	用途
capitalize()	将字符串第一个字符转换为大写
center(width, fillchar)	返回一个指定宽度 width 居中的字符串，fillchar 为填充的字符，默认为空格
count(str, beg=0,end=len(string))	返回 str 在 string 里面出现的次数，如果 beg 或者 end 指定则返回指定范围内 str 出现的次数
bytes.decode(encoding="utf-8", errors="strict")	Python 3 中没有 decode 方法，可以使用 bytes 对象的 decode()方法解码给定的 bytes 对象，这个 bytes 对象可以由 str.encode()编码
encode(encoding='UTF-8',errors='strict')	以 encoding 指定的编码格式编码字符串，如果出错默认报一个 ValueError 的异常，除非 errors 指定的是'ignore'或者'replace'
endswith(suffix, beg=0, end=len(string))	检查字符串是否以 obj 结束，如果 beg 或者 end 指定，则检查在指定的范围内是否以 obj 结束，如果是，返回 True，否则返回 False
expandtabs(tabsize=8)	把字符串 string 中的 tab 转为空格，tab 默认的空格数是 8

续表

函数	用途
find(str, beg=0, end=len(string))	检测 str 是否包含在字符串中。如果指定范围 beg 和 end，则检查是否包含在指定范围内。如果包含，返回开始的索引值，否则返回-1
index(str, beg=0, end=len(string))	跟 find()方法一样，只不过如果 str 不在字符串中会报一个异常
isalnum()	如果字符串至少有一个字符并且所有字符都是字母或数字，则返回 True，否则返回 False
isalpha()	如果字符串至少有一个字符并且所有字符都是字母，则返回 True，否则返回 False
isdigit()	如果字符串只包含数字，则返回 True，否则返回 False
islower()	如果字符串中包含至少一个区分大小写的字符，并且所有这些（区分大小写的）字符都是小写，则返回 True，否则返回 False
isnumeric()	如果字符串中只包含数字字符，则返回 True，否则返回 False
isspace()	如果字符串中只包含空格，则返回 True，否则返回 False
istitle()	如果字符串是标题化的，则返回 True，否则返回 False
isupper()	如果字符串中包含至少一个区分大小写的字符，并且所有这些（区分大小写的）字符都是大写，则返回 True，否则返回 False
join(seq)	以指定字符串作为分隔符，将 seq 中所有元素合并为一个新的字符串
len(string)	返回字符串长度
ljust(width[, fillchar])	返回一个原字符串左对齐，并使用 fillchar 填充至长度为 width 的新字符串，fillchar 默认为空格
lower()	转换字符串中所有大写字符为小写
lstrip()	截掉字符串左边的空格或指定字符
maketrans()	创建字符映射的转换表，对于接受两个参数的最简单的调用方式，第一个参数是字符串，表示需要转换的字符，第二个参数也是字符串，表示转换的目标
max(str)	返回字符串 str 中最大字母
min(str)	返回字符串 str 中最小字母
replace(old, new [, max])	将字符串中的 old 字符串替换成 new 字符串，如果 max 指定，则替换不超过 max 次
rfind(str, beg=0,end=len(string))	类似于 find()函数，从右边开始查找
rindex(str, beg=0, end=len(string))	类似于 index()函数，从右边开始查找

续表

函数	用途
rjust(width,[, fillchar])	返回一个原字符串右对齐，并使用 fillchar（默认空格）填充至长度 width 的新字符串
rstrip()	删除字符串末尾的空格
split(str="", num=string.count(str))	num=string.count(str))以 str 为分隔符截取字符串，如果 num 有指定值，则截取 num+1 个子字符串
splitlines([keepends])	按照行('\r', '\r\n', \n')分隔，返回一个包含各行作为元素的列表，如果参数 keepends 为 False，则不保留换行符，如果为 True，则保留换行符
startswith(substr, beg=0,end=len(string))	判断字符串是否以指定子字符串 substr 开头，是则返回 True，否则返回 False。如果 beg 和 end 指定值，则在指定范围内检查
strip([chars])	在字符串上执行 lstrip()和 rstrip()
swapcase()	将字符串中大写转换为小写，小写转换为大写
title()	返回"标题化"的字符串，所有单词都以大写开始，其余字母均为小写
translate(table, deletechars="")	根据 str 给出的表（包含 256 个字符）转换 string 的字符，要过滤掉字符放到参数 deletechars 中
upper()	将字符串中的小写字母转换为大写字母
zfill (width)	返回长度为 width 的字符串，原字符串右对齐，前面填充 0
isdecimal()	检查字符串是否只包含十进制字符，如果是，则返回 True，否则返回 False

下面的源代码及其运行结果给出了字符串内建函数的一些实例。因为字符串的内建函数较多，所以分为多段代码。

9.7.1 内建函数 capitalize()

表 9.11 给出了 Chap9_7.py 的源代码，是字符串内建函数 capitalize()的案例程序。

表 9.11　　Chap9_7.py 的源代码

```
#Chap9_7.py,字符串内建函数 capitalize()
#capitalize() 函数
#首字符会转换成大写，其余字符会转换成小写。
#首字符如果是非字母，首字母不会转换成大写，会转换成小写。
str = "pYTHoN IS Easy TO LeaRN"
print ("str = \"pYTHoN IS Easy TO LeaRN\",\nstr.capitalize()=", str.capitalize())
str="123 hello PYTHON"
print("str=\"123 hello PYTHON\",\nstr.capitalize()=",str.capitalize())
str="@ Hello PYTHON"
```

续表

```
print("str=\"@ Hello PYTHON\",\nstr.capitalize()=",str.capitalize())
#center()方法语法：str.center(width[, fillchar])
#width -- 字符串的总宽度。
#fillchar -- 填充字符。
#返回一个指定的宽度 width 居中的字符串
#如果 width 小于字符串宽度直接返回字符串，否则使用 fillchar 去填充
str = "[http://www.people.cn]"
print ("str.center(40, '*') : ", str.center(40, '*'))
```

Chap9_7.py 的运行结果如图 9.7 所示。

图 9.7 Chap9_7.py 的运行结果

9.7.2 内建函数 count()

表 9.12 给出了 Chap9_8.py 的源代码，它是字符串内建函数 count()的案例程序。

表 9.12 Chap9_8.py 的源代码

```
#Chap9_8.py,字符串内建函数 count()
#count()方法语法：str.count(sub, start= 0,end=len(string))
#sub -- 搜索的子字符串
#start -- 字符串开始搜索的位置。默认为第一个字符,第一个字符索引值为 0。
#end -- 字符串中结束搜索的位置。字符中第一个字符的索引为 0。默认为字符串的最后一个位置。
str="http://www.people.cn"
print("str=",str)
sub='o'
print ("str.count('o') : ", str.count(sub))
sub='w'
print ("str.count('w', 0, 10) : ", str.count(sub,0,10))
```

Chap9_8.py 的运行结果如图 9.8 所示。

图 9.8　Chap9_8.py 的运行结果

9.7.3　内建函数 decode()和 encode()

表 9.13 给出了 Chap9_9.py 的源代码，是字符串内建函数 decode()和 encode()的案例程序。

表 9.13　Chap9_9.py 的源代码

```
#Chap9_9.py,decode(),encoding
#decode()方法语法：bytes.decode(encoding="utf-8", errors="strict")
#encoding -- 要使用的编码，如"UTF-8"。
#errors -- 设置不同错误的处理方案。默认为 'strict',意为编码错误引起一个 UnicodeError。
#其他可能得值有 'ignore', 'replace', 'xmlcharrefreplace', 'backslashreplace'
# 以及通过 codecs.register_error() 注册的任何值
str = "人民日报";
print("str=",str)
str_utf8 = str.encode("UTF-8")
print("UTF-8 编码：", str_utf8)
str_gbk = str.encode("GBK")
print("GBK 编码：", str_gbk)
print("UTF-8 解码：", str_utf8.decode('UTF-8', 'strict'))
print("GBK 解码：", str_gbk.decode('GBK', 'strict'))
```

Chap9_9.py 的运行结果如图 9.9 所示。

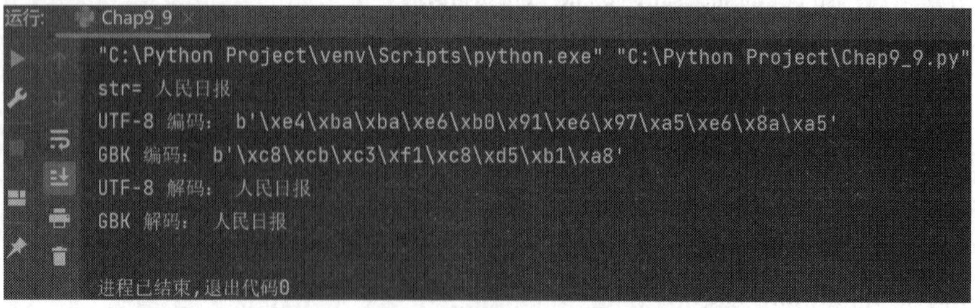

图 9.9　Chap9_9.py 的运行结果

9.7.4　内建函数 endswith()

表 9.14 给出了 Chap9_10.py 的源代码，它是字符串内建函数 endswith()的案例程序。

表 9.14　　　　Chap9_10.py 的源代码

```
#Chap9_10.py,内建函数 endswith()
#endswith()方法语法：str.endswith(suffix[, start[, end]])
#suffix -- 该参数可以是一个字符串或者是一个元素。
#start -- 字符串中的开始位置。
#end -- 字符中结束位置。
str='http://www.people.cn!!!'
print("str=",str)
suffix='!!'
print("suffix=",suffix)
print ("str.endswith(suffix)=",str.endswith(suffix))
print ("str.endswith(suffix,20)=",str.endswith(suffix,20))
suffix='run'
print (str.endswith(suffix))
print (str.endswith(suffix, 0, 19))
```

Chap9_10.py 的运行结果如图 9.10 所示。

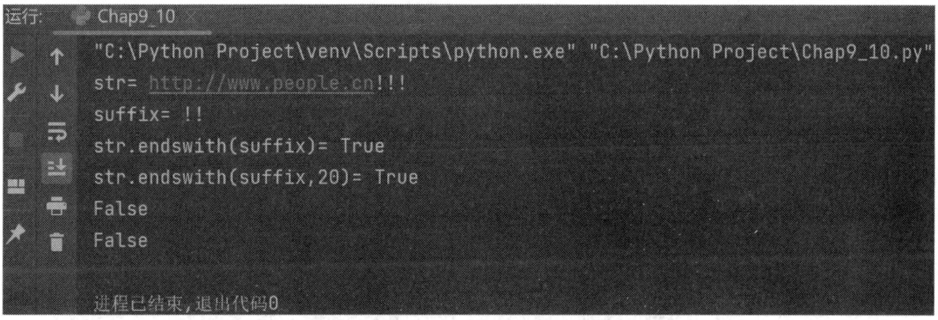

图 9.10　Chap9_10.py 的运行结果

9.7.5　内建函数 find()、index()

表 9.15 给出了 Chap9_11.py 的源代码，它是字符串内建函数 find()、index()的案例程序。

表 9.15　　　　Chap9_11.py 的源代码

```
#Chap9_11.py,内建函数 find()，index()
#find()方法语法：str.find(str, beg=0, end=len(string))
#参数
#str -- 指定检索的字符串
#beg -- 开始索引，默认为 0。
#end -- 结束索引，默认为字符串的长度。
str1 = "peopledaily example....wow!!!"
str2 = "exam";
print("str1=",str1)
```

续表

```
print("str2=",str2)
print("str1.find(str2)=",str1.find(str2))
print("str1.find(str2, 5)=",str1.find(str2, 5))
print("str1.find(str2, 10)=",str1.find(str2, 10))
info = 'abca'
print("info=",info)
print("info.find('a')=",info.find('a')) # 从下标 0 开始，查找在字符串里第一个出现的子串，返回结果：0
print("info.find('a', 1)=",info.find('a', 1))
#index()方法语法：str.index(str, beg=0, end=len(string))
#参数
#str -- 指定检索的字符串
#beg -- 开始索引，默认为 0。
#end -- 结束索引，默认为字符串的长度。
str1 = "Peopledaily example....wow!!!"
str2 = "exam";
print("str1=",str1)
print("str2=",str2)
print ("str1.index(str2)=",str1.index(str2))
print ("str1.index(str2, 5)=",str1.index(str2, 5))
print ("str1.index(str2, 10)=",str1.index(str2, 10))
```

Chap9_11.py 的运行结果如图 9.11 所示。

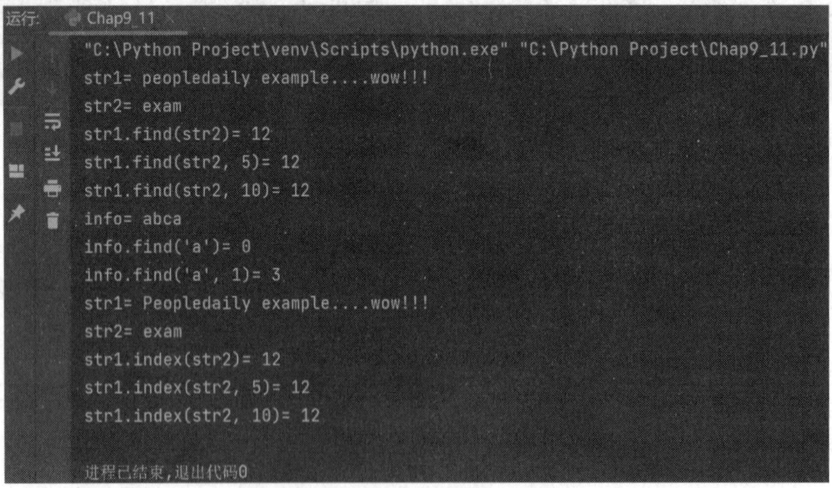

图 9.11　Chap9_11.py 的运行结果

9.7.6　内建函数 isalnum()、isalpha()、isdigit()

表 9.16 给出了 Chap9_12.py 的源代码，它是字符串内建函数 isalnum()、isalpha()、isdigit()的案例程序。

表 9.16　　　Chap9_12.py 的源代码

```
#Chap9_12.py,isalnum(),isalpha(),isdigit()
#isalnum()方法语法：str.isalnum()
#如果 string 至少有一个字符并且所有字符都是字母或数字则返回 True,否则返回 False
str = "PeopleDaily2020 人民日报"  # 字符串没有空格
print("str=",str)
print("str.isalnum()=",str.isalnum())
str = "www.people.cn"
print("str=",str)
print("str.isalnum()=",str.isalnum())
#isalpha()方法语法：str.isalpha()
#如果字符串至少有一个字符并且所有字符都是字母或文字则返回 True，否则返回 False。
str = "peopledaily"
print("str=",str)
print("str.isalpha()=",str.isalpha())
# 字母和中文文字
str="peopledaily 人民日报"
print("str=",str)
print("str.isalpha()=",str.isalpha())
str = "peopledaily....wow!!!"
print("str=",str)
print (str.isalpha())
#isdigit()方法语法：str.isdigit()
#如果字符串只包含数字则返回 True 否则返回 False。
str = "123456"
print("str=",str)
print("str.isdigit()=",str.isdigit())
str = "peopledaily example....wow!!!"
print("str=",str)
print ("str.isdigit()=",str.isdigit())
```

Chap9_12.py 的运行结果如图 9.12 所示。

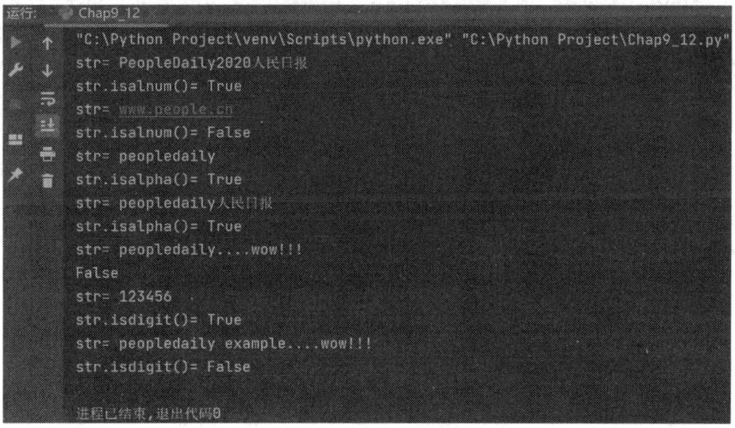

图 9.12　Chap9_12.py 的运行结果

9.7.7 内建函数 islower()、isnumeric()

表 9.17 给出了 Chap9_13.py 的源代码，是字符串内建函数 islower()、isnumeric()的案例程序。

表 9.17　　Chap9_13.py 的源代码

```
#Chap9_13.py,islower(),isnumeric()
#islower()方法语法：str.islower()
#如果字符串中包含至少一个区分大小写的字符，并且所有这些(区分大小写的)字符都是小写，则返回 True，否则返回 False
str = "PEOPLEDAILY example....wow!!!"
print("str=",str)
print ("str.islower()=",str.islower())
str = "peopledaily example....wow!!!"
print("str=",str)
print ("str.islower()=",str.islower())
#isnumeric()方法语法：str.isnumeric()
#如果字符串中只包含数字字符，则返回 True，否则返回 False
str = "peopledaily2020"
print("str=",str)
print("str.isnumeric()=",str.isnumeric())
str = "2020"
print("str=",str)
print ("str.isnumeric()=",str.isnumeric())
```

Chap9_13.py 的运行结果如图 9.13 所示。

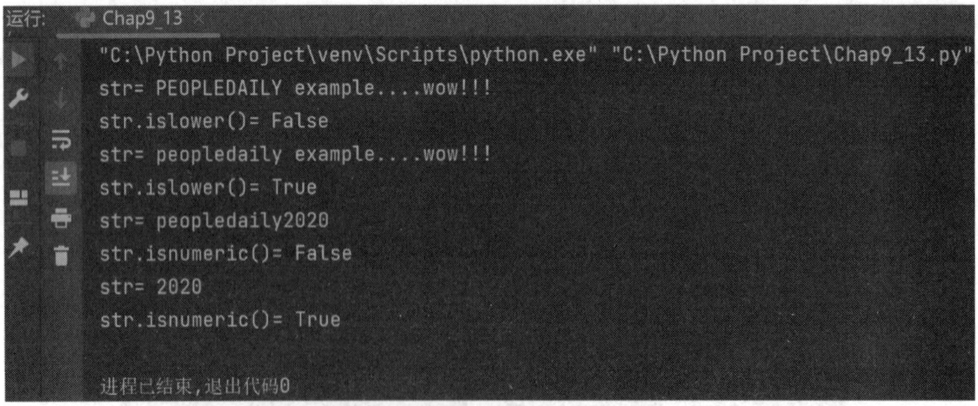

图 9.13　Chap9_13.py 的运行结果

9.7.8 内建函数 isspace()、istitle()

表 9.18 给出了 Chap9_14.py 的源代码，它是字符串内建函数 isspace()、istitle()的案例程序。

表 9.18　　　　Chap9_14.py 的源代码

```
#Chap9_14.py,isspace(),istitle()
#isspace() 方法语法：str.isspace()
#如果字符串中只包含空格，则返回 True，否则返回 False
str = "             "
print("str=",str)
print("str.isspace()=",str.isspace())
str = "Peopledaily example....wow!!!"
print("str=",str)
print("str.isspace()=",str.isspace())
print("\t\r\n 都是空白符")
print ("' \t\r\n'.isspace()=",' \t\r\n'.isspace()) # True
print ("'\0'.isspace()=",'\0'.isspace()) # False
print ("' a '.isspace()=",' a '.isspace()) # False
print("空串不算空白符")
print("".isspace())
#istitle()方法语法：str.istitle()
#如果字符串中所有的单词拼写首字母是否为大写，且其他字母为小写则返回 True，否则返回 False.
str = "This Is String Example...Wow!!!"
print("str=",str)
print("str.istitle()=",str.istitle())
str = "This is string example....wow!!!"
print("str=",str)
print("str.istitle()=",str.istitle())
```

Chap9_14.py 的运行结果如图 9.14 所示。

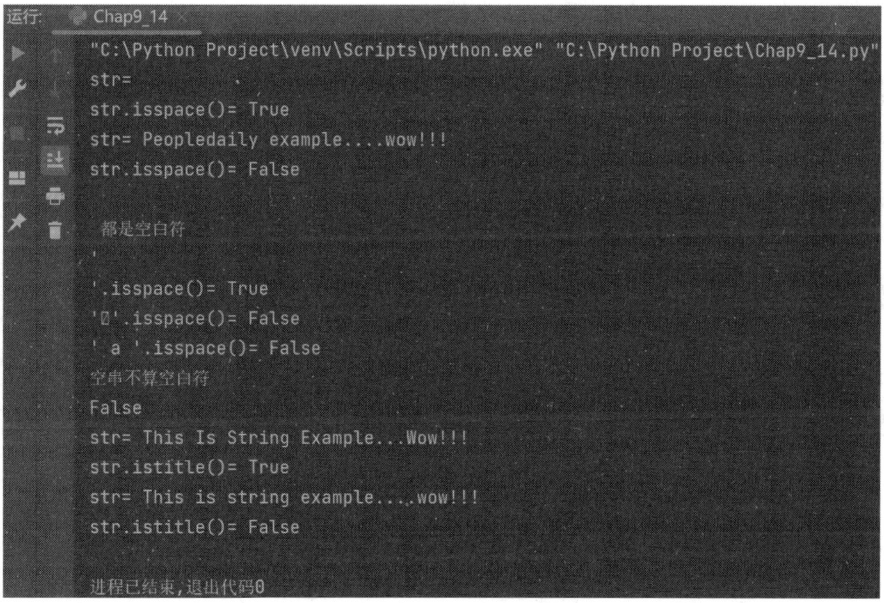

图 9.14　Chap9_14.py 的运行结果

9.7.9 内建函数 expandtabs()、isupper()

表 9.19 给出了 Chap9_15.py 的源代码，它是字符串内建函数 expandtabs()、isupper() 的案例程序。

表 9.19　　　　Chap9_15.py 的源代码

```
#Chap9_15.py,expandtabs(),isupper()
#expandtabs()方法语法：str.expandtabs(tabsize=8)
#tabsize -- 指定转换字符串中的 tab 符号('\t')转为空格的字符数
str = "this is\tstring example....wow!!!"
print("原始字符串: " + str)
print("替换 \\t 符号: " + str.expandtabs())
print("使用 16 个空格替换 \\t 符号: " + str.expandtabs(16))
#isupper()方法语法：str.isupper()
#如果字符串中包含至少一个区分大小写的字符，并且所有这些(区分大小写的)字符都是大写，则返回 True，否则返回 False
str = "THIS IS STRING EXAMPLE....WOW!!!"
print("str=",str)
print("str.isupper()=",str.isupper())
str = "THIS is string example....wow!!!"
print("str=",str)
print ("str.isupper()=",str.isupper())
```

Chap9_15.py 的运行结果如图 9.15 所示。

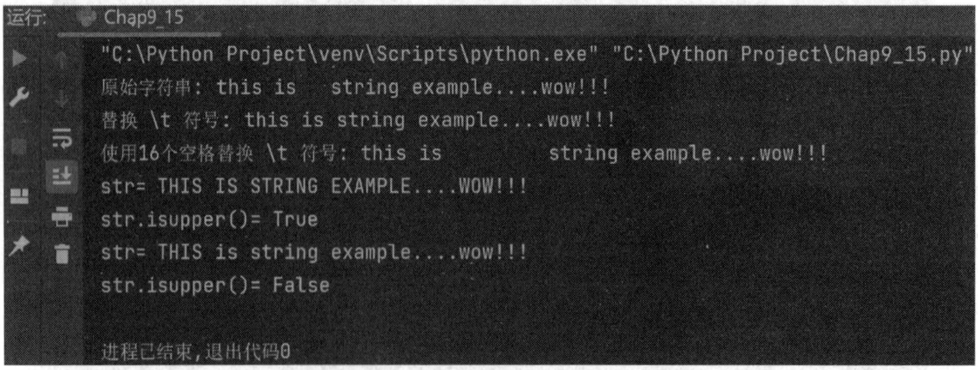

图 9.15　Chap9_15.py 的运行结果

9.7.10 内建函数 join()

表 9.20 给出了 Chap9_16.py 的源代码，它是字符串内建函数 join()的案例程序。

表 9.20　　Chap9_16.py 的源代码

```
#Chap9_16.py,join()内置函数
#join()方法语法：str.join(sequence)
#参数 sequence -- 要连接的元素序列
#返回通过指定字符连接序列中元素后生成的新字符串
s1 = "-"
s2 = "*"
seq = ("P", "e", "o", "p", "l", "e") # 字符串序列
print("seq=",seq)
print ("s1.join(seq)=",s1.join(seq))
print ("s2.join(seq)=",s2.join(seq))
jn1="-"
jn2="------"
str='people'
jn1.join(str)     #字符串也属于序列
jn2.join(str)     #使用多字符连接序列
print("jn1=",jn1)
print("jn2=",jn2)
print("str=",str)
print("jn1.join(str)=",jn1.join(str))
print("jn2.join(str)=",jn2.join(str))
fruits={'apple','banana'}
print("fruits=",fruits)
print("jn1.join(fruits)=",jn1.join(fruits)) #连接的序列是集合
animals=("pig","dog")
print("animals=",animals)
print("jn1.join(animals)=",jn1.join(animals))#连接的序列是元祖
students={"name1":"joy","name2":"john","name3":"jerry"}    #连接的序列是字典，会将所有 key 连接起来
print("students=",students)
print("jn1.join(students)=",jn1.join(students))
str = "peopledaily"
print("str=",str)
print("len(str)=",len(str))# 字符串长度
list = ["people","china","Beijing",4,6]
print("list=",list)
print("len(list)=",len(list))# 列表元素个数
```

Chap9_16.py 的运行结果如图 9.16 所示。

9.7.11　内建函数 len()、ljust()、lower()

表 9.21 给出了 Chap9_17.py 的源代码，它是字符串内建函数 len()、ljust()、lower() 的案例程序。

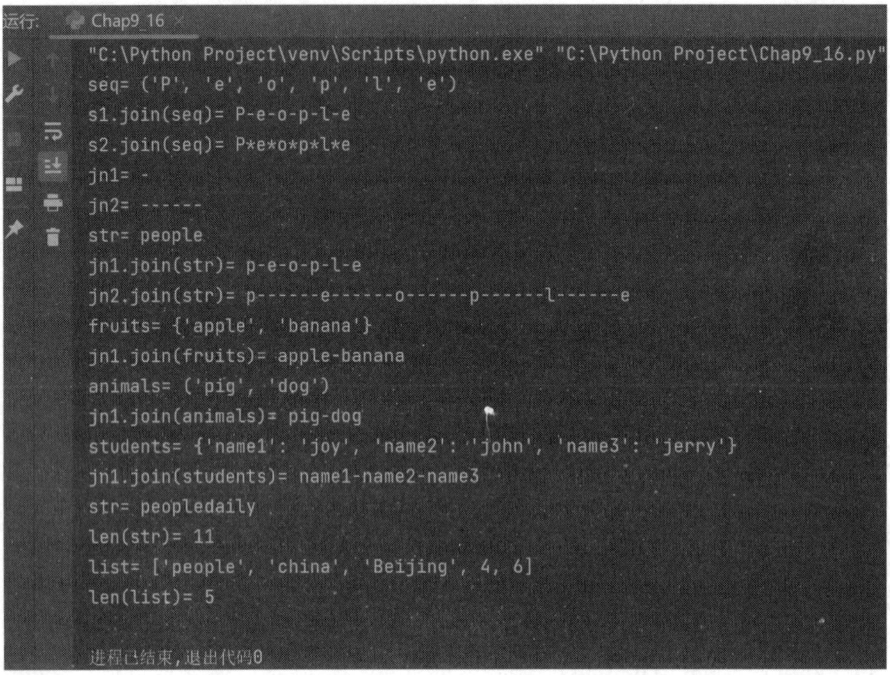

图 9.16 Chap9_16.py 的运行结果

表 9.21 Chap9_17.py 的源代码

```
#Chap9_17.py,len(),ljust(),lower()
#len()是内置函数，返回对象的长度（元素个数）。
# 实参可以是序列（如 string、bytes、tuple、list 或 range 等）或集合（如 dictionary、set 或 frozen set 等）
# len()不是字符串类的方法
#ljust()方法语法：str.ljust(width[, fillchar])
#width -- 指定字符串长度
#fillchar -- 填充字符，默认为空格
#返回一个原字符串左对齐,并使用空格填充至指定长度的新字符串。如果指定的长度小于原字符串的长度则返回原字符串
str = "peopledaily example....wow!!!"
print("str=",str)
print("str.ljust(50, '*')",str.ljust(50, '*'))
#lower()方法语法：str.lower()
str = "people EXAMPLE....WOW!!!"
print("str=",str)
print("str.lower()=",str.lower())
```

Chap9_17.py 的运行结果如图 9.17 所示。

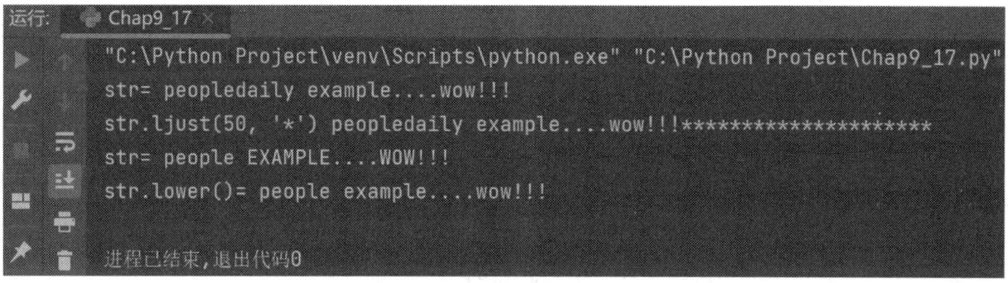

图 9.17　Chap9_17.py 的运行结果

9.7.12　内建函数 lstrip()、rstrip()、strip()

表 9.22 给出了 Chap9_18.py 的源代码，它是字符串内建函数 lstrip()、rstrip()、strip() 的案例程序。

表 9.22　　　Chap9_18.py 的源代码

```
#Chap9_18.py,lstrip()，rstrip(),strip()内置函数
#lstrip()方法语法：str.lstrip([chars])
#chars --指定截取的字符。
#返回截掉字符串左边的空格或指定字符后生成的新字符串。
str = "        this is string example....wow!!!        "
print("str=",str)
print("str.lstrip()=",str.lstrip())
str = "88888888this is string example....wow!!!8888888"
print("str=",str)
print("str.lstrip('8')=",str.lstrip('8'))
#从左到右移除字符串的指定字符，无字符集参数或为 None 时移除空格，str 时移除所有属于字符集子串的字符一旦不属于则停止移除并返回字符串副本。
str='wwwk.people.cn'
print("str=",str)
print("str.lstrip('cmowz.')=",str.lstrip('cmowz.'))
#rstrip()方法语法：str.rstrip([chars])
#chars -- 指定删除的字符（默认为空格）
#返回删除 string 字符串末尾的指定字符后生成的新字符串
str="        this is string example....wow!!!        "
print("str=",str)
print("str.rstrip()=",str.rstrip())
str="*****this is string example....wow!!!*****"
print("str=",str)
print("str.rstrip('*')=",str.rstrip('*'))
#该方法只能删除开头或是结尾的字符，不能删除中间部分的字符。
#strip()方法语法：str.strip([chars]);
#chars -- 移除字符串头尾指定的字符序列。
#返回移除字符串头尾指定的字符序列生成的新字符串。
```

续表

```
st="*****this is **string** example....wow!!!*****"
print("st=",st)
print("str.strip( '*' )=",str.strip( '*' ))  # 指定字符串 *
st="12221123abcpeople12332121"
print("st=",st)
print("st.strip('12')=",st.strip('12'))  # 字符序列为 12
#strip() 处理的时候，如果不带参数，默认是清除两边的空白符，例如：/n, /r, /t, ' ')。
#strip() 带有参数的时候，这个参数可以理解一个要删除的字符的列表，
#是否会删除的前提是从字符串最开头和最结尾是不是包含要删除的字符，
# 如果有就会继续处理，没有的话是不会删除中间的字符的。
```

Chap9_18.py 的运行结果如图 9.18 所示。

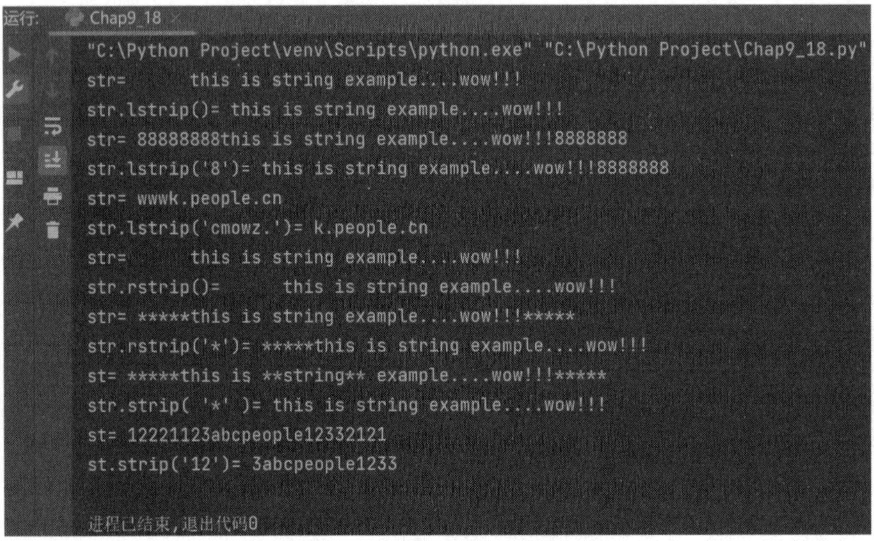

图 9.18　Chap9_18.py 的运行结果

9.7.13　内建函数 maketrans()

表 9.23 给出了 Chap9_19.py 的源代码，它是字符串内建函数 maketrans()的案例程序。

表 9.23　　Chap9_19.py 的源代码

```
#Chap9_19.py,maketrans()内建函数
#maketrans()方法语法：str.maketrans(intab, outtab)
#intab -- 字符串中要替代的字符组成的字符串。
#outtab -- 相应的映射字符的字符串。
#返回字符串转换后生成的新字符串
intab = "aeiou"
outtab = "12345"
```

续表

```
trantab = str.maketrans(intab, outtab)
print("intab=",intab)
print("outtab=",outtab)
print("trantab = str.maketrans(intab, outtab)=",trantab)
str = "this is string example....wow!!!"
print("str.translate(trantab)=",str.translate(trantab))
d = {'a':'1','b':'2','c':'3','d':'4','e':'5','s':'6'}
trantab = str.maketrans(d)
print("d=",d)
print("trantab = str.maketrans(d)=",trantab)
st='just do it'
print("st=",st)
print("st.translate(trantab)=",st.translate(trantab))
```

Chap9_19.py 的运行结果如图 9.19 所示。

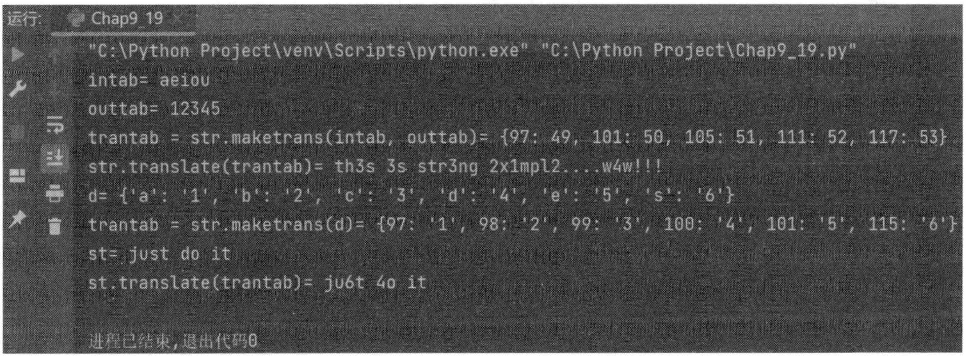

图 9.19 Chap9_19.py 的运行结果

表 9.24 给出了 Chap9_20.py 的源代码，它是字符串内建函数 maketrans()的案例程序。

表 9.24 Chap9_20.py 的源代码

```
#Chap9_20.py,maketrans()内建函数
#两个参数 x 和 y，x、y 必须是长度相等的字符串，并且 x 中每个字符映射到 y 中相同位置的字符
x = 'abcdefs'
y = '1234567'
st='just do it'
print("x=",x)
print("y=",y)
print("st=",st)
trantab = str.maketrans(x,y)
print("trantab = str.maketrans(x,y)=",trantab)
print("st.translate(trantab)=",st.translate(trantab))
```

Chap9_20.py 的运行结果如图 9.20 所示。

图 9.20　Chap9_20.py 的运行结果

表 9.25 给出 Chap9_21.py 的源代码，它是字符串内建函数 maketrans()的案例程序。

表 9.25　　　　Chap9_21.py 的源代码

```
#Chap9_21.py,maketrans()内建函数
#三个参数 x、y、z，第三个参数 z 必须是字符串，其字符将被映射为 None，即删除该字符；
# 如果 z 中字符与 x 中字符重复，该重复的字符在最终结果中还是会被删除。
# 也就是无论是否重复，只要有第三个参数 z，z 中的字符都会被删除。
x='abcdefs'
y='1234567'
z='ot'
st='just do it'
print("x=",x)
print("y=",y)
print("z=",z)
print("st=",st)
trantab = str.maketrans(x,y,z)
print("trantab = str.maketrans(x,y,z)=",trantab)
print("st.translate(trantab)=",st.translate(trantab))
x = 'abst'
y = '1234'
z = 's'
st = 'just do it'
print("x=",x)
print("y=",y)
print("z=",z)
print("st=",st)
trantab = str.maketrans(x,y,z)
print("trantab = str.maketrans(x,y,z)=",trantab)
print("st.translate(trantab)=",st.translate(trantab))
```

Chap9_21.py 的运行结果如图 9.21 所示。

表 9.26 给出了 Chap9_22.py 的源代码，它是字符串内建函数 maketrans()的案例程序。

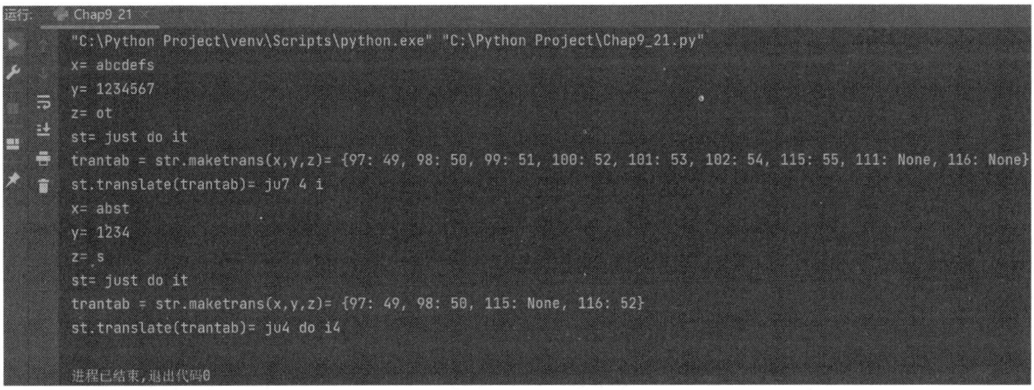

图 9.21　Chap9_21.py 的运行结果

表 9.26　　Chap9_22.py 的源代码

```
#Chap9_22.py,maketrans()内建函数
#translate()方法语法:
#str.translate(table)
#bytes.translate(table[, delete])
#bytearray.translate(table[, delete])
#table -- 翻译表，翻译表是通过 maketrans() 方法转换而来。
#deletechars -- 字符串中要过滤的字符列表。
#返回翻译后的字符串,若给出了 delete 参数，则将原来的 bytes 中的属于 delete 的字符删除，剩下的字符要按照 table 中给出的映射来进行映射
intab ="aeiou"
outtab="12345"
trantab=str.maketrans(intab, outtab)   # 制作翻译表
print("intab=",intab)
print("outtab=",outtab)
st="this is string example....wow!!!"
print("st=",st)
print("st.translate(trantab)=",st.translate(trantab))
#制作翻译表
bytes_tabtrans = bytes.maketrans(b'abcdefghijklmnopqrstuvwxyz', b'ABCDEFGHIJKLMNOPQRSTUVWXYZ')
#转换为大写，并删除字母
print(b'peopledailytttmmmtttmmmmsnnns'.translate(bytes_tabtrans, b'tmns'))
#str 类型的 translate() 函数只接受一个参数，没有原文中的第二个 deletechars 参数。
# bytearray, bytes 和 str 三种对象的 translate() 函数原型抄写如下：
#bytearray.translate(table, delete=b'')
#bytes.translate(table, delete=b'')
#str.translate(table)
```

Chap9_22.py 的运行结果如图 9.22 所示。

9.7.14　内建函数 zfill()、isdecimal()

表 9.27 给出了 Chap9_23.py 的源代码，它是字符串内建函数 zfill()、isdecimal()的案例程序。

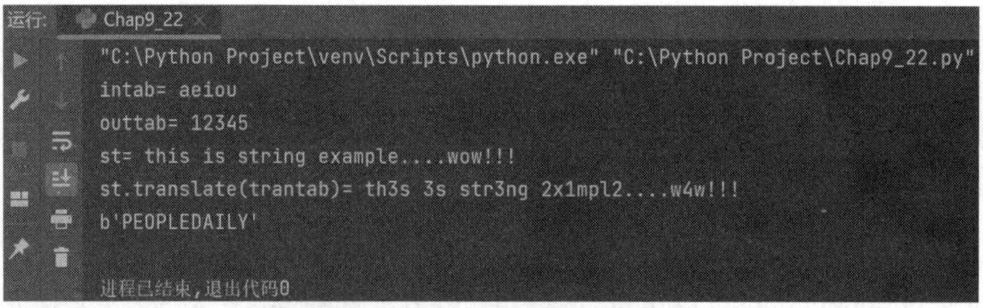

图 9.22　**Chap9_22.py** 的运行结果

表 9.27　　Chap9_23.py 的源代码

```
#Chap9_23.py,zfill(),isdecimal()内置函数
#zfill()方法语法：str.zfill(width)
#width -- 指定字符串的长度。原字符串右对齐，前面填充 0。
#返回指定长度的字符串。
st="this is string example....wow!!!"
print("st=",st)
print ("st.zfill : ",st.zfill(40))
print ("st.zfill : ",st.zfill(50))
print("st.rjust(50,\"0\")=",st.rjust(50,"0"))
#isdecimal()方法语法：str.isdecimal()
#返回值:如果字符串是否只包含十进制字符返回 True，否则返回 False。
st="peopledaily"
print("st=",st)
print("str.isdecimal()=",st.isdecimal())
st="12344321"
print("st=",st)
print("st.isdecimal()=",st.isdecimal())
```

Chap9_23.py 的运行结果如图 9.23 所示。

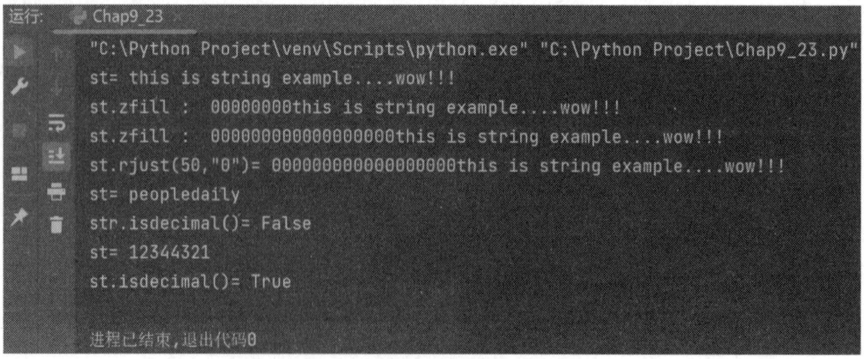

图 9.23　**Chap9_23.py** 的运行结果

9.7.15　内建函数 rfind()、rindex()

表 9.28 给出了 Chap9_24.py 的源代码，它是字符串内建函数 rfind()、rindex()的案例程序。

表 9.28　　**Chap9_24.py 的源代码**

```
#Chap9_24.py,rfind(),rindex()
#rfind()方法语法：str.rfind(str, beg=0 end=len(string))
#str -- 查找的字符串
#beg -- 开始查找的位置，默认为 0
#end -- 结束查找位置，默认为字符串的长度。
#返回字符串最后一次出现的位置，如果没有匹配项则返回-1
str1 = "this is really a string example....wow!!!"
str2 = "is"
print("str1=",str1)
print("str2=",str2)
print ("str1.rfind(str2)=",str1.rfind(str2))
print("str1.rfind(str2, 0, 10)=",str1.rfind(str2, 0, 10))
print("str1.rfind(str2, 10, 0)=",str1.rfind(str2, 10, 0))
print("str1.find(str2)=",str1.find(str2))
print("str1.find(str2, 0, 10)=",str1.find(str2, 0, 10))
print("str1.find(str2, 10, 0)=",str1.find(str2, 10, 0))
#rindex()方法语法：str.rindex(str, beg=0 end=len(string))
#str -- 查找的字符串
#beg -- 开始查找的位置，默认为 0
#end -- 结束查找位置，默认为字符串的长度。
#返回子字符串 str 在字符串中最后出现的位置，如果没有匹配的字符串会报异常
str1 = "this is really a string example....wow!!!"
str2 = "is"
print("str1=",str1)
print("str2=",str2)
print("str1.rindex(str2)=",str1.rindex(str2))
print("str1.rindex(str2,0,10)=",str1.rindex(str2,0,10))
```

Chap9_24.py 的运行结果如图 9.24 所示。

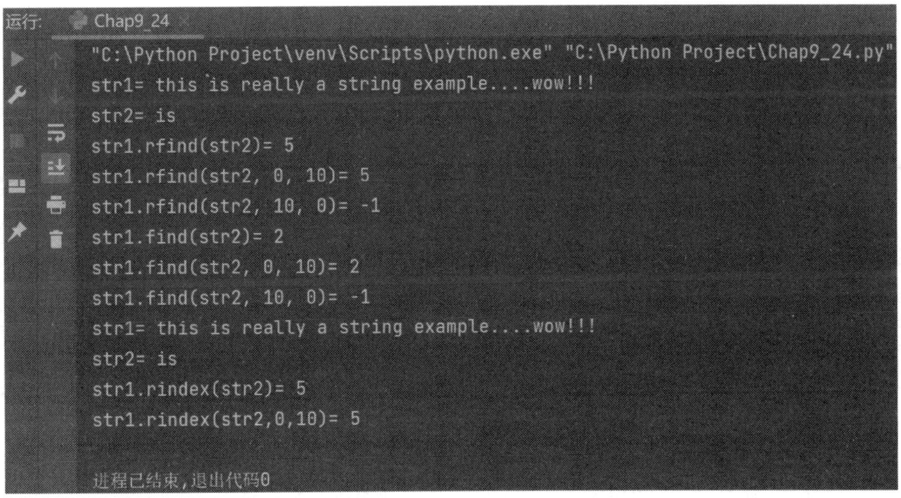

图 9.24　**Chap9_24.py 的运行结果**

9.7.16 内建函数 split()、splitlines()、partition()

表 9.29 给出了 Chap9_25.py 的源代码，它是字符串内建函数 split()的案例程序。

表 9.29　　　　Chap9_25.py 的源代码

```
#Chap9_25.py,split()
#split() 方法语法：str.split(str="", num=string.count(str))
#str -- 分隔符，默认为所有的空字符，包括空格、换行(\n)、制表符(\t)等。
#num -- 分割次数。默认为 -1, 即分隔所有。
#返回分割后的字符串列表。
st = "this is string example....wow!!!"
print("st=",st)
print("st.split()=",st.split())   # 以空格为分隔符
print("st.split('i',1)=",st.split('i',1))   #以 i 为分隔符
print("st.split('w')=",st.split('w'))        #以 w 为分隔符
st = "#Google##Runoob##Taobao##Facebook#"
# 第二个参数为 1，返回两个参数列表
print("st=",st)
x = st.split("#")
print("x = st.split(\"#\")=",x)
url = "http://www.baidu.com/python/image/123456.jpg"
path =url.split(".")#以“.” 进行分隔
print("path =url.split(\".\")=",path)
path=url.split("/")[-1]
print("path =url.split(\"/\")[-1]=",path)
```

Chap9_25.py 的运行结果如图 9.25 所示。

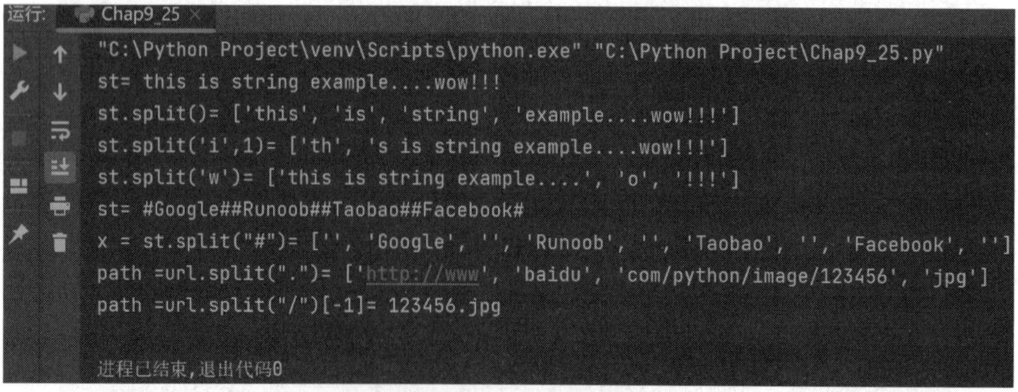

图 9.25　Chap9_25.py 的运行结果

表 9.30 给出了 Chap9_26.py 的源代码，它是字符串内建函数 splitlines()的案例程序。

表 9.30　　　　　　　　　Chap9_26.py 的源代码

```
#Chap9_26.py, splitlines()
#splitlines()方法语法：str.splitlines([keepends])
#keepends -- 在输出结果里是否去掉换行符('\r', '\r\n', \n')，默认为 False，不包含换行符，如果为 True，则保留换行符。
#返回一个包含各行作为元素的列表。
print('ab c\n\nde fg\rkl\r\n'.splitlines())
print('ab c\n\nde fg\rkl\r\n'.splitlines(True))
#字符串截取字符:
#[::2] 表示的是从头到尾，步长为 2。第一个冒号两侧的数字是指截取字符串的范围,第二个冒号后面是指截取的步长。
L=['a','b','c','d','e','f','g']
print("L=",L)
print("L[::2]=",L[::2])
st="peopledaily"
print("st=",st)
print("st[-4]=",st[-4])
```

Chap9_26.py 的运行结果如图 9.26 所示。

图 9.26　Chap9_26.py 的运行结果

表 9.31 给出了 Chap9_27.py 的源代码，它是字符串内建函数 partition()的案例程序。

表 9.31　　　　　　　　　Chap9_27.py 的源代码

```
#Chap9_27.py, partition()
#字符串的分割还有 partition()这种方式：partition(sep)   --> (head,sep,tail)
#从左向右遇到分隔符把字符串分割成两部分，返回头、分割符、尾三部分的三元组。如果没有找到分割符，就返回头、尾两个空元素的三元组
s1="you are a good student."
print("s1=",s1)
#以'good'为分割符，返回头、分割符、尾三部分。
s2=s1.partition('good')
print("s2=s1.partition('good'),s2=",s2)
#没有找到分割符'abc'，返回头、尾两个空元素的元组。
s3=s1.partition('abc')
print("s3=s1.partition('abc'),s3=",s3)
```

Chap9_27.py 的运行结果，如图 9.27 所示。

图 9.27　Chap9_27.py 的运行结果

9.7.17　内建函数 Counter()升级

表 9.32 给出了 Chap9_28.py 的源代码，是字符串内建函数 Counter()的案例程序。

表 9.32　Chap9_28.py 的源代码

```
#Chap9_28.py,Counter()
#对 Counter 的升级使用，必须引用如下库
from collections import Counter
#定义两个字符串变量
st1="1116122137143151617181920849510"
st2="19872628190097877181920849 51"
#以字典的形式，输出每个字符串中出现的字符及其数量
print("st1=",st1)
print ("Counter(st1)=",Counter(st1))
print("st2=",st2)
print ("Counter(st2)=",Counter(st2))
dgt = []
num = []
c = 0
for c in range(2 ** 8):
    ch = chr(c)
    if ch.isdigit(): dgt.append(ch)
    if ch.isnumeric(): num.append(ch)
print('digits:', dgt)
print('numeric:', num)
b = '1'
bs_len = len(b)
while bs_len < 9:
    #global b
    b_b=b.ljust(8,'0')
    d=int(b_b,2)
    print('二进制 %s 相当于十进制 %s' %(b_b,d))
    b = b +"1"
    bs_len=len(b)
```

Chap9_28.py 的运行结果如图 9.28 所示。

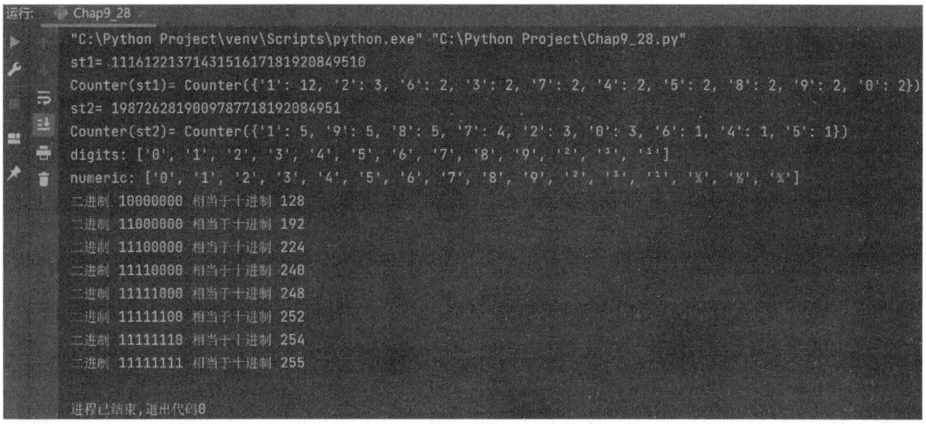

图 9.28　Chap9_28.py 的运行结果

9.7.18　内建函数 rjust()、startswith()

表 9.33 给出了 Chap9_29.py 的源代码，它是字符串内建函数 rjust()、startswith()的案例程序。

表 9.33　　　　Chap9_29.py 的源代码

```
#Chap9_29.py,rjust(),startswith()
#rjust()方法语法：str.rjust(width[, fillchar])
#width -- 指定填充指定字符后中字符串的总长度.
#fillchar -- 填充的字符，默认为空格。
#返回一个原字符串右对齐,并使用空格填充至长度 width 的新字符串。如果指定的长度小于字符串的长度则返回原字符串
st = "this is string example....wow!!!"
print("st.rjust(50, '*')=",st.rjust(50, '*'))
#以表格的形式输出一个数的平方和立方：
for x in range(1, 11):
    print(repr(x).rjust(2), repr(x*x).rjust(3), end=' ')# 注意在前面一行使用 end
    print(repr(x*x*x).rjust(4))
#startswith()方法语法：str.startswith(substr, beg=0,end=len(string));
#str -- 检测的字符串。
#substr -- 指定的子字符串。
#strbeg -- 可选参数用于设置字符串检测的起始位置。
#strend -- 可选参数用于设置字符串检测的结束位置。
#如果检测到字符串则返回 True，否则返回 False。
st="this is string example....wow!!!"
print(st.startswith( 'this' ))     # 字符串是否以 this 开头
print(st.startswith( 'string', 8 ))   # 从第八个字符开始的字符串是否以 string 开头
print(st.startswith( 'this', 2, 4 )) #第 2 个字符开始到第四个字符结束的字符串是否以 this 开头
```

Chap9_29.py 的运行结果如图 9.29 所示。

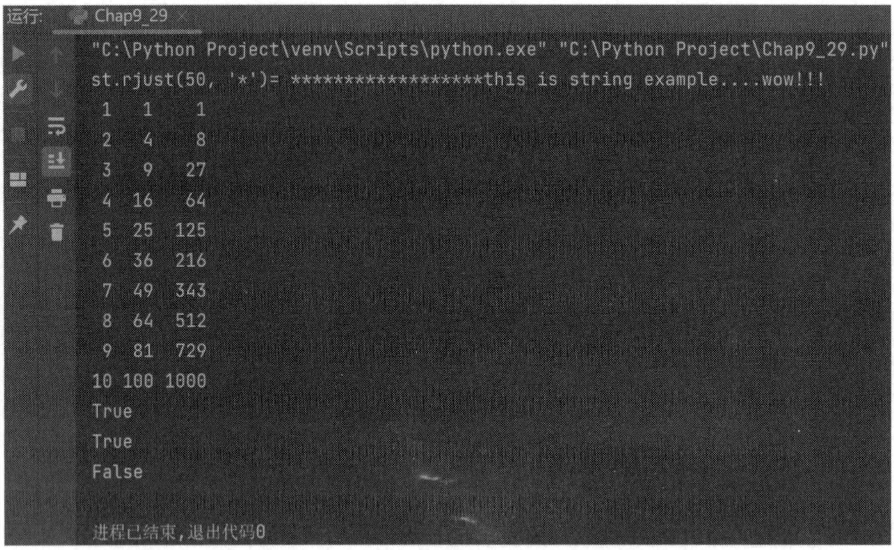

图 9.29　Chap9_29.py 的运行结果

9.7.19　内建函数 swapcase()、title()

表 9.34 给出了 Chap9_30.py 的源代码，它是字符串内建函数 swapcase()、title()的案例程序。

表 9.34　Chap9_30.py 的源代码

```
#Chap9_30.py,swapcase(),title()
#str.swapcase();
#返回大小写字母转换后生成的新字符串。
st="this is string example....wow!!!"
print("st=",st)
print("st.swapcase()=",st.swapcase())
st="This Is String Example....WOW!!!"
print("st=",st)
print("st.swapcase()=",st.swapcase())
#title()方法语法：str.title();
#返回"标题化"的字符串,就是说所有单词的首字母都转化为大写。
st="thIS iS stRING exAMPle123 ....wOW!!!"
print("st=",st)
print("st.title()=",st.title())
#非字母后的第一个字母将转换为大写字母
st="hello b2b2bbcd2 and 3gg3gg3gg"
print("st=",st)
print("st.title()=",st.title())
```

Chap9_30.py 的运行结果如图 9.30 所示。

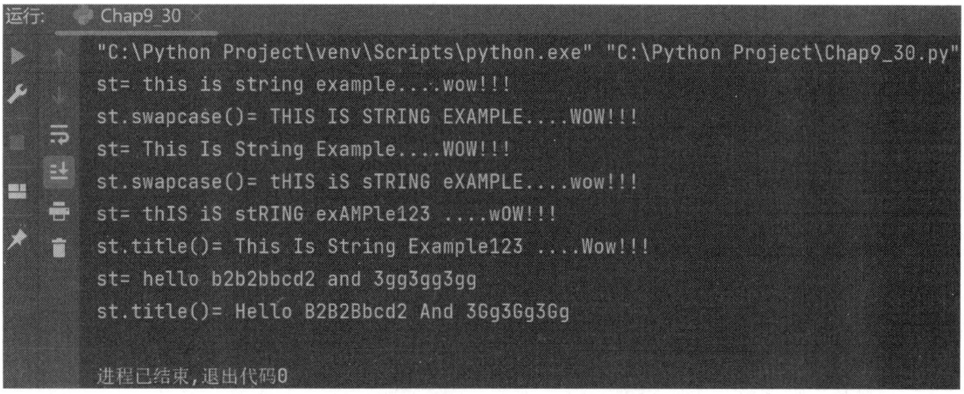

图 9.30 Chap9_30.py 的运行结果

9.7.20 内建函数 upper()、reverse()

表 9.35 给出了 Chap9_31.py 的源代码，它是字符串内建函数 upper()、reverse()的案例程序。

表 9.35 Chap9_31.py 的源代码

```
#Chap9_31.py,upper(),reverse()
#upper()方法语法：str.upper()
#返回小写字母转为大写字母的字符串
st="this is string example....wow!!!"
print("st=",st)
print("st.upper() : ", st.upper())
#字符串的反转
st = "peopledaily"
print("st=",st)
print("reversed st=",''.join(reversed(st)))
#元组的反转：
tu = (1, 2, 3)
print("tu=",tu)
print("tuple(reversed(tu))=",tuple(reversed(tu)))
#列表的反转：
aList = [123, 'xyz', 'zara', 'abc', 'xyz']
print("aList=",aList)
aList.reverse()
print("LaList.reverse(),aList= ", aList)
a=[1,2,5,8,3,6,6,6,6]
print("a=",a)
a.sort()
print("a.sort(),a=",a)
```

Chap9_31.py 的运行结果如图 9.31 所示。

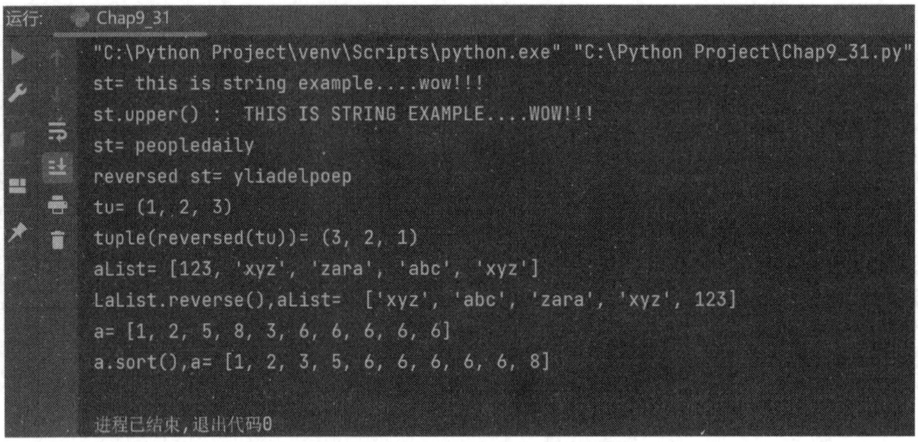

图 9.31　**Chap9_31.py** 的运行结果

9.8 小　　结

本章较为详细地讲解了字符串操作，包括：字符串基本操作、字符串运算符、字符串格式化指令、字符串%操作符、三引号（"""）、格式化字符串函数 f-string、字符串内建（built-in）函数。因为字符串内建（built-in）函数较多，这里介绍了 20 多个字符串内建函数的实例。

第 10 章　列表（list）

Python 有四种内建的数据结构：列表、元组、字典、集合。在前面章节中已经初步介绍过列表、元组、字典、集合的概念和用法，从本章开始，会较为详细地介绍列表、元组、字典、集合，并给出一些程序实例。

10.1　列 表 概 述

列表中的每个元素都会分配一个数字，也就是索引，索引从 0 开始（类似于 C 语言中的数组）。

列表的形式是一对方括号（[]），方括号内的元素（元素可以是不同类型）通过逗号（,）分隔开。例如，下面就是一个列表：list1=[37,"Beijing",2020.45,"中国","Learn Python"]。

列表操作，主要包括如下几个方面：

（1）访问列表中元素。

（2）向列表添加元素。

（3）从列表中删除元素。

（4）对列表进行分片。

（5）列表操作符。

（6）列表操作函数。

（7）列表拷贝。

10.2　访问列表中的元素

以列表 list1=[37,"Beijing",2020.45,"中国","Learn Python"]为例进行说明：

（1）用指令 list1 获取整个列表的所有值。

（2）用指令 list1[2]获取第三个元素。

（3）用指令 list1[1:4]获取列表中的第 2～4 个元素。

（4）用指令 list1[-1]获取列表中倒数第 1 个元素。

（5）用指令 list1[-3:-1]获取列表中倒数第 3 个～倒数第 2 个元素。

表 10.1 给出了 Chap10_1.py 的源代码，它是访问列表中元素的案例程序。

表 10.1　　　　　　　　　　　Chap10_1.py 的源代码

```
#Chap10_1.py，访问列表中元素
list1=[37,"Beijing",2020.45,"中国","Learn Python"]
print("list1=",list1)
print("list1[2]=",list1[2])
print("list1[1:4]: ",list1[1:4])
print("list1[-1]: ",list1[-1])
print("list1[-3:-1]: ",list1[-3:-1])
```

Chap10_1.py 的运行结果如图 10.1 所示。

图 10.1　Chap10_1.py 的运行结果

10.3　向列表中添加元素

向列表里添加元素主要有三种方法：

（1）append()。语法为：列表.append(元素)。在列表最后面每次添加一个元素。

（2）extend()。语法为：列表.extend([元素 1,元素 2,…])。扩展和增长特定列表，在列表最后添加一个或者多个元素。

（3）insert()。语法为：列表.insert(索引号 loc,新元素)，在列表索引号(loc+1)的位置，插入新元素。

表 10.2 给出了 Chap10_2.py 的源代码，它是向列表中添加元素的案例程序。

表 10.2　　　　　　　　　　　Chap10_2.py 的源代码

```
#Chap10_2.py
list1=[37,"Beijing",2020.45,"中国","Learn Python"]
print("list1=",list1)
list1.append("清华大学")
print("list1.append(\"清华大学\"),list1=",list1)
list1.extend(["上海","天津","重庆"])
print("list1.extend([\"上海\",\"天津\",\"重庆\"]),list1=",list1)
list1.insert(2,"insert")
print("list1.insert(2,\"insert\"),list1=",list1)
```

Chap10_2.py 的运行结果如图 10.2 所示。

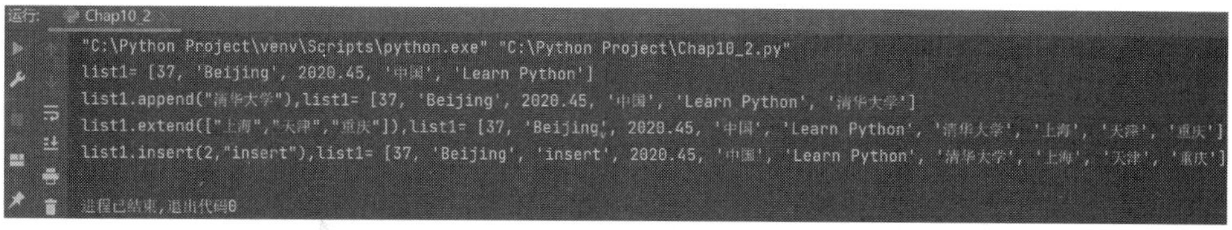

图 10.2　Chap10_2.py 的运行结果

10.4　从列表中删除元素

从列表中删除元素有 3 种方法。

（1）remove()。语法为：list.remove("删除元素名称")。从列表中删除某个指定的元素。如果列表中有多个要删除的元素，那么就删除第一个元素。也就是说，每次只能删除一个元素。

（2）del。语法为：del list[索引号]。从列表中删除指定索引号的元素。每次只能删除一个元素。

（3）pop()。语法为：list.pop()。删除列表最后一个元素并返回。

表 10.3 给出了 Chap10_3.py 的源代码，它是从列表中删除元素的案例程序。

表 10.3　Chap10_3.py 的源代码

```
#Chap10_3.py
list1=[37,"Beijing",2020.45,"中国","Learn Python","大学","Beijing"]
print("list1=",list1)
list1.remove("Beijing")
print("list1.remove(\"Beijing\"),list1=",list1)
del list1[2]
print("del list1[2],list1=",list1)
print("list1.pop()=",list1.pop())
print("list1=",list1)
```

Chap10_3.py 的运行结果如图 10.3 所示。

图 10.3　Chap10_3.py 的运行结果

10.5　改变列表中的元素

改变列表中的元素，也称为“更新列表中的元素”，直接改变列表中的元素即可。语法为：list[索引号]=("新元素名称")。

表 10.4 给出了 Chap10_4.py 的源代码，它是改变列表中元素的案例程序。

表 10.4　　　　Chap10_4.py 的源代码

```
#Chap10_4.py，改变列表中的元素
list1=[37,"Beijing",2020.45,"中国","Learn Python","大学","Beijing"]
print("list1=",list1)
list1[1]="Nanjing"
print("list1[1]=\"Nanjing\",list1=",list1)
```

Chap10_4.py 的运行结果如图 10.4 所示。

图 10.4　Chap10_4.py 的运行结果

10.6　列 表 分 片

所谓列表分片，就是从列表中抽取一个片段，也就是从列表中截取几个相邻的元素。

语法为：fragment=list[索引号 m:索引号 n]，抽取索引号 m 到索引号 n-1 之间的元素并形成一个新的列表。

表 10.5 给出了 Chap10_5.py 的源代码，它是列表分片的案例程序。

表 10.5　　　　Chap10_5.py 的源代码

```
#Chap10_5.py,列表分片
list1=[37,"Beijing",2020.45,"中国","Learn Python","大学","Beijing"]
print("list1=",list1)
fragment=list1[2:5]
print("fragment=list[2:5]=",fragment)
```

Chap10_5.py 的运行结果如图 10.5 所示。

图 10.5　**Chap10_5.py** 的运行结果

10.7　列表操作符

常用的列表操作符包括：

（1）+：实现多个列表之间的拼接。

（2）*：实现列表的复制和添加。

（3）>和<：比较数据型列表的元素。

（4）and、not、or、in 等：逻辑运算符，进行列表之间的逻辑判断。

表 10.6 给出了 Chap10_6.py 的源代码，它是列表操作符的案例程序。

表 **10.6**　　**Chap10_6.py** 的源代码

```
#Chap10_6.py
list1=[1,2,3,4,1,2,3,5,4,2]
list2=[2,3,1]
print("list1=",list1)
print("list2=",list2)
list3=list1+list2
print("list3=list1+list2=",list3)
print("list2*3=",list2*3)
print("list1>list2=",list1>list2)
```

Chap10_6.py 的运行结果如图 10.6 所示。

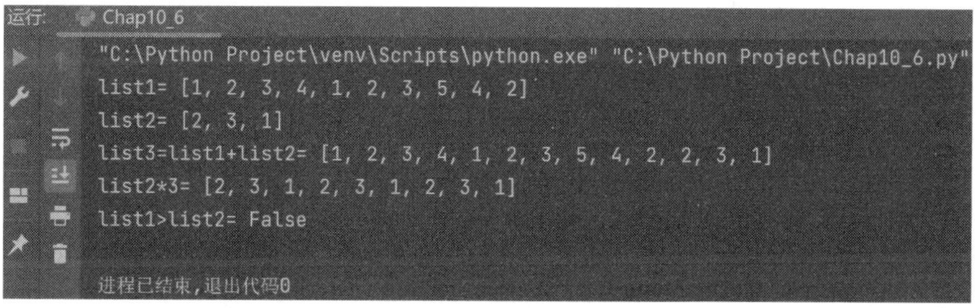

图 10.6　**Chap10_6.py** 的运行结果

10.8　其他列表操作函数

其他列表操作函数还有：

（1）列表.count(元素)：统计元素在列表中出现的次数。

（2）列表.index(元素)：元素在列表中的索引位置。

（3）列表.index(元素,索引号 a,索引号 b)：列表索引号 a～b 之间的元素索引位置。

（4）列表.reverse()：将列表进行逆序翻转。

（5）列表.sort()：将列表中数据进行从小到大的排列。

（6）列表.sort(reverse=True)：将列表中数据进行从大到小的排列。

（7）len(列表)：列表元素个数。

（8）max(列表)：列表中最大值元素。

（9）min(列表)：列表中最小值元素。

（10）列表.clear()：清空列表。

（11）list(元组)：将元组转换为列表。

还有很多其他列表操作，例如深拷贝（新列表＝原列表[:]）、浅拷贝（新列表＝原列表）等。

表 10.7 给出了 Chap10_7.py 的源代码，它是列表操作函数的案例程序。

表 10.7　　　　Chap10_7.py 的源代码

```
#Chap10_7.py,列表操作函数
list1=[1,2,2,1,5,4,34,4,5,6]
print("list1=",list1)
print("list1.count(2)=",list1.count(2))
print("list1.index(4)=",list1.index(4))
print("list1.index(2,0,3)=",list1.index(2,0,3))
list1.reverse()
print("list1.reverse(),list1=",list1)
list1.sort()
print("list1.sort(),list1=",list1)
list1.sort(reverse=True)
print("list1.sort(reverse=True),list1=",list1)
print("4 in list1=",4 in list1)
list2=list1
print("list2=list1,list2=",list2)
list3=list1[:]
print("list3=list1[:],list3=",list3)
print("len(list1)=",len(list1))
print("max(list1)=",max(list1))
print("min(list1)=",min(list1))
list1.clear()
print("list1.clear(),list1=",list1)
```

Chap10_7.py 的运行结果如图 10.7 所示。

```
运行:  Chap10_7
"C:\Python Project\venv\Scripts\python.exe" "C:\Python Project\Chap10_7.py"
list1= [1, 2, 2, 1, 5, 4, 34, 4, 5, 6]
list1.count(2)= 2
list1.index(4)= 5
list1.index(2,0,3)= 1
list1.reverse(),list1= [6, 5, 4, 34, 4, 5, 1, 2, 2, 1]
list1.sort(),list1= [1, 1, 2, 2, 4, 4, 5, 5, 6, 34]
list1.sort(reverse=True),list1= [34, 6, 5, 5, 4, 4, 2, 2, 1, 1]
4 in list1= True
list2=list1,list2= [34, 6, 5, 5, 4, 4, 2, 2, 1, 1]
list3=list1[:],list3= [34, 6, 5, 5, 4, 4, 2, 2, 1, 1]
len(list1)= 10
max(list1)= 34
min(list1)= 1
list1.clear(),list1= []

进程已结束,退出代码0
```

图 10.7　Chap10_7.py 的运行结果

10.9 迭 代 器

所谓的迭代，是指将上一次的输出结果作为下次输入的值，并将这个过程进行重复，直到触发结束条件。

迭代器是一个可以记住遍历位置的对象。迭代器对象从第一个元素开始访问，只能往前不会后退，直到访问完所有元素。迭代是访问元素的一种重要方式，对于没有索引的数据类型，必须提供一种不依赖索引的迭代方式，迭代器本身更节省内存。

迭代器有两种基本的方法：iter()和 next()。内置__iter__方法的都是可迭代的对象，包括列表（list）、字典（dict）、集合（set）。

在 Python 中，迭代往往和循环语句结合在一起。StopIteration 异常用于标识迭代的完成，防止出现无限循环的情况，在__next__() 方法中可以设置在完成指定循环次数后触发 StopIteration 异常来结束迭代。

表 10.8 给出了 Chap10_8.py 的源代码，讲解迭代器的基本操作。

表 10.8　　　　Chap10_8.py 的源代码

```
#Chap10_8.py
list1=['北京', '上海', '广州', '深圳', 'New York', 'London']
print("list1=",list1)
it = iter(list1)      # 创建迭代器对象
for x in it:
    print (x, end="---")
print()
list2=[x*x for x in range(1,11) if x%2==0]
print("list2=[x*x for x in range(1,11) if x%2==0]")
```

续表

```
print("list2=",list2)
list3=[m+n for m in 'ABC' for n in '12']
print("list3=[m+n for m in 'ABC' for n in '12']")
print("list3=",list3)
```

Chap10_8.py 的运行结果如图 10.8 所示。

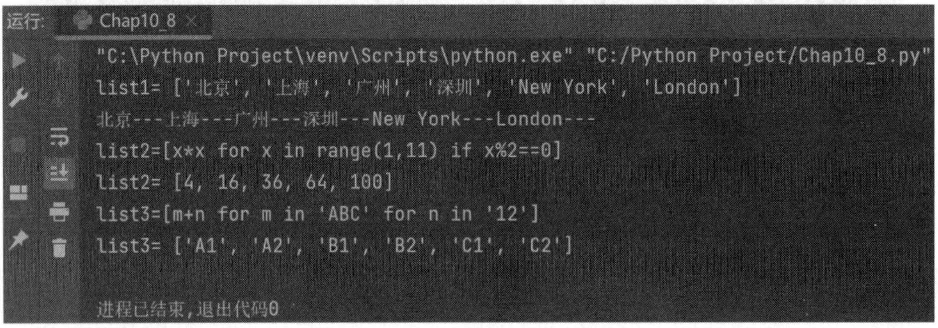

图 10.8　Chap10_8.py 的运行结果

10.10　小　　结

Python 有四种内建的数据结构：列表、元组、字典、集合。本章讲解了列表这种数据结构，包括列表概述、访问列表中的元素、向列表中添加元素、从列表中删除元素、改变列表中的元素、列表分片、列表操作符、其他列表操作函数等。

第 11 章　元组（tuple）

元组（tuple）是 Python 的四种数据结构之一，与列表（list）相比，元组的特点在于：

（1）元组使用小括号“()”。

（2）元组一旦初始化就不能修改。

（3）元组中只包含一个元素时，应该在元素后面添加逗号，否则括号会被当作运算符使用。

（4）元组没有 append()、extend()、insert()、pop()、reverse()、sort()、clear()等属性，元组中的元素不允许删除。

字符串是一种特殊的元组，字符串支持部分元组的运算符。

本章将通过一系列的案例程序讲解元组（tuple）的相关用法。

11.1　元组的基本操作

表 11.1 给出了 Chap11_1.py 的源代码，它是元组基本操作的案例程序。

表 11.1　　　　Chap11_1.py 的源代码

```
#Chap11_1.py,访问元组中元素
tuple1=(37,"Beijing",2020.45,"中国","Learn Python")
print("tuple1=",tuple1)
print("tuple1[2]=",tuple1[2])
print("tuple1[1:4]: ",tuple1[1:4])
print("tuple1[-1]: ",tuple1[-1])
print("tuple1[-3:-1]: ",tuple1[-3:-1])
```

Chap11_1.py 的运行结果如图 11.1 所示。

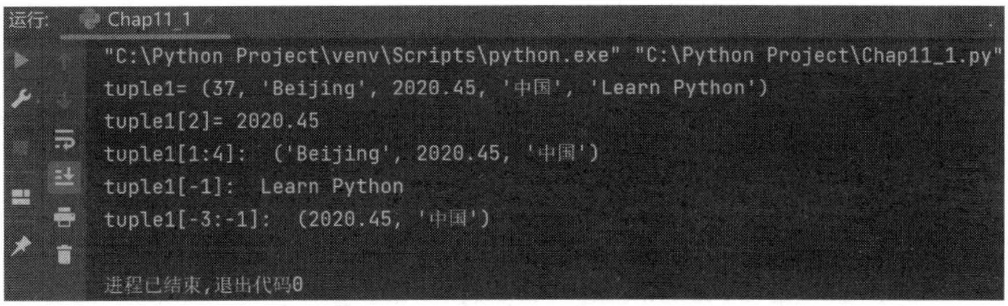

图 11.1　Chap11_1.py 的运行结果

11.2 元 组 分 片

表 11.2 给出了 Chap11_2.py 的源代码，它是元组（tuple）分片的案例程序。

表 11.2　　Chap11_2.py 的源代码

```
#Chap11_2.py,元组分片
tuple1=(37,"Beijing",2020.45,"中国","Learn Python","大学","Beijing")
print("tuple1=",tuple1)
fragment=tuple1[2:5]
print("fragment=tuple1[2:5]=",fragment)
```

Chap11_2.py 的运行结果如图 11.2 所示。

图 11.2　Chap11_2.py 的运行结果

11.3 元组运算符

表 11.3 给出了 Chap11_3.py 的源代码，它是元组（tuple）运算符的案例程序。

表 11.3　　Chap11_3.py 的源代码

```
#Chap11_3.py,元组运算符
tuple1=(1,2,3,4,1,2,3,5,4,2)
tuple2=(2,3,1)
print("tuple1=",tuple1)
print("tuple2=",tuple2)
tuple3=tuple1+tuple2
print("tuple3=tuple1+tuple2=",tuple3)
print("tuple2*3=",tuple2*3)
print("tuple1>tuple2=",tuple1>tuple2)
```

Chap11_3.py 的运行结果如图 11.3 所示。

图 11.3　Chap11_3.py 的运行结果

11.4 其他元组函数

表 11.4 给出了 Chap11_4.py 的源代码，它是其他元组函数的案例程序。

表 11.4　　　　　　　　　Chap11_4.py 的源代码

```
#Chap11_4.py,元组操作函数
tuple1=(1,2,2,1,5,4,34,4,5,6)
print("tuple1=",tuple1)
print("tuple1.count(2)=",tuple1.count(2))
print("tuple1.index(4)=",tuple1.index(4))
print("tuple1.index(2,0,3)=",tuple1.index(2,0,3))
print("4 in tuple1=",4 in tuple1)
tuple2=tuple1
print("tuple2=tuple1,tuple2=",tuple2)
tuple3=tuple1[:]
print("tuple3=tuple1[:],tuple3=",tuple3)
print("len(tuple1)=",len(tuple1))
print("max(tuple1)=",max(tuple1))
print("min(tuple1)=",min(tuple1))
print("sorted(tuple1)=",sorted(tuple1))
print("reversed(tuple1)=",reversed(tuple1))
```

Chap11_4.py 的运行结果如图 11.4 所示。

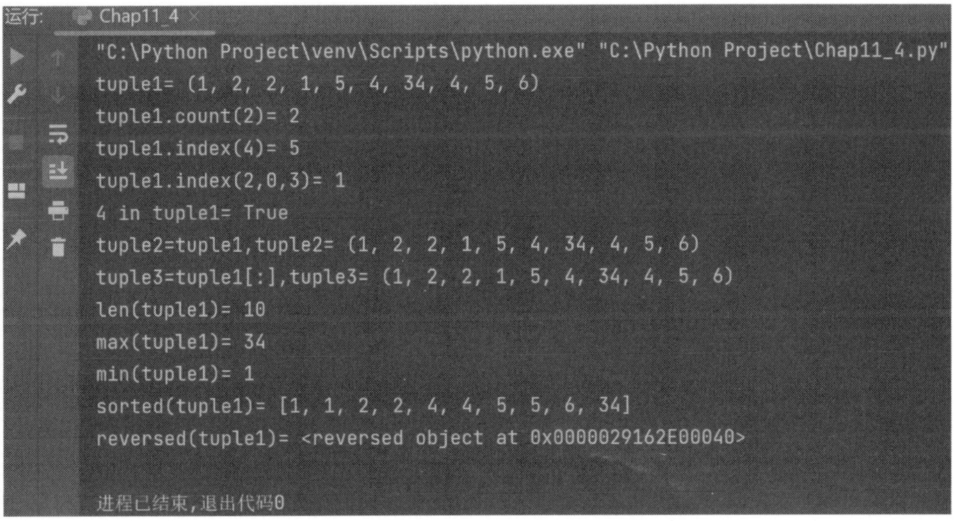

图 11.4　Chap11_4.py 的运行结果

11.5 小　　结

元组（tuple）是 Python 的四种数据结构之一，本章讲解了元组的相关用法，包括元组的基本操作、元组分片、元组运算符、其他元组函数等。元组与列表（list）类似，但是总体来看，列表的功能比元组的功能要强大，可以通过“list（元组）”命令，把元组转换为列表。

第 12 章　字典（dictionary）

字典（dictionary），也被称作关联数组或哈希表。

字典的形式是一对大括号（{}），字典中每个元素是一个“键(key):值(value)”对，大括号内的元素（元素可以是不同类型）通过逗号（,）分隔开。

字典的格式如下：d={key1: value1, key2 : value2,...,keyn : valuen}。

字典的键必须是唯一的、不可改变的（只能改变字典中每个元素的“值”），字典的键可以是数字、字符串或元组，但不能是列表。

这是一个字典实例：dict = {'Alice': '2341', 'Beth': '9102', 'Cecil': '3258'}。

下面通过一系列的案例程序讲解如何对字典进行操作：读取字典、修改字典、删除字典元素、使用字典内置函数、使用字典内置方法等。

12.1 读取字典

例如，对于字典 dict={'学号':'20200320','姓名':'张三','成绩': 93}，说明如下：

通过 dict 语句，可以读取整个字典。

通过 dict['学号']语句，可以得到对应的学号值'20200320'。

通过 dict['姓名']语句，可以得到对应的姓名值'张三'。

通过 dict['成绩']语句，可以得到对应的成绩值 93。

字典中的每个数据都是一个“键:值”对，通过键访问对应的值。

表 12.1 给出了 Chap12_1.py 的源代码，它是读取字典的案例程序。

表 12.1　　Chap12_1.py 的源代码

```
#Chap12_1.py,读取字典
dict1={'学号':'20200320','姓名':'张三','成绩': 93}
print("dict1=",dict1)
print("dict1['学号']=",dict1['学号'])
print("dict1['姓名']=",dict1['姓名'])
print("dict1['成绩']=",dict1['成绩'])
# 循环所有的 key (或这么写：for item in d4.keys():)
print("for item in dict1:print(item)")
for item in dict1:
    print(item)
```

续表

```
print("for item in dict1.keys():")
for item in dict1.keys():
    print(item, ':', dict1[item])
# 循环所有的 value
print("for item in dict1.values():")
for item in dict1.values():
    print(item)
# 循环所有的 key：value
for k, v in dict1.items():   # 用 items 方法 k 接收 key ,v 接收 value
    print(k,v)
```

Chap12_1.py 的运行结果如图 12.1 所示。

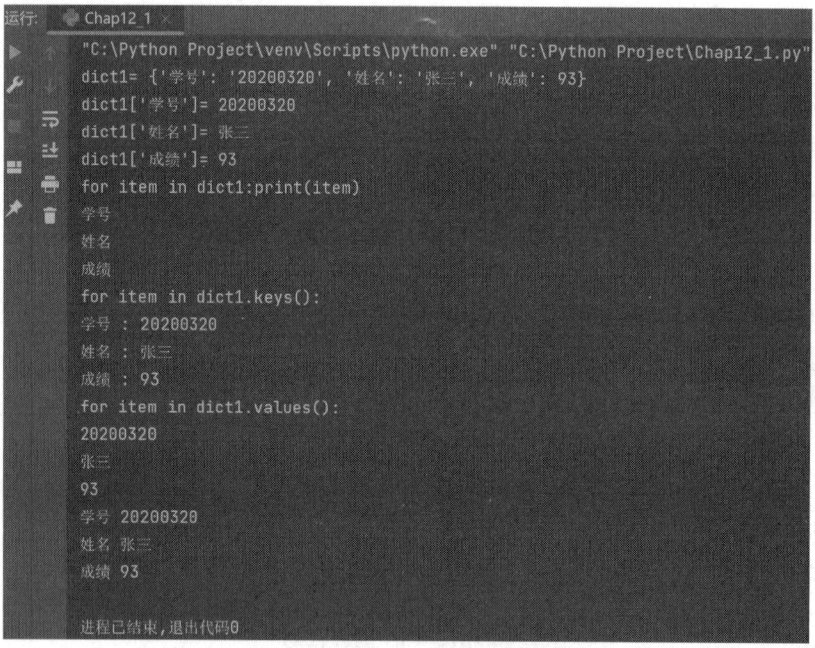

图 12.1　Chap12_1.py 的运行结果

12.2　修改字典

这里所说的修改字典，包括：

（1）向字典中增加新的元素（“键:值”对）。通过语句“dict[新键]=新值”向字典中增加新的元素（“键:值”对）。

（2）修改字典中的元素（“键:值”对）。通过语句“dict[老键]=新值”修改字典中的元素（“键:值”对）。

（3）删除字典中的元素（“键:值”对）。通过语句“del dict[键]”删除字典中的元素。

（4）删除字典。通过语句“del dict”删除字典。

（5）清空字典。通过语句“dict.clear()”清空字典。

表 12.2 给出了 Chap12_2.py 的源代码，它是修改字典的案例程序。

表 12.2　　Chap12_2.py 的源代码

```
#Chap12_2.py
dict={'学号':'20200320','姓名':'张三','成绩': 93}
print("dict=",dict)
dict['成绩']=94   # 更新成绩
dict['年龄']=18   #添加年龄信息
dict['性别']='男'   #添加年龄信息
print("dict['成绩']=94")
print("dict['年龄']=18")
print("dict['性别']='男'")
print("dict=",dict)
del dict['年龄']   #删除键为'年龄'的字典元素
print("del dict['年龄']")
print("dict=",dict)
dict.clear()   # 清空字典
print("dict.clear()")
print("dict=",dict)
del dict   # 删除字典
print("del dict,dict=",dict)
```

Chap12_2.py 的运行结果如图 12.2 所示。

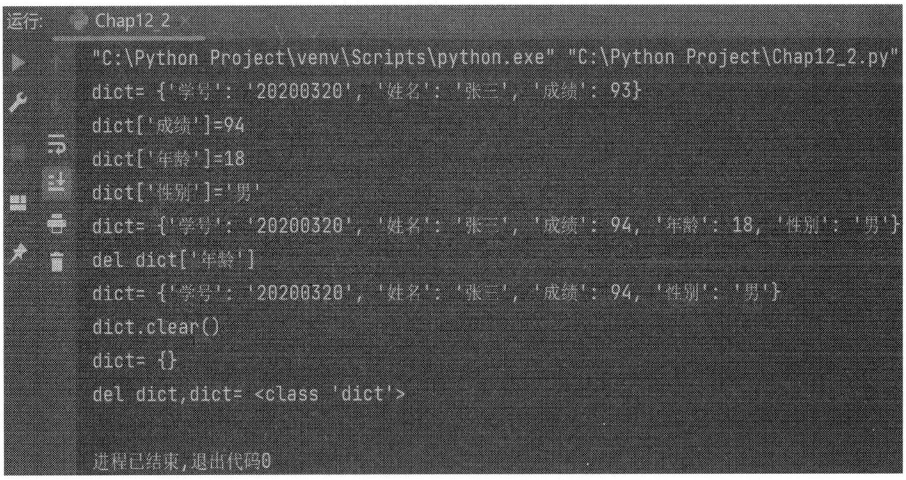

图 12.2　Chap12_2.py 的运行结果

12.3 字典内置函数

字典的内置函数包括：len(字典)、str(字典)、type(字典)。其中：

（1）len(字典)函数，用来计算字典中元素的个数。

（2）str(字典)函数以字符串的形式输出字典。

（3）type(字典)函数打印字典类型。

表 12.3 给出了 Chap12_3.py 的源代码，它是字典内置函数的案例程序。

表 12.3　　Chap12_3.py 的源代码

```
#Chap12_3.py，字典内置函数
dict={'学号':'20200320','姓名':'张三','成绩': 93}
print("dict=",dict)
print("len(dict)=",len(dict))
print("str(dict)=",str(dict))
print("type(dict)=",type(dict))
```

Chap12_3.py 的运行结果如图 12.3 所示。

图 12.3　Chap12_3.py 的运行结果

12.4 字典内置方法

字典的内置方法包括：

（1）字典.clear()。清空字典中所有元素。

（2）字典.copy()。返回一个字典的深拷贝。dict2=dict1 属于浅拷贝。浅拷贝和深拷贝不同：浅拷贝只是引用对象的地址，如果引用对象内容发生变化，浅拷贝内容也随之发生变化；深拷贝则不同，深拷贝就等于重新开辟一块内存，把引用对象的内容复制一份过来，即使引用对象内容发生变化，深拷贝也不会发生变化。

（3）dict.fromkeys(seq[, value])。参数 seq 是字典键值列表；可选参数 value 用来设置键序列（seq）对应的值，默认为 None。以序列 seq 中元素做字典的键，创建一个新字典，val 为字典所有键对应的初始值。

（4）字典.get(key, default=None)。参数 key 是字典中要查找的键，如果指定键不存在，则返回该默认参数 default。

（5）key in 字典。如果键在字典 dict 中，则返回 True，否则返回 False。

（6）字典.items()。以列表方式读取字典。

（7）字典.keys()。以列表方式获取字典中每个元素的键。调用 list 函数可得列表值。

（8）字典.setdefault(key, default=None)。和字典.get()方法类似，如果字典中没有 key 键，将会在字典中添加键并将值设为 default。

（9）字典.update(字典 dict2)。用字典 dict2 的元素（"键:值"对）更新原来的字典。考察字典 dict2 的每个元素（"键:值"对），如果原来的字典没有这个键，就直接把这个元素（"键:值"对）加入原来的字典中；如果原来的字典有这个键，那么用这个元素（"键:值"对）对原来字典中对应的元素（"键:值"对）进行更新。

（10）字典.values()。返回字典中所有元素（"键:值"对）的值，可以使用 list()将这些值转换为列表。这个内置方法和"字典.keys()"有类似之处。

（11）字典.pop(key[,default])。根据给定的键 key，删除字典中 key 对应的值，并把这个值返回。如果字典中没有这个 key 键则返回 default 值。

（12）字典.popitem()。删除字典中的最后一个元素（"键:值"对），并返回这个元素。

12.4.1 字典.clear()、字典.copy()

表 12.4 给出了 Chap12_4.py 的源代码，它是字典清除和字典深拷贝内置方法的案例程序。

表 12.4　　Chap12_4.py 的源代码

```
#Chap12_4.py，字典清除、字典深拷贝
dict={'学号':'20200320','姓名':'张三','成绩': 93}
print("dict=",dict)
print ("len(dict): %d" %len(dict))
dict.clear()

print("dict.clear(),dict=%s,len(dict)=%d"%(dict ,len(dict)))
dict1={'学号':'20200320','姓名':'张三','成绩': 93}
print("dict1=",dict1)
dict2=dict1.copy()
dict3=dict1
dict1['姓名']='李四'
print ("dict2=dict1.copy(),dict1['姓名']='李四'，dict2=",dict2)
print("dict3=dict1,dict1['姓名']='李四'，dict3=",dict3)
```

Chap12_4.py 的运行结果如图 12.4 所示。

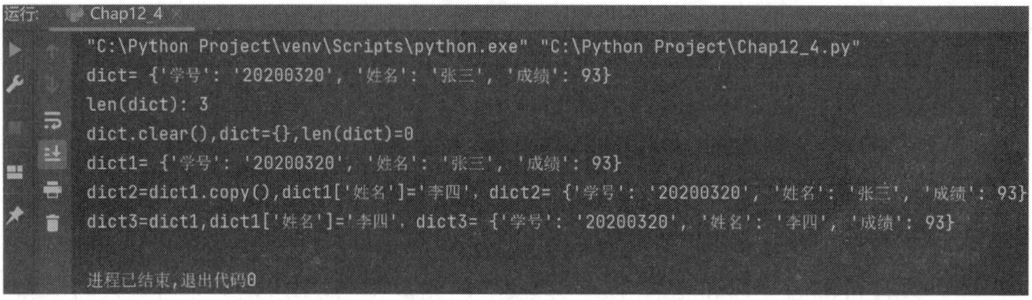

图 12.4 Chap12_4.py 的运行结果

12.4.2 建立字典、得到值

表 12.5 给出了 Chap12_5.py 的源代码，它是建立字典和得到值内置方法的案例程序。

表 12.5　Chap12_5.py 的源代码

```
#Chap12_5.py,dict.fromkeys，字典.get(key, default=None)
seq = ('学号', '姓名', '成绩')
dict1 = dict.fromkeys(seq)
print("新的字典为 : %s" % str(dict1))
dict2= dict.fromkeys(seq, 10)
print("新的字典为 : %s" % str(dict2))
dict1={'学号':'20200320','姓名':'张三','成绩': 93}
print("学号 值为 : %s" %   dict1.get('学号'))
print ("姓名 值为 : %s" %   dict1.get('姓名', "NA"))
print ("成绩 值为 : %s" %   dict1.get('成绩', "NA"))
```

Chap12_5.py 的运行结果如图 12.5 所示。

图 12.5 Chap12_5.py 的运行结果

12.4.3　key in 字典

表 12.6 给出了 Chap12_6.py 的源代码，它是建立 key in(not in)字典内置方法的案例程序。

表 12.6　　　　Chap12_6.py 的源代码

```
#Chap12_6.py,key in(not in)  字典用法
dict1={'学号':'20200320','姓名':'张三','成绩': 93}
# 检测键 学号 是否存在
if '学号' in dict1:
    print("键 学号 存在")
else:
    print("键 学号 不存在")
# 检测键 姓名 是否存在
if '姓名' in dict1:
    print("键 姓名 存在")
else:
    print("键 姓名 不存在")
# not in
# 检测键 Age 是否存在
if '年龄' not in dict1:
    print("键 年龄 不存在")
else:
    print("键 年龄 存在")
```

Chap12_6.py 的运行结果如图 12.6 所示。

图 12.6　Chap12_6.py 的运行结果

12.4.4　字典.items()

表 12.7 给出了 Chap12_7.py 的源代码，它是建立读取字典内容的案例程序。

表 12.7　　Chap12_7.py 的源代码

```
#Chap12_7.py,读取字典内容
dict1={'学号':'20200320','姓名':'张三','成绩': 93}
print("dict1=",dict1)
print("list of dict : %s" % dict1.items())
for i,j in dict1.items():
    print(i, ":\t", j)
```

Chap12_7.py 的运行结果如图 12.7 所示。

图 12.7　Chap12_7.py 的运行结果

12.4.5　字典.keys()

表 12.8 给出了 Chap12_8.py 的源代码，它是建立读取字典键的案例程序。

表 12.8　　Chap12_8.py 的源代码

```
#Chap12_8.py,字典.keys()
dict1={'学号':'20200320','姓名':'张三','成绩': 93}
print("dict1=",dict1)
print("dict1.keys()=",dict1.keys())
print("list(dict1.keys())=",list(dict1.keys()))
```

Chap12_8.py 的运行结果如图 12.8 所示。

图 12.8　Chap12_8.py 的运行结果

12.4.6　字典.setdefault()

表 12.9 给出了 Chap12_9.py 的源代码，它是字典.setdefault()的案例程序。

表 12.9　　　　Chap12_9.py 的源代码

```
#Chap12_9.py,字典.setdefault(key, default=None)
dict1={'学号':'20200320','姓名':'张三','成绩': 93}
print("dict1=",dict1)
print("学号  键的值为 : %s" % dict1.setdefault('学号', None))
print("姓名  键的值为 : %s" % dict1.setdefault('姓名', None))
print("成绩  键的值为 : %s" % dict1.setdefault('成绩', None))
print("年龄  键的值为 : %s" % dict1.setdefault('年龄', None))
print("新字典为: ", dict1)
```

Chap12_9.py 的运行结果如图 12.9 所示。

图 12.9　Chap12_9.py 的运行结果

12.4.7　字典.update(字典 dict2)

表 12.10 给出了 Chap12_10.py 的源代码，是字典.update(字典 dict2)的案例程序。

表 12.10　　　　Chap12_10.py 的源代码

```
#Chap12_10.py, 字典.update(字典 dict2)
dict1={'学号':'20200320','姓名':'张三','成绩': 93}
print("dict1=",dict1)
dict2={'年龄': 20}
print("dict2=",dict2)
dict1.update(dict2)
print("dict1.update(dict2),dict1=",dict1)
dict3={'姓名':'李四'}
print("dict3=",dict3)
dict1.update(dict3)
print("dict1.update(dict3),dict1=",dict1)
```

Chap12_10.py 的运行结果如图 12.10 所示。

图 12.10　Chap12_10.py 的运行结果

12.4.8　字典.values()

表 12.11 给出了 Chap12_11.py 的源代码，是“字典.values()”案例程序。

表 12.11　Chap12_11.py 的源代码

```
#Chap12_11.py,字典.values()
dict1={'学号':'20200320','姓名':'张三','成绩': 93}
print("dict1=",dict1)
print("list(dict1.values()): ", list(dict1.values()))
```

Chap12_11.py 的运行结果如图 12.11 所示。

图 12.11　Chap12_11.py 的运行结果

12.4.9　字典.pop(key)

表 12.12 给出了 Chap12_12.py 的源代码，是“字典.pop(key)”的案例程序。

表 12.12　Chap12_12.py 的源代码

```
#Chap12_12.py,字典.pop(key)
dict1={'学号':'20200320','姓名':'张三','成绩': 93}
print("dict1=",dict1)
pop_obj=dict1.pop('姓名')
print("pop_obj=dict1.pop('姓名'),pop_obj=",pop_obj)
print("pop_obj=dict1.pop('姓名'),dict1=",dict1)
weekdays=['Monday','Tuesday','Wednesday','Thursday','Friday']
```

续表

```
print("weekdays=",weekdays)
last_day=weekdays.pop() #括号里没有参数，表示删除 list 数组中最后一个元素
first_day=weekdays.pop(0) #0 参数表示删除数组中的第一个元素
print("first_day=",first_day,"\nlast_day=",last_day,"\nweekdays=",weekdays)
```

Chap12_12.py 的运行结果如图 12.12 所示。

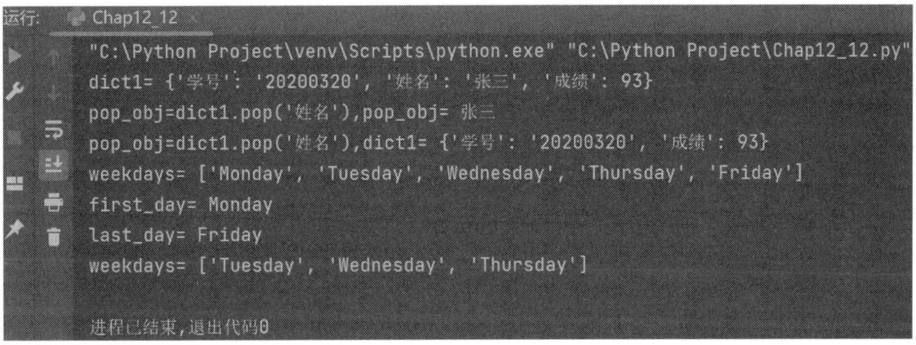

图 12.12 Chap12_12.py 的运行结果

12.4.10 字典.popitem()

表 12.13 给出了 Chap12_13.py 的源代码，是“字典.popitem()”的案例程序。

表 12.13 Chap12_13.py 的源代码

```
#Chap12_13.py,字典.popitem()
dict1={'学号':'20200320','姓名':'张三','成绩': 93}
print("dict1=",dict1)
pop_obj=dict1.popitem()
print("pop_obj=dict1.popitem()")
print("pop_obj=",pop_obj,"dict1=",dict1)
```

Chap12_13.py 的运行结果如图 12.13 所示。

图 12.13 Chap12_13.py 的运行结果

12.5 小　结

字典（dictionary）是 Python 重要的数据结构，本章通过一系列的案例程序，讲解了如何对字典进行操作：读取字典、修改字典、删除字典元素、使用字典内置函数、使用字典内置方法等。

第 13 章　集合（set）

从数学的角度，可以将集合看作一组数据的整体，是一个无序的、没有重复元素的整体。在 Python 中，集合的格式有两种：

（1）集合名= {值 1,值 2,...,值 n}。

（2）集合名=set(值)。

创建一个新的空集合，必须用“集合名=set()”语句，而不能用“{}”（“{}”用来创建一个空字典）。

本章讲解集合的基本操作、集合的内置方法。

13.1　集合的基本操作

集合的基本操作包括：

（1）读取集合。

（2）向集合添加元素。

（3）从集合删除元素。

（4）计算集合中元素的个数。

（5）清空集合。

（6）判断元素是否在集合中存在。

（7）集合之间的运算。

13.1.1　读取集合

表 13.1 给出了 Chap13_1.py 的源代码，它是读取集合的案例程序。

表 13.1　　Chap13_1.py 的源代码

```
#Chap13_1.py,集合的基本操作
set1={'北京', '上海', '广州', '深圳', 'New York', 'London','London','London',}
print("set1=",set1)          # 这里演示的是去重功能
set2= set('中国 dddab 中国 aadaaacd 中国')
print("set2= set('中国 dddab 中国 aadaaacd 中国')")
print("set2=",set2)
```

Chap13_1.py 的运行结果如图 13.1 所示。

图 13.1　Chap13_1.py 的运行结果

从这个实例可以看出，集合中重复的元素只会打印出一个。集合中元素的打印顺序是随机变化的，字符串可以转化为集合，字符串中每个字符分别变成集合中的一个元素。

13.1.2　集合之间的运算

集合之间的运算操作较多，包括求两个集合的并集、求两个集合的交集、求两个集合的差集、对两个集合的对称差集合等。

表 13.2 给出了 Chap13_2.py 的源代码，它是集合之间运算的案例程序。

表 13.2　　Chap13_2.py 的源代码

```
#Chap13_2.py,集合之间的运算
set1={'北京', '上海', '广州', '深圳', 'New York', 'London'}
set2={'Paris', '上海', '天津', '深圳', '重庆', 'London'}
print("set1=",set1)
print("set2=",set2)
print("set1-set2,差集=",set1-set2)#集合 set1 中包含而集合 set2 中不包含的元素，差集
print("set1|set2,并集=",set1|set2)#集合 set1 或 set2 中包含的所有元素，并集
print("set1&set2,交集=",set1&set2)#集合 set1 和 set2 中都包含的元素，交集
print("set1^set2,对称差集合=",set1^set2)#集合 set1 和 set2 的对称差集合
```

Chap13_2.py 的运行结果如图 13.2 所示。

图 13.2　Chap13_2.py 的运行结果

13.1.3　集合与元素

向集合中添加元素有两种方法：

（1）“集合名.add(一个元素)”，每次向集合中添加一个元素。

（2）“集合名.update(元素 1,元素 2,...,元素 n)”，每次向集合中添加多个元素。

如果要添加的元素在集合中已经存在，那么不进行任何操作。

表 13.3 给出了 Chap13_3.py 的源代码，它是向集合添加元素、判断元素是否在集合中出现的案例程序。

表 13.3　　Chap13_3.py 的源代码

```
#Chap13_3.py,向集合添加元素、判断元素是否在集合中出现、集合推导式
set1={'北京', '上海', '广州', '深圳', 'New York', 'London'}
print("set1=",set1)
set1.add("Paris")          #向集合添加元素
print("set1.add(\"Paris\")")
print("set1=",set1)
set1.update({'天津','Rome'})
print("set1.update({'天津','Rome'}")
print("set1=",set1)
result = '北京' in set1     #判断元素是否在集合中出现
print("result = '北京' in set1,result=",result)
result = '北京' not in set1
print("result = '北京' not in set1,result=",result)
```

Chap13_3.py 的运行结果如图 13.3 所示。

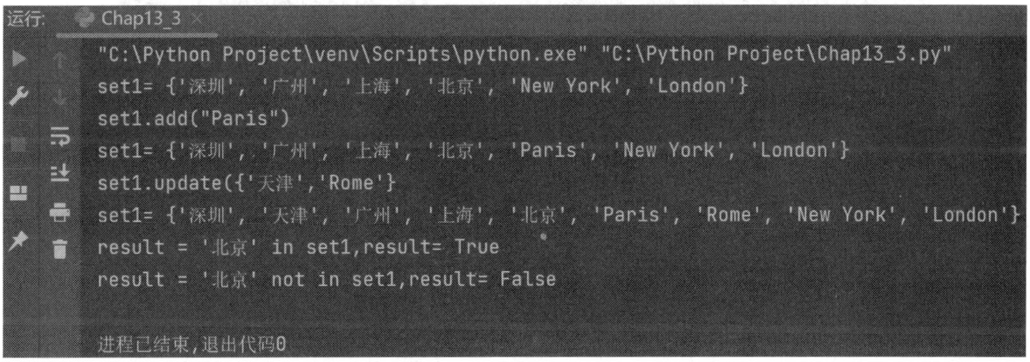

图 13.3　Chap13_3.py 的运行结果

13.1.4　集合推导式

表 13.4 给出了 Chap13_4.py 的源代码，它是集合推导式的案例程序。

表 13.4　　Chap13_4.py 的源代码

```
#Chap13_4.py,集合推导式
set1={'北京', '上海', '广州', '深圳', 'New York', 'London'}
print("set1=",set1)
#集合推导式
result={'*'+i+'*' for i in set1}
print("result={'*'+i+'*' for i in set1}")
print("result=",result)
#带有判断条件的集合推导式
result = {i for i in set1 if i != '深圳'}
print("result = {i for i in set1 if i != '深圳'}")
print("result=",result)
#多循环集合推导式
city= {'北京','London'}
color={'red','green'}
print("city=",city)
print("color=",color)
result = {c +'-'+str(co) for c in city for co in color}
print("result = {c +'-'+str(co) for c in city for co in color}")
print("result=",result)
```

Chap13_4.py 的运行结果如图 13.4 所示。

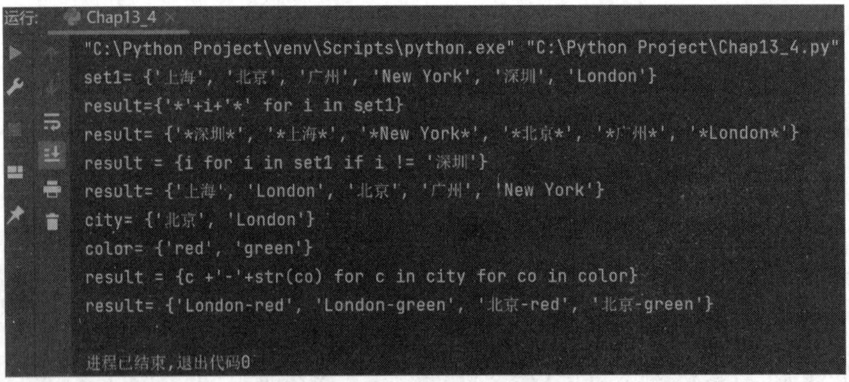

图 13.4　Chap13_4.py 的运行结果

13.1.5　集合与元素的基本操作

表 13.5 给出了 Chap13_5.py 的源代码，讲解集合与元素的基本操作，包括：

（1）向集合中添加元素：集合名.update(多个元素)。

（2）随机删除集合中的一个元素：集合名.pop()。

（3）删除集合中指定的元素（删除不存在的元素会报错）：集合名.remove(元素)。

（4）删除集合中指定的元素（删除不存在的元素什么都不做）：集合名.discard(元素)。

（5）复制集合：集合.copy()。

（6）清空集合：集合名.clear()。

表 13.5　　　Chap13_5.py 的源代码

```
#Chap13_5.py,集合与元素
set1={'北京', '上海', '广州', '深圳', 'New York', 'London'}
print("set1=",set1)
print("len(set1)=",len(set1))
set1.update({"Paris","天津"})#集合增加元素
print("set1.update({'Paris','天津'})")
print("set1=",set1)
#pop()  随机删除集合中的一个元素
elem=set1.pop()
print("elem=set1.pop()")
print("elem=",elem)
print("set1=",set1)
#remove()  删除集合中指定的元素  删除不存在的元素会报错
set1.remove('New York')
print("set1.remove('New York')")
print("set1=",set1)
#discard()  删除集合中指定的元素  删除不存在的元素啥都不做
set1.discard('Maryland')
print("set1.discard('Maryland')")
print("set1=",set1)
#copy()  复制集合
set2=set1.copy()
print("set2=set1.copy()")
print("set2=",set2)
#clear()  清空集合
set1.clear()
print("set1.clear()")
print("set1=",set1)
```

Chap13_5.py 的运行结果如图 13.5 所示。

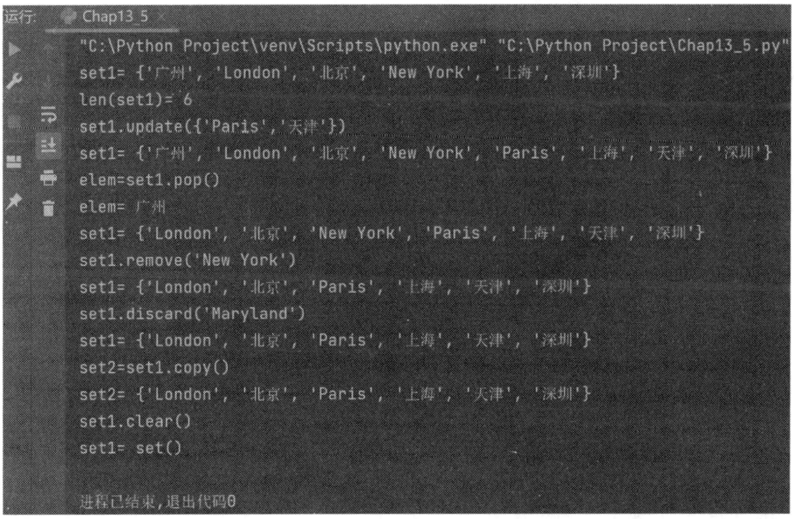

图 13.5　Chap13_5.py 的运行结果

13.2 集合的内置方法

集合的内置方法包括：

（1）add()：向集合中添加元素。

（2）clear()：清空集合，删除集合中所有元素。

（3）copy()：拷贝集合。

（4）difference()：求集合的差集。

（5）difference_update()：求集合的差集。

（6）discard()：删除集合中的元素。

（7）intersection()：求集合的交集。

（8）intersection_update()：求集合的交集。

（9）isdisjoint()：两个集合没有交集，返回 True，否则返回 False。

（10）issubset()：判断一个集合是另一个集合的子集。

（11）issuperset()：判断一个集合是另一个集合的超集。

（12）pop()：随机移除元素。

（13）remove()：移除指定元素。

（14）symmetric_difference()：返回两个集合中不重复的元素集合。

（15）symmetric_difference_update()：移除当前集合中与另外一个指定集合相同的元素，并将另外一个指定集合中不同的元素插入当前集合中。

（16）union()：返回两个集合的并集；

（17）update()：给集合添加元素。

在前面章节中，已经讲解了不少集合内置方法，本节讲解其他的集合内置方法。

13.2.1 求差集

表 13.6 给出了 Chap13_6.py 的源代码，讲解集合的内置方法，包括：

（1）求集合的差集：集合 1.difference(集合 2)，返回集合 1 移除相同元素的新集合。

（2）集合 1.difference_update(集合 2)：移除集合 1、集合 2 这两个集合中都存在的元素，difference_update()方法没有返回值，直接在集合 1 中移除这两个集合中都存在的元素。不建议使用 difference_update()方法。

表 13.6　　Chap13_6.py 的源代码

```
#Chap13_6.py, 求集合的差集
set1={'北京', '上海', '广州', '深圳', 'New York', 'London'}
set2={'北京', 'Paris', '广州', '天津', 'New York', 'Roma'}
print("set1=",set1)
print("set2=",set2)
set3=set1.difference(set2)
```

续表

```
print("set3=set1.difference(set2)")
print("set3=",set3)
print("set1=",set1)
print("set2=",set2)
set4=set1.difference_update(set2)
print("set4=set1.difference_update(set2)")
print("set4=",set4)
print("set1=",set1)
print("set2=",set2)
```

Chap13_6.py 的运行结果如图 13.6 所示。

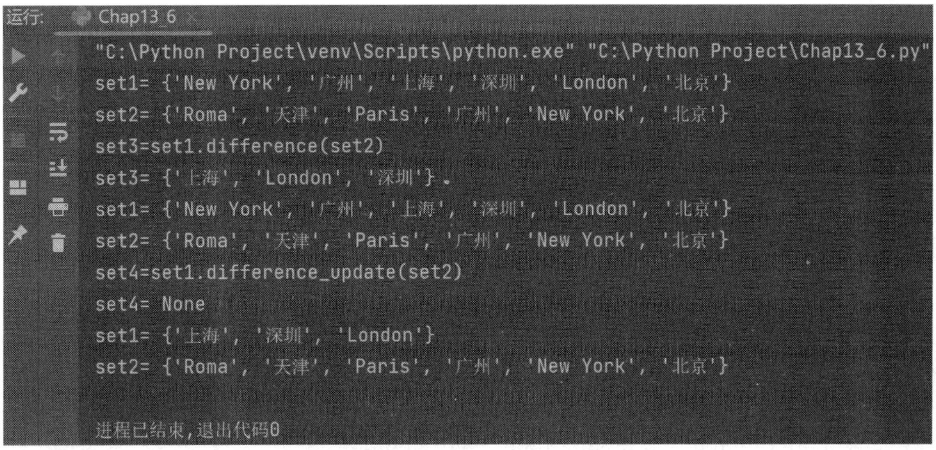

图 13.6　Chap13_6.py 的运行结果

13.2.2　求交集

表 13.7 给出了 Chap13_7.py 的源代码，讲解集合的 intersection 内置方法，语法是：

（1）集合 1.intersection（集合 2,集合 3,...,集合 n），返回集合 1，集合 2，集合 3，…，集合 n 的交集。

（2）intersection_update()内置方法，语法是：集合 1.intersection_update(集合 2,集合 3,...,集合 n)，没有返回值，而从集合 1 中删除不重叠的元素（集合 1 只保留交集，集合 2,集合 3,...,集合 n 不变）。

表 13.7　　　　Chap13_7.py 的源代码

```
#Chap13_7.py, 集合的 intersection 内置方法
set1={'北京', '上海', '广州', '深圳', 'New York', 'London'}
set2={'北京', 'Paris', '广州', '天津', 'New York', 'Roma'}
set3={'北京', '南京', '广州', '重庆', 'New York', 'Roma'}
print("set1=",set1)
```

续表

```
print("set2=",set2)
print("set3=",set3)
set4=set1.intersection(set2,set3)
print("set4=set1.intersection(set2,set3)")
print("set4=",set4)
print("set1=",set1)
print("set2=",set2)
print("set3=",set3)
set5=set1.intersection_update(set2,set3)
print("set5=set1.intersection_update(set2,set3)")
print("set5=",set5)
print("set1=",set1)
print("set2=",set2)
print("set3=",set3)
```

Chap13_7.py 的运行结果如图 13.7 所示。

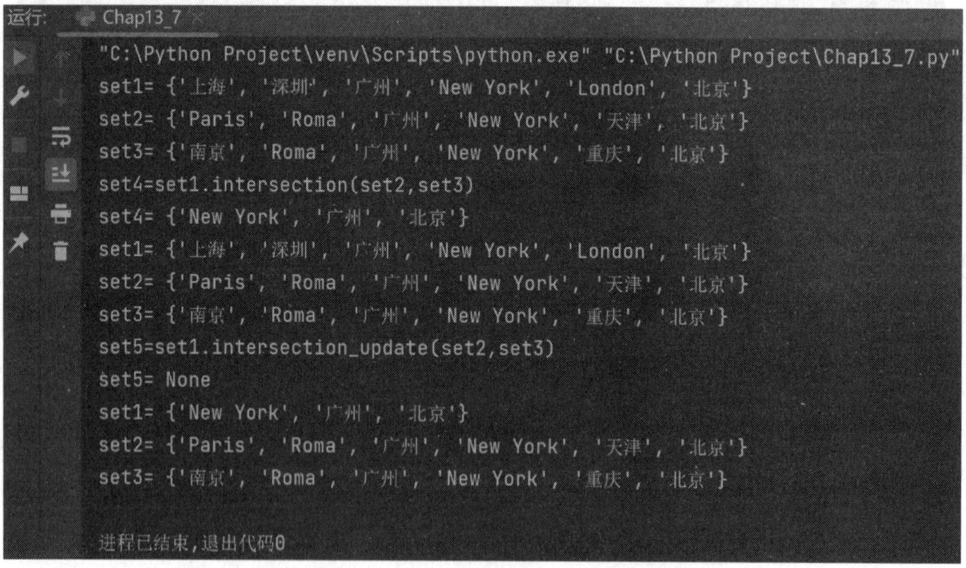

图 13.7　Chap13_7.py 的运行结果

13.2.3　判断不相交

表 13.8 给出了 Chap13_8.py 的源代码，讲解集合的内置方法 isdisjoint()。isdisjoint 的意思是“不相交”，语法为：集合 1.isdisjoint(集合 2)。如果集合 1、集合 2 不相交，则返回 True，否则返回 False。

表 13.8　　　　Chap13_8.py 的源代码

```
#Chap13_8.py, 集合的内置方法 isdisjoint()
set1={'北京', '上海', '广州', '深圳', 'New York', 'London'}
set2={'北京', 'Paris', '广州', '天津', 'New York', 'Roma'}
print("set1=",set1)
print("set2=",set2)
set3=set1.isdisjoint(set2)
print("set3=set1.isdisjoint(set2)")
print("set3=",set3)
```

Chap13_8.py 的运行结果如图 13.8 所示。

图 13.8　Chap13_8.py 的运行结果

13.2.4　子集与超集

表 13.9 给出了 Chap13_9.py 的源代码，讲解集合的内置方法 issubset()、issuperset()。

（1）集合的内置方法 issubset()。

语法为：集合 1.issubset(集合 2)。

判断集合 1 是否为集合 2 的子集。如果集合 1 是集合 2 的子集，则返回 True，否则返回 False。

（2）集合的内置方法 issuperset()。

语法为：集合 1.issuperset(集合 2)。

判断集合 1 是否为集合 2 的超集，也就是说集合 1 是否包含集合 2。如果是，则返回 True，否则返回 False。

表 13.9　　　　Chap13_9.py 的源代码

```
#Chap13_9.py, 集合的内置方法 issubset()、issuperset()。
set1={'北京', '广州', 'New York', 'Paris'}
set2={'北京', 'Paris', '广州', '天津', 'New York', 'Roma'}
print("set1=",set1)
print("set2=",set2)
print("set1.issubset(set2)=",set1.issubset(set2))
print("set2.issuperset(set1)=",set2.issuperset(set1))
```

Chap13_9.py 的运行结果如图 13.9 所示。

图 13.9　Chap13_9.py 的运行结果

13.2.5　求对称差

表 13.10 给出了 Chap13_10.py 的源代码，讲解集合的内置方法 symmetric_difference()。语法为集合 1.symmetric_difference(集合 2)。
返回两个集合的对称差集合，集合 1 与集合 2 的内容不作改变。

表 13.10　　　　Chap13_10.py 的源代码

```
#Chap13_10.py, 集合的内置方法 symmetric_difference()
set1={'北京', '上海', '广州', '深圳', 'New York', 'London'}
set2={'北京', 'Paris', '广州', '天津', 'New York', 'Roma'}
print("set1=",set1)
print("set2=",set2)
set3=set1.symmetric_difference(set2)
print("set3=set1.symmetric_difference(set2)")
print("set3=",set3)
print("set1=",set1)
print("set2=",set2)
```

Chap13_10.py 的运行结果如图 13.10 所示。

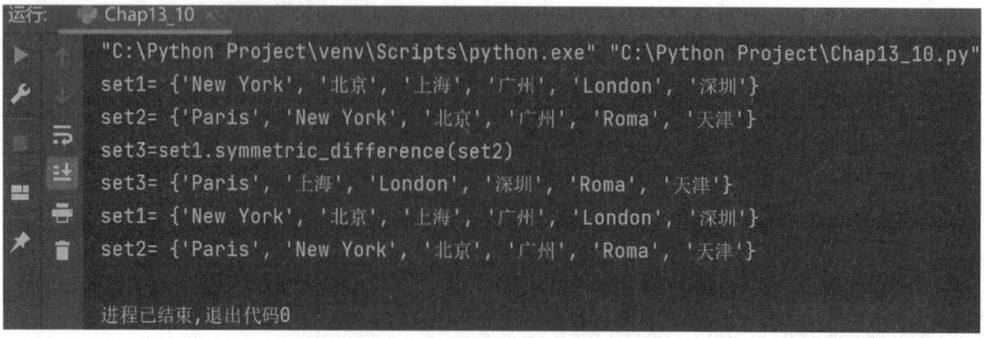

图 13.10　Chap13_10.py 的运行结果

13.2.6　对称差更新

表 13.11 给出了 Chap13_11.py 的源代码，这个案例程序讲解了集合的内置方法 symmetric_difference_update()，也就是对称差更新。

语法为：集合 1.symmetric_difference_update(集合 2)。

symmetric_difference_update() 方法，不返回任何东西，移除集合 1 中在集合 2 相同的元素，并将集合 2 中不同的元素插入集合 1 中，集合 2 不改变。

表 13.11　　Chap13_11.py 的源代码

```
#Chap13_11.py, 集合的内置方法 symmetric_difference_update()
set1={'北京', '上海', '广州', '深圳', 'New York', 'London'}
set2={'北京', 'Paris', '广州', '天津', 'New York', 'Roma'}
print("set1=",set1)
print("set2=",set2)
set3=set1.symmetric_difference_update(set2)
print("set3=set1.symmetric_difference_update(set2)")
print("set3=",set3)
print("set1=",set1)
print("set2=",set2)
```

Chap13_11.py 的运行结果如图 13.11 所示。

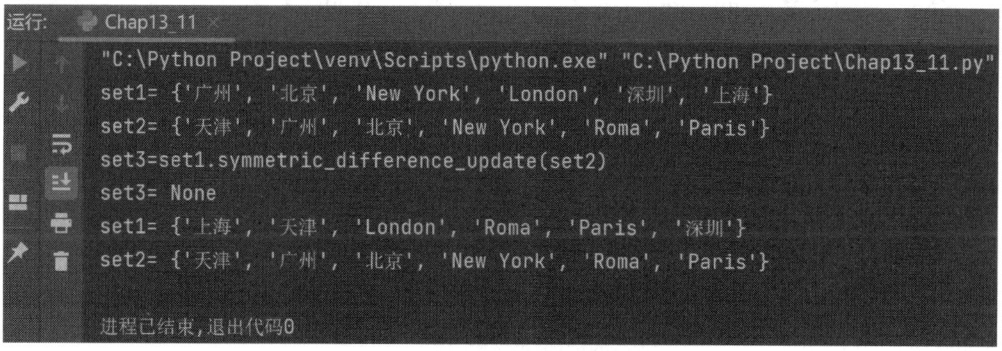

图 13.11　Chap13_11.py 的运行结果

13.2.7　求并集

表 13.12 给出了 Chap13_12.py 的源代码，这个案例程序讲解了集合的内置方法 union()。

语法为：集合 1.union(集合 2,集合 2,...,集合 n)。

返回集合 1，集合 2，集合 3，…，集合 n 的并集，重复的元素只会出现一次。

表 13.12　　Chap13_12.py 的源代码

```
#Chap13_12.py, 集合的内置方法 union()
set1={'北京', '上海', '广州', '深圳', 'New York', 'London'}
set2={'北京', 'Paris', '广州', '天津', 'New York', 'Roma'}
set3={'上海', '重庆', 'NewYork', 'Washington', 'Roma', 'Tokyo'}
print("set1=",set1)
print("set2=",set2)
print("set3=",set3)
set4=set1.union(set2, set3)
print("set4=set1.union(set2, set3)")
print("set4=",set4)
```

Chap13_12.py 的运行结果如图 13.12 所示。

图 13.12　Chap13_12.py 的运行结果

13.2.8　其他

此外，指令“集合.update("字符串")”与“集合.update({"字符串"})”含义不同：

（1）指令“集合.update({"字符串"})”将字符串添加到集合中，并忽略重复元素。

（2）指令“集合.update("字符串")”将字符串拆分为单个字符，然后将每个字符作为一个元素添加到集合中，并忽略重复元素。

创建只含有一个元素的集合，这个元素的右边应该加上逗号，例如：set1=set("元素",)。

列表可以转化为集合，语句格式为新集合=set(列表)。将列表转换为集合，具有自动排序（升序）功能。

元组可以转化为集合，语句格式为新集合=set(元组)。将元组转换为集合，具有自动排序（升序）功能。

13.3　小　　结

本章讲解了集合的基本操作，包括读取集合、集合之间的运算、集合与元素、集合推导式、集合与元素的基本操作等。

本章讲解了集合的内置方法，包括求差集、求交集、判断不相交、子集与超集、求对称差、对称差更新、求并集等。

第 14 章　时间和日期

Python 通过 time 模块格式化时间，通过 calendar 模块格式化日期。例如，通过函数 time.time()获取当前时间戳。每个时间戳，是指从 1970 年 1 月 1 日 0 时起经过的秒数，是一个浮点数。一般通过 struct_time 元组来处理时间，struct_time 元组的序号、字段、值如表 14.1 所示。

表 14.1　struct_time 元组

序号	字段	值
0	4 位数年	2008
1	月	1 到 12
2	日	1 到 31
3	小时	0 到 23
4	分钟	0 到 59
5	秒	0 到 61 (60 或 61 是闰秒)
6	一周的第几日	0 到 6 (0 是周一)
7	一年的第几日	1 到 366 (儒略历)

struct_time 元组所具有的属性如表 14.2 所示。

表 14.2　struct_time 元组的属性

序号	属性	值
0	tm_year	2008
1	tm_mon	1 到 12
2	tm_mday	1 到 31
3	tm_hour	0 到 23
4	tm_min	0 到 59
5	tm_sec	0 到 61 (60 或 61 是闰秒)
6	tm_wday	0 到 6 (0 是周一)
7	tm_yday	1 到 366(儒略历)
8	tm_isdst	−1, 0, 1, −1 是决定是否为夏令时的旗帜

14.1 简单程序举例

表 14.3 给出了 Chap14_1.py 的源代码，它是一个时间和日期的简单程序。

表 14.3 Chap14_1.py 的源代码

```
#Chap14_1.py,时间和日期的简单例子
import time#导入 time 模块
import calendar#导入 calendar(日历)模块
ticks=time.time()#得到毫秒时间
print("ticks=",ticks)
#将毫秒时间转换为本地时间
localTime=time.localtime(ticks)
print("localTime=",localTime)
#格式化时间
localTime = time.asctime(localTime)
print("localTime=",localTime)
#输出指定月份的日历
cal=calendar.month(2024,8)
print("cal=",cal)
```

Chap14_1.py 的运行结果如图 14.1 所示。

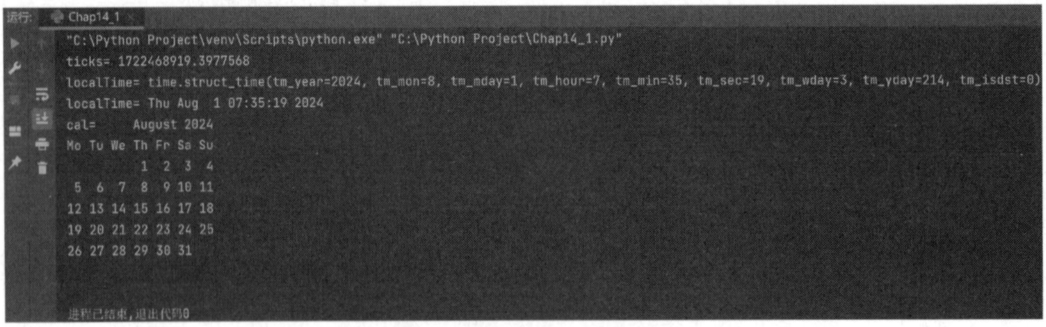

图 14.1 Chap14_1.py 的运行结果

14.2 获取时间戳

表 14.4 给出了 Chap14_2.py 的源代码，这个程序讲解了如何获取时间戳和如何计算程序的执行时间。在这个例子中，通过 time.time()语句获取当前的时间戳。

表 14.4　　Chap14_2.py 的源代码

```
#Chap14_2.py
import time        # 计算程序运行时间
start = time.time()      #计算开始时间
for i in range(0,10000000):
    pass
end=time.time()#计算结束时间
print("time=",end-start)
```

Chap14_2.py 的运行结果如图 14.2 所示。

图 14.2　Chap14_2.py 的运行结果

14.3　时间日期格式化

表 14.5 是时间日期格式化符号及其含义。

表 14.5　　时间日期格式化符号及其含义

符号	含义
%y	两位数的年份表示（00－99）
%Y	四位数的年份表示（000－9999）
%m	月份（01－12）
%d	月内中的一天（0－31）
%H	24 小时制小时数（0－23）
%I	12 小时制小时数（01－12）
%M	分钟数（00＝59）
%S	秒（00－59）
%a	本地简化星期名称
%A	本地完整星期名称
%b	本地简化的月份名称
%B	本地完整的月份名称
%c	本地相应的日期表示和时间表示

续表

符号	含义
%j	年内的一天（001－366）
%p	本地 A.M.或 P.M.的等价符
%U	一年中的星期数（00－53）星期天为星期的开始
%w	星期（0－6），星期天为星期的开始
%W	一年中的星期数（00－53）星期一为星期的开始
%x	本地相应的日期表示
%X	本地相应的时间表示
%Z	当前时区的名称
%%	%号本身

14.4　strftime 方法格式化日期

表 14.6 给出了 Chap14_3.py 的源代码。这个程序使用 time 模块的 strftime 方法来格式化日期，格式为：time.strftime(format[, t])。

表 14.6　　Chap14_3.py 的源代码

```
#Chap14_3.py,
import time
# 将当前的时间格式化成：年-月-日 时:分:秒 形式
print(time.strftime("%Y-%m-%d %H:%M:%S", time.localtime()))
# 格式化成 星期几 月份 几号 时:分:秒 年形式
print(time.strftime("%a %b %d %H:%M:%S %Y", time.localtime()))
# 将格式字符串转换为时间戳
a = "Wed Mar 25 15:16:27 2020"
print(time.mktime(time.strptime(a, "%a %b %d %H:%M:%S %Y")))
```

Chap14_3.py 的运行结果如图 14.3 所示。

图 14.3　Chap14_3.py 的运行结果

14.5 获取某个月的月历

表 14.7 给出了 Chap14_4.py 的源代码，这个程序使用 calendar 模块打印某月的月历。

表 14.7　　Chap14_4.py 的源代码

```
#Chap14_4.py,
import calendar
cal=calendar.month(2024,8)
print("2024 年 8 月的日历：",cal)
```

Chap14_4.py 的运行结果如图 14.4 所示。

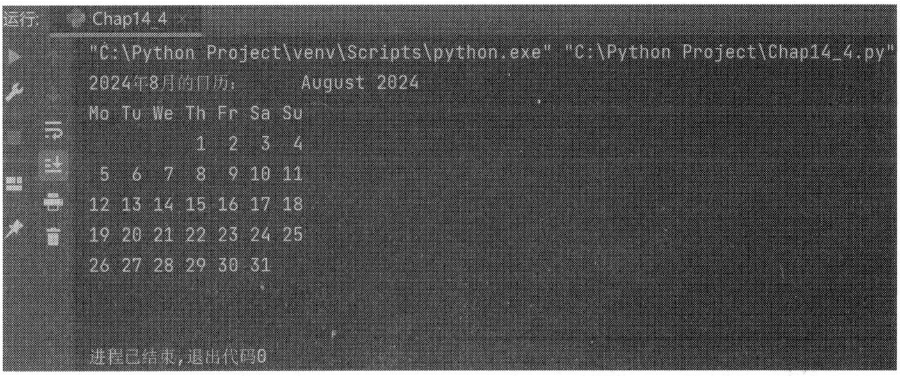

图 14.4　Chap14_4.py 的运行结果

14.6 time 模块内置函数

使用 time 模块内置函数，要导入 time 模块（import time）。

（1）time.altzone，返回格林尼治西部的夏令时地区的偏移秒数。

（2）time.asctime([tupletime])，参数为时间元组，返回一个 24 个字符的字符串。

（3）time.clock()，返回当前的 CPU 时间。弃用警告：时间时钟在 Python 3.3 中已被弃用，并将从 Python 3.8 开始使用 time.perf_counter()或 time.process_time()，而不是 time.clock()。按照要求，将 time.clock()替换为 time.perf_counter()或 time.process_time()任意一种即可。

（4）time.ctime([secs])，相当于 asctime(localtime(secs))。

（5）time.gmtime([secs])，参数为时间戳，返回格林尼治天文时间下的时间元组。

（6）time.localtime([secs])，参数为时间戳，返回当地时间对应的时间元组。

（7）time.mktime(tupletime)，参数为时间元组，返回时间戳。

（8）time.sleep(secs)，推迟调用线程运行共 secs 秒。

（9）time.strftime(fmt[,tupletime])，参数为时间元组，返回可读字符串的时间。

（10）time.time( )，返回当前时间的时间戳。

14.7 time 模块内置函数例子

表 14.8 给出了 Chap14_5.py 的源代码。这个程序是 time 模块内置函数的例子。

表 14.8　　Chap14_5.py 的源代码

```
#Chap14_5.py,time 模块内置函数
import time
print("time.altzone %d " % time.altzone)
t = time.localtime()
print("time.asctime(t): %s " % time.asctime(t))
print("time.asctime():",time.asctime() )#这个好用
#t0 = time.clock()
t0=time.perf_counter()
time.sleep(3)
t1=time.perf_counter()
print(t1-t0, "seconds process time")
print("time.ctime():%s" %time.ctime())#这个好用
print("time.gmtime()=",time.gmtime())
print("time.localtime()=",time.localtime())
t=(2024,7,25, 20,55, 38, 1, 48, 0)
secs = time.mktime( t )
print("time.mktime(t) : %f" %secs)
print( "asctime(localtime(secs)): %s" % time.asctime(time.localtime(secs)))
t = time.mktime(t)
print("time.gmtime(t)=",time.strftime("%b %d %Y %H:%M:%S", time.gmtime(t)))
print("time.time()=%f " %    time.time())
print(time.localtime(time.time()))
print(time.asctime(time.localtime(time.time())))
time = time.localtime(time.time())
print("time=",time)
print("time.tm_year=",time.tm_year)
print("time.tm_mon=",time.tm_mon)
print("time.tm_mday=",time.tm_mday)
print("time.tm_hour=",time.tm_hour)
print("time.tm_mday=",time.tm_min)
print("time.tm_sec=",time.tm_sec)
```

Chap14_5.py 的运行结果如图 14.5 所示。

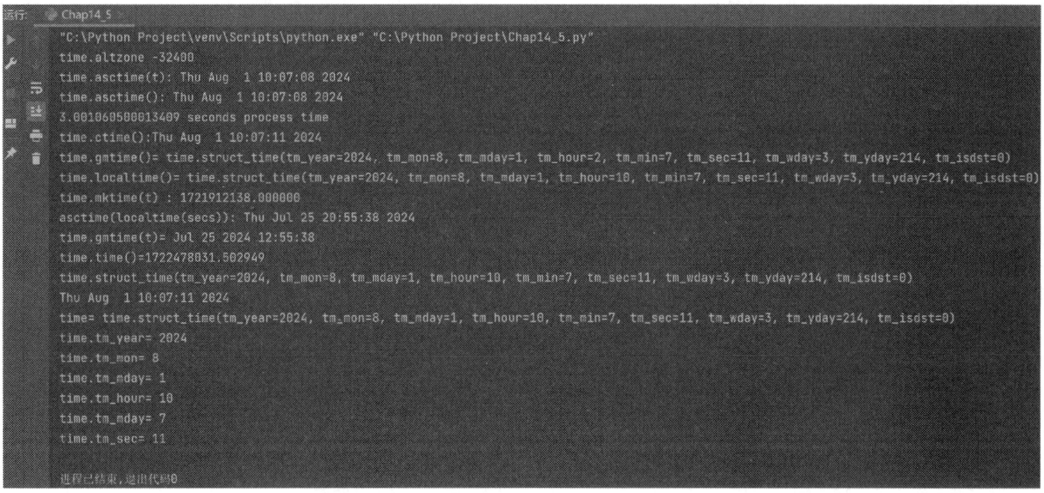

图 14.5　Chap14_5.py 的运行结果

14.8　calendar 模块内置函数

使用 calendar 模块内置函数，要导入 calendar 模块（import calendar）。

（1）calendar.calendar(year,w=2,l=1,c=6)。返回多行字符串格式的 year 年历，3 个月一行，间隔距离为 c。每日宽度间隔为 w 字符。每行长度为 21w+18+2c，l 是每星期行数。

（2）calendar.firstweekday()。返回当前每周起始日期的设置。默认情况首次载入 calendar 模块时返回 0，即星期一。

（3）calendar.isleap(year)。如果 year 是闰年返回 True，否则返回 False。

（4）calendar.leapdays(year1,year2)。返回 year1 和 year2 之间的闰年总数。

（5）calendar.month(year,month,w=2,l=1)。返回 year（年）month（月）的日历，两行标题，一周一行，每日宽度间隔为 w 字符，每行的长度为 7 w+6，l 是每星期的行数，和 calendar.month(year,month)效果是一样的。

（6）calendar.monthcalendar(year,month)。返回一个整数的单层嵌套列表，每个子列表装载代表一个星期的整数，year 年 month 月外的日期都设为 0，范围内的日子都由该月第几日表示，从 1 开始。

（7）calendar.monthrange(year,month)。返回一个元组，其中有两个整数，第一个整数是该月的星期几的日期码：从 0（星期一）到 6（星期日）；第二个整数是该月共有几天。

（8）calendar.prcal(year,w=2,l=1,c=6)。相当于 print calendar.calendar(year,w=2,l=1,c=6)。

（9）calendar.prmonth(year,month,w=2,l=1)。相当于 print calendar.month(year,month, w=2,l=1)。

（10）calendar.setfirstweekday(weekday)。设置每周的起始日期码：0（星期一）到 6（星期日）。

（11）calendar.timegm(tupletime)。接受一个时间元组形式，返回该时刻的时间戳。

（12）calendar.weekday(year,month,day)。返回给定日期（年月日）所对应的星期几。星期 0（星期一）到 6（星期日），月份为 1（1 月）到 12（12 月）。

14.9　calendar 模块打印年历

表 14.9 给出了 Chap14_6.py 的源代码。这个程序用来打印年历。

表 14.9　　　　Chap14_6.py 的源代码

```
#Chap14_6.py,calendar 模块，打印年历
import calendar
print(calendar.calendar(2024,w=2,l=1,c=6))
#返回一个多行字符串格式的 year 年年历，3 个月一行，间隔距离为 c。
#每日宽度间隔为 w 字符。每行长度为 21w+18+2c。l 是每星期行数。
```

Chap14_6.py 的运行结果如图 14.6 所示。

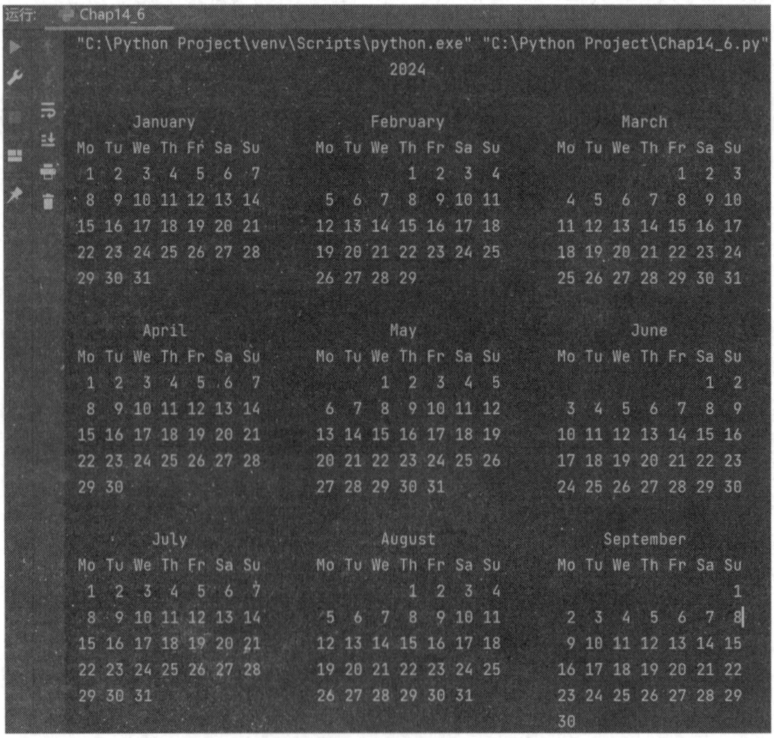

```
运行:  Chap14_6
"C:\Python Project\venv\Scripts\python.exe" "C:\Python Project\Chap14_6.py"
                                  2024

      January                   February                   March
Mo Tu We Th Fr Sa Su      Mo Tu We Th Fr Sa Su      Mo Tu We Th Fr Sa Su
 1  2  3  4  5  6  7                1  2  3  4                   1  2  3
 8  9 10 11 12 13 14       5  6  7  8  9 10 11       4  5  6  7  8  9 10
15 16 17 18 19 20 21      12 13 14 15 16 17 18      11 12 13 14 15 16 17
22 23 24 25 26 27 28      19 20 21 22 23 24 25      18 19 20 21 22 23 24
29 30 31                  26 27 28 29               25 26 27 28 29 30 31

       April                      May                       June
Mo Tu We Th Fr Sa Su      Mo Tu We Th Fr Sa Su      Mo Tu We Th Fr Sa Su
 1  2  3  4  5  6  7             1  2  3  4  5                      1  2
 8  9 10 11 12 13 14       6  7  8  9 10 11 12       3  4  5  6  7  8  9
15 16 17 18 19 20 21      13 14 15 16 17 18 19      10 11 12 13 14 15 16
22 23 24 25 26 27 28      20 21 22 23 24 25 26      17 18 19 20 21 22 23
29 30                     27 28 29 30 31            24 25 26 27 28 29 30

        July                     August                  September
Mo Tu We Th Fr Sa Su      Mo Tu We Th Fr Sa Su      Mo Tu We Th Fr Sa Su
 1  2  3  4  5  6  7                1  2  3  4                         1
 8  9 10 11 12 13 14       5  6  7  8  9 10 11       2  3  4  5  6  7  8
15 16 17 18 19 20 21      12 13 14 15 16 17 18       9 10 11 12 13 14 15
22 23 24 25 26 27 28      19 20 21 22 23 24 25      16 17 18 19 20 21 22
29 30 31                  26 27 28 29 30 31         23 24 25 26 27 28 29
                                                    30
```

图 14.6　Chap14_6.py 的运行结果

14.10 calendar 模块简单例子

表 14.10 给出了 Chap14_7.py 的源代码，这个程序是 calendar 模块的一些简单例子。

表 14.10　　　　Chap14_7.py 的源代码

```
#Chap14_7.py,calendar 模块的一些简单例子
import calendar
print("calendar.firstweekday()=",calendar.firstweekday())
print("calendar.isleap(2024)=",calendar.isleap(2024))
print("calendar.isleap(2021)=",calendar.isleap(2021))
print("calendar.leapdays(1999,2024)=",calendar.leapdays(1999,2024))
#print("calendar.month(2024,3,w=2,l=1)=\n",calendar.month(2024,3,w=2,l=1))
print("calendar.month(2024,3)=\n",calendar.month(2024,3))
#print("calendar.monthcalendar(2024,3)=",calendar.monthcalendar(2024,3))
print("calendar.monthrange(2024,3)=",calendar.monthrange(2024,3))
#calendar.prcal(2020,w=2,l=1,c=6)
#calendar.prmonth(2020,3,w=2,l=1)
#calendar.setfirstweekday(1)
print("calendar.weekday(2024,7,26)=",calendar.weekday(2024,7,26))
```

Chap14_7.py 的运行结果如图 14.7 所示。

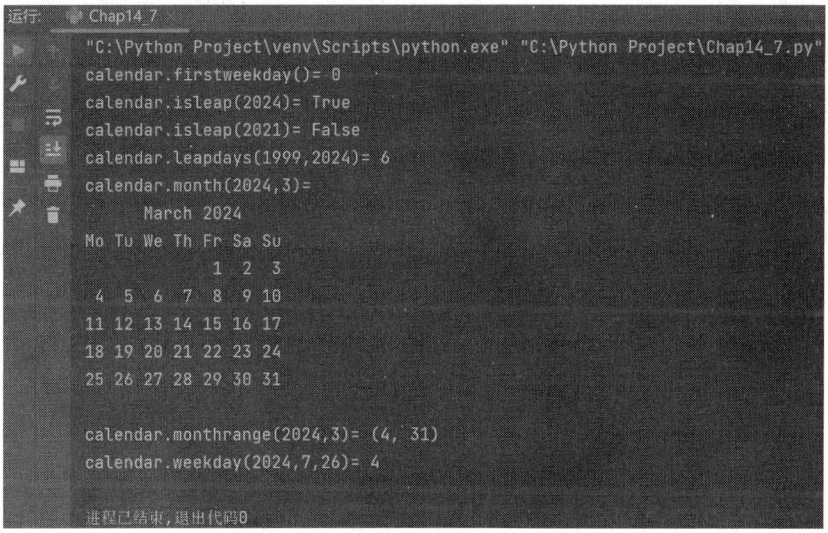

图 14.7　Chap14_7.py 的运行结果

14.11 datetime 模块实例

表 14.11 给出了 Chap14_8.py 的源代码。这个程序演示了如何通过 datetime 模块获

取当前的日期和时间。使用 datetime 模块要使用 import datetime 语句。

表 14.11　　Chap14_8.py 的源代码

```
#Chap14_8.py，datetime 模块来获取当前的日期和时间
import datetime
i = datetime.datetime.now()
print ("当前的日期和时间是 %s" % i)
print ("ISO 格式的日期和时间是 %s" % i.isoformat() )
print ("当前的年份是 %s" %i.year)
print ("当前的月份是 %s" %i.month)
print ("当前的日期是 %s" %i.day)
print ("dd/mm/yyyy 格式是 %s/%s/%s" % (i.day, i.month, i.year) )
print ("当前小时是 %s" %i.hour)
print ("当前分钟是 %s" %i.minute)
print ("当前秒是 %s" %i.second)
```

Chap14_8.py 的运行结果如图 14.8 所示。

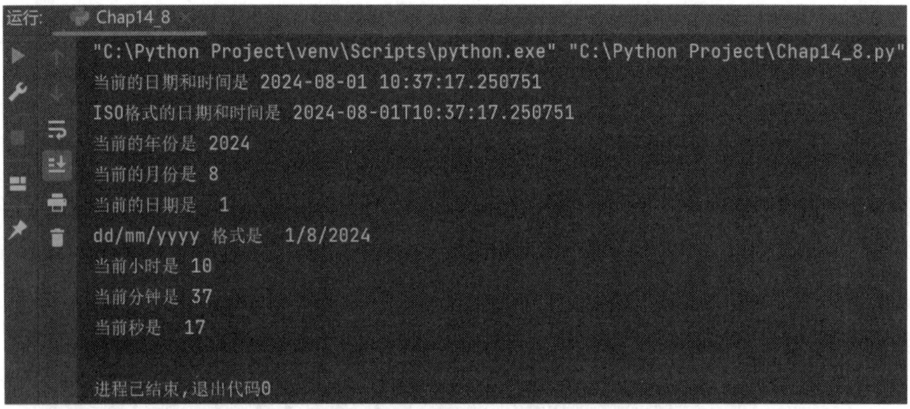

图 14.8　Chap14_8.py 的运行结果

14.12　小　结

本章讲解了时间和日期，包括：简单程序举例、获取时间戳、时间日期格式化、strftime 方法格式化日期、获取某个月的月历、time 模块内置函数、time 模块内置函数例子、calendar 模块内置函数、calendar 模块打印年历、calendar 模块简单例子、datetime 模块实例等。

第 15 章　Python 语法举例

Python 的宗旨是：美丽胜于丑陋，显式胜于隐式。设计简单和易读性，是 Python 广受欢迎的重要原因。下面给出了一些程序，讲解 Python 的基本语法。

15.1　常用函数 1

下面是一些常用函数。

（1）abs()函数。这个函数用来求绝对值。参数如果是复数，那么返回值就是该复数的模。

（2）callable()函数。判断参数（对象）是否可调用，如果可以，则返回 1（真），否则返回 0（假）。

（3）cmp()函数。比较 x 和 y 两个对象，并根据比较结果返回一个整数。如果 x>y，则返回 1；如果 x==y，则返回 0；如果 x<y，则返回 – 1。

（4）divmod(x,y)函数。完成除法运算，返回 x 除以 y 的商、余数，并形成一个二元有序组。

（5）isinstance(对象,类型)函数。判断对象是否属于对应类型，是则返回 True，否则返回 False。

（6）len()函数。返回字符串和序列的长度。

表 15.1 给出了 Chap15_1.py 的源代码。这个程序展示了上述这些函数的用法。

表 15.1　　Chap15_1.py 的源代码

```
#Chap15_1.py,
import math
import string
#abs()返回一个数字的绝对值。如果参数是复数，返回值就是该复数的模
print(abs(2+3j))
#callable()函数用于测试对象是否可调用，如果可以则返回 1(真)；否则返回 0(假)
a="123"
print("callable(\"123\")=",callable(a))
print("callable(chr)=",callable(chr))
a=1
b=2
```

续表

```
c=2
print("a=1 b=2 c=2")
#print("cmp(a,b)=",cmp(a,b))
#print("cmp(a,c)=",cmp(a,c))
#print("cmp(b,c)=",cmp(b,c))
print("divmod(10,3)=",divmod(10,3))
print("divmod(9,3)=",divmod(9,3))
a='isinstance test'
print("a=",a)
print("isinstance(a,str)=",isinstance(a,str))
b=1234
print("b=",b)
print("isinstance(b,str)=",isinstance(b,str))
print("len(\"abc\")=",len("abc"))
print("len([1,2,3,4])=",len([1,2,3,4]))
```

Chap15_1.py 的运行结果如图 15.1 所示。

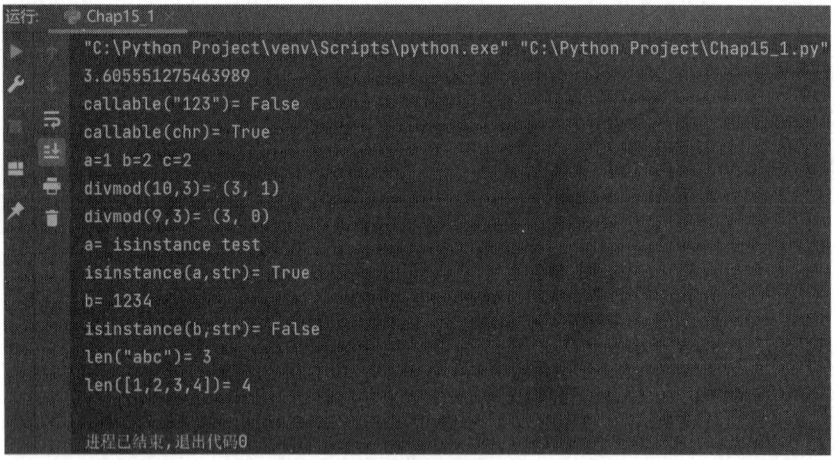

图 15.1　Chap15_1.py 的运行结果

15.2　常用函数 2

（1）pow(x,y,z)函数。返回以 x 为底，y 为指数的幂。如果给出 z 值，该函数就计算 x 的 y 次幂值被 z 取模的值。

（2）range()函数。可按参数生成连续的有序整数列表。

（3）round(x,n)函数。返回浮点数 x 的四舍五入值，如有参数 n，则保留到小数点后 n 位数。

（4）type(对象)函数。返回对象的数据类型。

表 15.2 给出了 Chap15_2.py 的源代码。这个程序展示了上述这些函数的用法。

表 15.2　　　　Chap15_2.py 的源代码

```
#Chap15_2.py
import math
import random
print("pow(2,4)=",pow(2,4))
print("pow(2,4,2)=",pow(2,4,2))
print("range(10)=")
for i in range(10) :
    print(i,end="---")
print("\nrange(1,10)=")
for i in range(1,10) :
    print(i,end="---")
print("\nrange(1,10,2)=")
for i in range(1,10,2) :
    print(i,end="---")
print("round(3.333)=",round(3.333))
print("round(5.9)=",round(5.9))
print("type(2)=",type(2))
print("type('c')=",type('c'))
print("type([1,2,3])=",type([1,2,3]))
```

Chap15_2.py 的运行结果如图 15.2 所示。

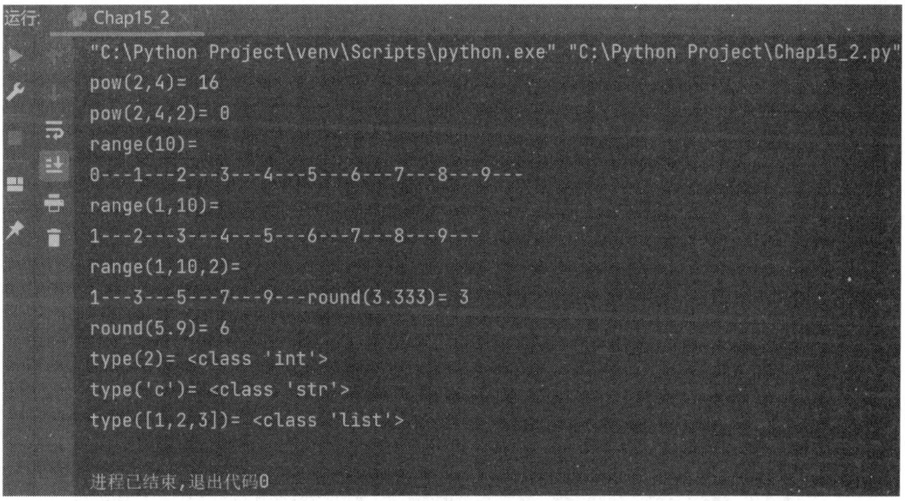

图 15.2　Chap15_2.py 的运行结果

15.3 常用函数 3

（1）chr(x)函数。返回 ASCII 码 x 对应的字符串。

（2）complex(real[,imaginary])函数。把字符串或数字转换为复数。

（3）float()函数。把一个数字或字符串转换成浮点数。

（4）hex()函数。可把整数转换成十六进制数。

（5）list()函数。可将序列对象转换成列表。

（6）int(x[,base])函数。把数字和字符串转换成一个整数，base 为可选的基数，表示进制。

表 15.3 给出了 Chap15_3.py 的源代码。这个程序展示了上述这些函数的用法。

表 15.3　　Chap15_3.py 的源代码

```
#Chap15_3.py
print("chr(65)=",chr(65))
print("chr(65)+chr(66)=",chr(65)+chr(66))
print("complex(\"2+1j\")=",complex("2+1j"))
print("complex(\"2\")=",complex("2"))
print("complex(2,1)=",complex(2,1))
print("float(\"12\")=",float("12"))
print("float(12.2)=",float(12.2))
print("hex(16)=",hex(16))
print("hex(123)=",hex(123))
print("list(\"Beijing\")=",list("Beijing"))
print("list((1,2,3,4))=",list((1,2,3,4)))
print("int(3.3)=",int(3.3))
print("int(\"13\")=",int("13"))
print("int(\"14\",15)=",int("14",15))
```

Chap15_3.py 的运行结果如图 15.3 所示。

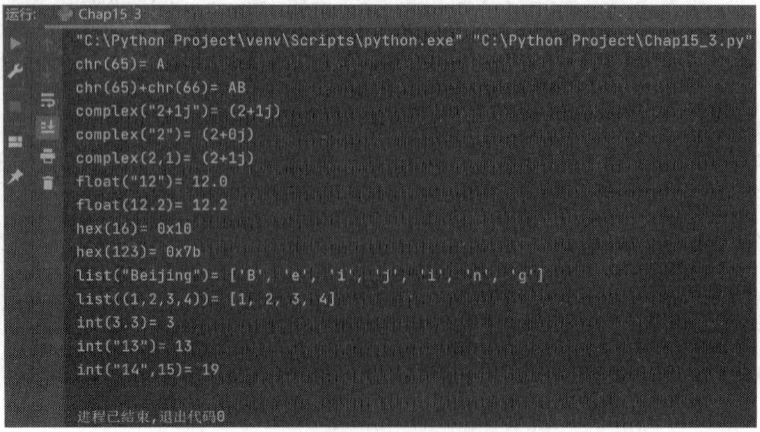

图 15.3　Chap15_3.py 的运行结果

15.4 常用函数 4

（1）min(参数 1,参数 2,...)函数。返回给定参数的最小值，参数可以为序列。

（2）max(参数 1,参数 2,...)函数。返回给定参数的最大值，参数可以为序列。

（3）oct(x)函数。可把整数参数 x 转换成八进制数。

（4）ord(x)函数。返回字符串参数 x 的 ASCII 码或 Unicode 值。

（5）str()函数。把对象转换成可打印字符串。

（6）tuple()函数。把序列对象转换成 tuple（元组）。

表 15.4 给出了 Chap15_4.py 的源代码。这个程序展示了上述这些函数的用法。

表 15.4　　　　Chap15_4.py 的源代码

```
#Chap15_4.py
print("min(1,2,3,4)=",min(1,2,3,4))
print("min((1,2,3),(2,3,4))=",min((1,2,3),(2,3,4)))
print("max(1,2,3,4)=",max(1,2,3,4))
print("max((1,2,3),(2,3,4))=",max((1,2,3),(2,3,4)))
print("oct(123)=",oct(123))
print("ord(\"a\")=",ord("a"))
print("str(\"4\")=",str("4"))
print("str(4)=",str(4))
print("str(3+2j)=",str(3+2j))
print("tuple(\"Python\")=",tuple("Python"))
print("tuple([1,2,3,4])=",tuple([1,2,3,4]))
```

Chap15_4.py 的运行结果如图 15.4 所示。

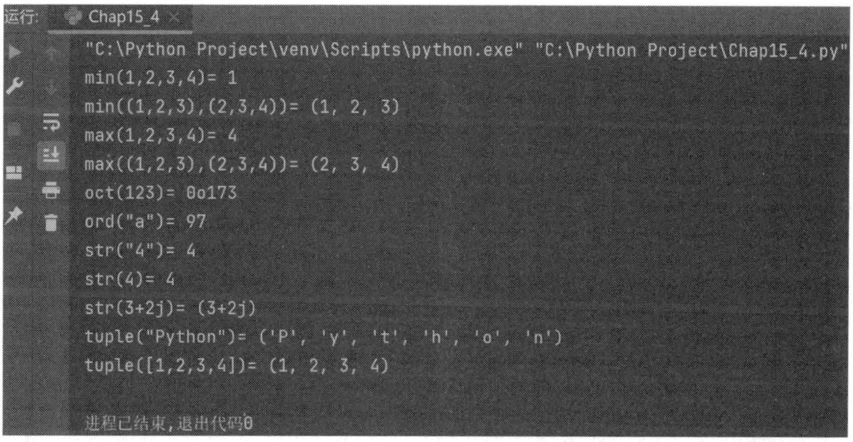

图 15.4　Chap15_4.py 的运行结果

15.5　常用函数 5

（1）map()函数。把一个函数应用于序列中所有项，并返回一个列表。

（2）zip()函数。把两个或多个序列中的相应项合并，并以元组格式返回，在处理完最短序列中的所有项后停止，如果参数是序列，则 zip()会以一元组格式返回每个项。

表 15.5 给出了 Chap15_5.py 的源代码。这个程序展示了上述这些函数的用法。

表 15.5　Chap15_5.py 的源代码

```
#Chap15_5.py
import string
import operator
s = ["python", "zope", "linux"]
print(list(map(str.capitalize, s)))
s=[1,2,3]; t=[3,2,1]
print(list(map(operator.mul,s,t)))    # s[i]*t[j]
t=zip([1,2,3],[4,5],[7,8,9])
print(list(t))
list1=list(zip((1,2,3,4,5)))
print("list1=",list1)
list2=list(zip([1,2,3,4,5]))
print("list2=",list2)
def fibs(num):
    result=[0,1]
    for i in range(num-2):
        result.append(result[-2]+result[-1])
    return result
print(fibs(10))
```

Chap15_5.py 的运行结果如图 15.5 所示。

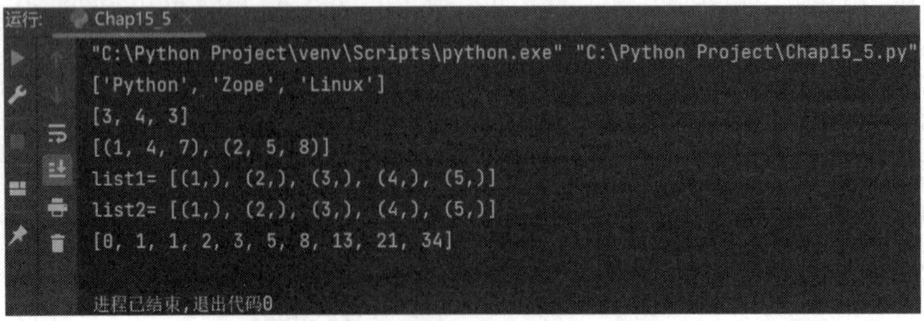

图 15.5　Chap15_5.py 的运行结果

15.6 常用函数 6

表 15.6 给出了 Chap15_6.py 的源代码。这个程序将每个字符串的首字母变成大写，通过字符串类中的 title()方法完成。

表 15.6　　Chap15_6.py 的源代码

```
#Chap15_6.py
#以下代码将字符串转换为标题类。
my_string = "my name is beijing china"
# using the title() function of string class
capital_String = my_string.title()
print(capital_String)
```

Chap15_6.py 的运行结果如图 15.6 所示。

图 15.6　Chap15_6.py 的运行结果

15.7 常用函数 7

表 15.7 给出了 Chap15_7.py 的源代码。这个程序通过 map()函数，将一个整数转换为数字列表。

表 15.7　　Chap15_7.py 的源代码

```
#Chap15_7.py
#以下代码通过 map 将一个整数转换为数字列表。
num = 123456
print("num=",num)
list_of_digits1 = list(map(int, str(num)))
print("list_of_digits1 = list(map(int, str(num)))")
print(list_of_digits1)
list_of_digits2 = [int(x) for x in str(num)]
print("list_of_digits2 = [int(x) for x in str(num)]")
print(list_of_digits2)
```

Chap15_7.py 的运行结果如图 15.7 所示。

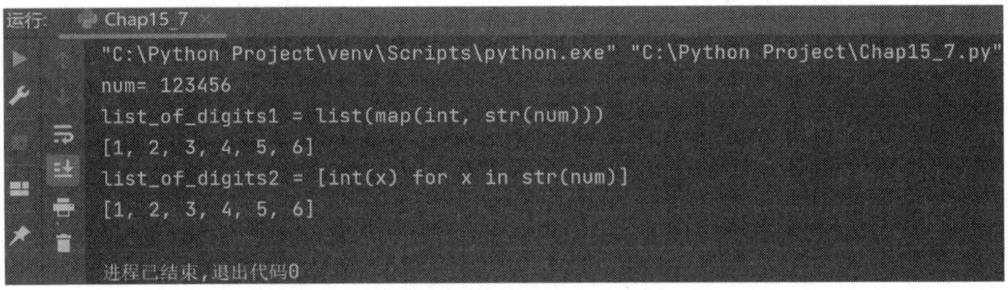

图 15.7　**Chap15_7.py** 的运行结果

15.8　常用函数 8

表 15.8 给出了 Chap15_8.py 的源代码。这个程序通过使用 secrets 软件库，生成用于加密的随机样本，该程序需要导入 secrets 模块。

表 15.8　　**Chap15_8.py** 的源代码

```
#Chap15_8.py
#使用 secrets 软件库生成用于加密的随机样本。
import secrets                              # imports secure module
secure_random=secrets.SystemRandom()   #creates a secure random object
my_list= ['a','b','c','d','e','z','x','m']
num_samples=3
samples=secure_random.sample(my_list, num_samples)
print(samples)
```

Chap15_8.py 的运行结果如图 15.8 所示。

图 15.8　**Chap15_8.py** 的运行结果

15.9　常用函数 9

表 15.9 给出了 Chap15_9.py 的源代码。这个程序通过使用切片操作，将字符串反转。

表 15.9　　**Chap15_9.py** 的源代码

```
#Chap15_9.py
# Reversing a string using slicing
my_string = "ABCDE 北京"
reversed_string = my_string[::-1]
print(reversed_string)
```

Chap15_9.py 的运行结果如图 15.9 所示。

图 15.9 Chap15_9.py 的运行结果

15.10 常用函数 10

表 15.10 给出了 Chap15_10.py 源代码。这个程序通过利用 set 属性，过滤掉字符串中重复出现的字母。

表 15.10 Chap15_10.py 的源代码

```
#Chap15_10.py 利用 set 属性，过滤掉字符串中重复出现的字母
my_string = "北京北京 aaaabbbccc222cddddddee333efffvvv 中国中国"
# converting the string to a set
temp_set = set(my_string)
# stitching set into a string using join
new_string = ''.join(temp_set)
print(new_string)
```

Chap15_10.py 的运行结果如图 15.10 所示。

图 15.10 Chap15_10.py 的运行结果

15.11 常用函数 11

表 15.11 给出了 Chap15_11.py 源代码。这个程序通过使用乘法（*），将字符串、列表倍增，输出 n 次字符串或列表。

表 15.11 Chap15_11.py 的源代码

```
#Chap15_11.py
#使用乘法(*)将字符串、列表倍增，输出 n 次字符串或列表
n = 3 # number of repetitions
```

续表

```
my_string="abcd"
my_list=[1,2,3]
print("my_string*n=",my_string*n)
print("my_list*n=",my_list*n)# [1,2,3,1,2,3,1,2,3]import streamlit as st
n=4
list2=[0]*n # n denotes the length of the required list# [0, 0, 0, 0]
print("list2=[0]*n=",list2)
```

Chap15_11.py 的运行结果如图 15.11 所示。

图 15.11　Chap15_11.py 的运行结果

15.12　常用函数 12

表 15.12 给出了 Chap15_12.py 源代码。这个程序通过将旧列表的每个对象乘两次，进而创建一个新的列表。

表 15.12　　Chap15_12.py 的源代码

```
#Chap15_12.py
#列表解析:在其他列表的基础上，列表解析为创建列表提供一种优雅的方式。
#以下代码将旧列表的每个对象乘两次，创建一个新的列表。
# Multiplying each element in a list by 2
original_list = [1,2,3,4]
new_list = [2*x for x in original_list]
print(new_list)
```

Chap15_12.py 的运行结果如图 15.12 所示。

图 15.12　Chap15_12.py 的运行结果

15.13 常用函数 13

表 15.13 给出了 Chap15_13.py 源代码。这个程序将两个变量的值进行交互，不需要第三个变量。

表 15.13　　　　Chap15_13.py 的源代码

```
#Chap15_13.py
#两个变量之间的交换值
#Python 可以十分简单地交换两个变量间的值，无需使用第三个变量。
a = 1
b = 2
print("a=%d,b=%d"%(a,b))
a, b = b, a
print("a, b = b, a")
print("a=%d,b=%d"%(a,b))
```

Chap15_13.py 的运行结果如图 15.13 所示。

图 15.13　Chap15_13.py 的运行结果

15.14 常用函数 14

表 15.14 给出了 Chap15_14.py 源代码。这个程序通过“.split()”方法，将字符串分成子字符串列表。

表 15.14　　　　Chap15_14.py 的源代码

```
#Chap15_14.py
# 将字符串拆分成子字符串列表
#通过.split()方法，将字符串分成子字符串列表
string_1 = "My name is Beijing China  北京"
string_2 = "sample/ string 2    /string3//string4////string5"
# default separator ' '
print("string_1=",string_1)
print(string_1.split())
print("string_2=",string_2)
# defining separator as '/'
print(string_2.split('/'))
```

Chap15_14.py 的运行结果如图 15.14 所示。

图 15.14　Chap15_14.py 的运行结果

15.15　常用函数 15

表 15.15 给出了 Chap15_15.py 源代码。这个程序通过“join()”方法将字符串列表整合成字符串。

表 15.15　Chap15_15.py 的源代码

```
#Chap15_15.py
#将字符串列表整合成单个字符串
#join()方法将字符串列表整合成字符串
#在下面的例子中，使用 comma 分隔符将它们分开
list_of_strings = ['My', 'name', 'is', 'Chaitanya', 'Baweja']
# Using join with the comma separator
print(','.join(list_of_strings))
```

Chap15_15.py 的运行结果如图 15.15 所示。

图 15.15　Chap15_15.py 的运行结果

15.16　常用函数 16

表 15.16 给出了 Chap15_16.py 源代码。这个程序用来检查给定字符串是不是回文（Palindrome）。

表 15.16　Chap15_16.py 的源代码

```
#Chap15_16.py
#检查给定字符串是否是回文(Palindrome)
```

续表

```
my_string = "abcba"
print("my_string=",my_string)
print("reverse=",my_string[::-1])
if my_string==my_string[::-1]:
    print("palindrome")
else:
    print("not palindrome")
```

Chap15_16.py 的运行结果如图 15.16 所示。

图 15.16 Chap15_16.py 的运行结果

15.17 常用函数 17

表 15.17 给出了 Chap15_17.py 源代码。这个程序演示了通过 Counter 类，求出列表中每个元素出现的次数（频率）以及出现频率最高的元素。

表 15.17 Chap15_17.py 的源代码

```
#Chap15_17.py
#通过 Counter 类，求出列表中元素出现的次数(频率)
#通过 most_common()功能来获得列表中的 most_frequent element
from collections import Counter
# finding frequency of each element in a listfrom collections import Counter
my_list=['a','a','z','b','b','b','z','z',"北京",'c','a','z','c','d','d','d','a','z','d','d','z',"北京"]
count=Counter(my_list) # defining a counter object
print(count) # Of all elements# Counter
print("count['北京'])=",count['北京']) # of individual element
print("count.most_common(1)=",count.most_common(1)) # most frequent element
```

Chap15_17.py 的运行结果如图 15.17 所示。

图 15.17 **Chap15_17.py 的运行结果**

15.18 常用函数 18

表 15.18 给出了 Chap15_18.py 源代码。这个程序演示了如何查找两个字符串是否为 anagrams，anagrams 指的是将不同的词或词语的字母重新排序而构成的新词或新词语。如果两个字符串的 counter 对象相等，那它们就是 anagrams。

表 15.18　　Chap15_18.py 的源代码

```
#Chap15_18.py
#查找两个字符串是否为 anagrams
#Counter 类的一个有趣应用是查找 anagrams。
#anagrams 指将不同的词或词语的字母重新排序而构成的新词或新词语。
#如果两个字符串的 counter 对象相等，那它们就是 anagrams。
from collections import Counter
str_1, str_2, str_3 = "acb 京 de 北", "a 京 bce 北 d", "abcda"
cnt_1, cnt_2, cnt_3   = Counter(str_1), Counter(str_2), Counter(str_3)
print("str_1=%s,str_2=%s,str_3=%s"%(str_1,str_2,str_3))
#print("cnt_1=%s,cnt_2=%s,cnt_3=%s" %(cnt_1,cnt_2,cnt_3))
if cnt_1 == cnt_2:
    print('cnt_1 and cnt_2 anagram')
if cnt_1 == cnt_3:
    print('cnt_1 and cnt_3 anagram')
```

Chap15_18.py 的运行结果如图 15.18 所示。

图 15.18 **Chap15_18.py 的运行结果**

15.19　常用函数 19

表 15.19 给出了 Chap15_19.py 源代码。这个程序演示 try-except-else 语句。当 try 块中无异常情况时则运行正常；else 语句处理 try 块中的错误；无论是否异常，finally 最后运行。

表 15.19　　　　　　　　　　Chap15_19.py 的源代码

```
#Chap15_19.py，使用 try-except-else 块
#通过使用 try/except 块处理 try 块中的错误。
#当 try 块中无异常情况则运行正常 else 语句。
#无论是否异常 finally 最后运行。
a, b = 1,0
try:
    print(a/b)      # exception raised when b is 0
except ZeroDivisionError:
    print("division by zero")
else:
    print("no exceptions raised")
finally:
    print("Run this always")
```

Chap15_19.py 的运行结果如图 15.19 所示。

图 15.19　Chap15_19.py 的运行结果

15.20　常用函数 20

表 15.20 给出了 Chap15_20.py 源代码。这个程序演示的是，两个字典进行合并，使用第二个字典中的值，以免出现交叉的情况。

表 15.20　　　　　　　　　　Chap15_20.py 的源代码

```
#Chap15_20.py
#两个字典进行合并。使用第二个字典中的值，以免出现交叉的情况。
dict_1 = {'apple': 9, 'banana': 6}
dict_2 = {'banana': 4, 'orange': 8}
combined_dict = {**dict_1, **dict_2}
print(combined_dict)
```

Chap15_20.py 的运行结果如图 15.20 所示。

图 15.20　Chap15_20.py 的运行结果

15.21　常用函数 21

表 15.21 给出了 Chap15_21.py 源代码。这个程序通过使用 random 模块，从给定的列表中生成 n 个随机样本。

表 15.21　　Chap15_21.py 的源代码

```
#Chap15_21.py
#列表取样
#通过使用 random 模块，从给定的列表中生成了 n 个随机样本。
import random
my_list=["广州",'a','b','c','d','e',"北京","上海","Python"]
num_samples=2
samples=random.sample(my_list,num_samples)
print(samples)
```

Chap15_21.py 的运行结果如图 15.21 所示。

图 15.21　Chap15_21.py 的运行结果

15.22　常用函数 22

表 15.22 给出了 Chap15_22.py 源代码。这个程序用以检查对象的内存使用状况。

表 15.22　　Chap15_22.py 的源代码

```
#Chap15_22.py
#检查对象的内存使用状况
import sys
num = 21
print(sys.getsizeof(num))
```

Chap15_22.py 的运行结果如图 15.22 所示。

图 15.22 Chap15_22.py 的运行结果

15.23 常用函数 23

表 15.23 给出了 Chap15_23.py 源代码。这个程序演示的是如何获取索引和值对。

表 15.23 Chap15_23.py 的源代码

```
#Chap15_23.py
#使用列举获取索引和值对
#以下脚本使用列举来迭代列表中的值及其索引。
my_list = ['北京', '上海', '广州', '深圳', 'NewYork']
for index, value in enumerate(my_list):
    print('{0}: {1}'.format(index, value))
```

Chap15_23.py 的运行结果如图 15.23 所示。

图 15.23 Chap15_23.py 的运行结果

15.24 常用函数 24

表 15.24 给出了 Chap15_24.py 源代码。这个程序演示的是如何计算执行一段代码所需时间。

表 15.24 Chap15_24.py 的源代码

```
#Chap15_24.py
#执行一段代码所需时间
import time
start_time = time.time()
for i in range(10000):
```

续表

```
    pass
end_time = time.time()
time_taken_in_micro = (end_time- start_time)*(10**6)
print(" Time taken in micro_seconds: {0} ms".format(time_taken_in_micro))
```

Chap15_24.py 的运行结果如图 15.24 所示。

图 15.24 Chap15_24.py 的运行结果

15.25 小　结

本章内容较多，介绍的是 Python 的语法，包括：数据类型、运算符、内置函数、条件控制、while 循环语句、for 循环语句、字符串、列表、元组、字典、集合、时间和日期、迭代器等。在介绍过程中，给出了大量的实例，较为详细地阐述了相关的知识点。

第 16 章　函　　数

所谓函数，就是功能相对单一、可重复使用的代码。

程序设计强调高内聚、低耦合，也就是强调程序的模块化、高复用性。这就是函数的作用：简化代码、提高代码的复用性、代码可扩展。

前面的章节已经讲过了 Python 的 69 个内建函数。除了内建函数，还可以创建函数，也就是自定义函数。

16.1 函数结构

函数定义的语法如表 16.1 所示。

表 16.1　　函数定义的语法

```
def 函数名(参数列表):
    函数体
```

16.1.1 没有参数的函数

表 16.2 给出了 Chap16_1.py 源代码。在这个程序中，定义的函数名字是“myFun”，没有任何参数，所以“()”之间是空白的。定义函数“myFun”之后，使用这个函数名字“myFun”，就可以调用这个函数了。

表 16.2　　Chap16_1.py 的源代码

```
#Chap16_1.py,没有参数的函数
def myFun() :
    print("this is myFun,no parameter")
myFun()
```

Chap16_1.py 的运行结果如图 16.1 所示。

图 16.1　Chap16_1.py 的运行结果

16.1.2　只有一个参数的函数

表 16.3 给出了 Chap16_2.py 源代码。在这个程序中，定义的函数名字是“welcome”，只有一个参数。定义函数“welcome”之后，使用这个函数名字“welcome”，并给出参数，就可以调用这个函数了。

在调用函数的时候，可以使用参数。参数包括形参（形式参数）和实参（实际参数）。形参（形式参数）是函数接收的变量参数，而实参（实际参数）就是实际使用的参数值。

在这个例子中，name 就是函数 welcome()的形参（形式参数），通过语句 welcome('张三')调用 welcome()这个函数的时候，'张三'就是 welcome()的实参（实际参数）。

表 16.3　Chap16_2.py 的源代码

```
#Chap16_2.py,只有一个参数的函数
def welcome(name):
    print(name,"您好，欢迎您",sep="")
welcome('张三')
```

Chap16_2.py 的运行结果如图 16.2 所示。

图 16.2　Chap16_2.py 的运行结果

16.1.3　有多个参数的函数

表 16.4 给出了 Chap16_3.py 源代码。在这个程序中，定义的函数名字是“multi”，有 3 个形式参数 x,y,z。通过语句 multi(2，3，4)，调用 multi()这个函数的时候，2、3、4 就是 multi()的实参（实际参数）。

表 16.4　　　　　　　　　　Chap16_3.py 的源代码

```
#Chap16_3.py,有多个参数的函数
def multi(x,y,z):#定义一个函数，有 x、y、z 这 3 个形参
    print("%d*%d*%d=%d"%(x,y,z,x*y*z))#输出 x*y*z 的值
multi(2,3,4)#调用上面定义的函数 multi，2、3、4 是实参
```

Chap16_3.py 的运行结果如图 16.3 所示。

图 16.3　Chap16_3.py 的运行结果

16.1.4　有默认参数的函数

所谓的默认参数，就是在定义形式参数的时候给函数赋一个默认的值。这样在调用函数的时候，即使没传入这个参数，这个参数也有值。

表 16.5 给出了 Chap16_4.py 源代码。

这个程序定义了函数 connect(ip,port=8080)，给参数“port”赋了一个默认的值“8080”。通过语句 connect('127.0.0.1',80)调用 connect()函数的时候，指定了 port 的值为 80。通过语句 connect('119.2.1.3')调用 connect()函数的时候，没有指定 port 的值，那么 port 的值就是默认的参数 8080。

表 16.5　　　　　　　　　　Chap16_4.py 的源代码

```
#Chap16_4.py,有默认参数的函数
def connect(ip,port=8080):
    print(ip,port,sep="---")
connect('127.0.0.1',80)
#如果不填，则使用默认参数
connect('119.2.1.3')
```

Chap16_4.py 的运行结果如图 16.4 所示。

图 16.4　Chap16_4.py 的运行结果

16.1.5 参数可变的函数

在这类函数中，可变参数用*来接收，传入的元素可以是 0 个、1 个、2 个、2 个以上，所有传入的元素都放入一个元组中。

表 16.6 给出了 Chap16_5.py 源代码。

在这个程序中，send_sms()表示不传参数，send_sms(120)表示传 120 这个参数，send_sms(110,119, 120)表示传 110、119、120 这 3 个参数。

表 16.6　Chap16_5.py 的源代码

```
#Chap16_5.py,有可变参数的函数
# 实例：发送报警短信 参数前面加*代表参数组
def send_sms(*phone_num):
    # 方法 1，返回的是元组
    print("\n 元组：",phone_num)
    # 方法 2，用循环的方法，不打印整个元组，而是打印元组中每一个元素
    print("所有的号码：")
    for p in phone_num:
        print(p,end="----")
send_sms()  # 不传参数
send_sms(120)  # 传 1 个参数
send_sms(110,119, 120)  # 传 3 个参数
```

Chap16_5.py 的运行结果如图 16.5 所示。

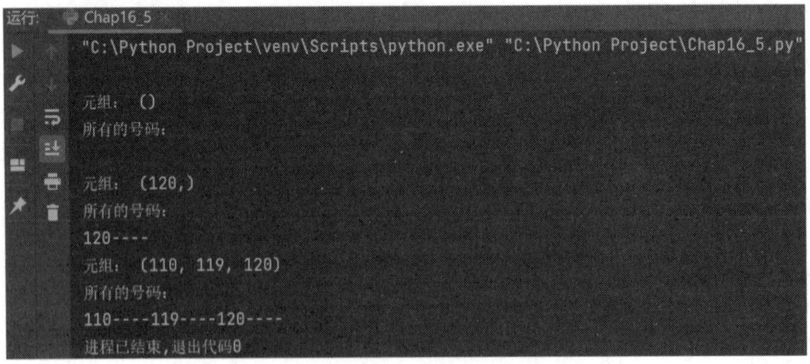

图 16.5　Chap16_5.py 的运行结果

16.1.6 参数是不可变对象的函数

在 Python 中，字符串（string）、元组（tuple）、数字（number，如 int、float）是不可修改的对象；而列表（list）、字典（dictionary）等是可以修改的对象。从严格意义上来说，Python 函数的参数传递是传递对象，不能说传递值（传递引用）。在这个程序中，NotChangePara(b)运行之后，变量 b 的值没有发生变化，类似于其他计算机语言中的传

递值，没有传递引用地址。

表 16.7 给出了 Chap16_6.py 源代码。

表 16.7　　Chap16_6.py 的源代码

```
#Chap16_6.py,参数是不可变对象函数
def NotChangePara(a):
    a=10
b=2
NotChangePara(b)
print(b)
```

Chap16_6.py 的运行结果如图 16.6 所示。

图 16.6　Chap16_6.py 的运行结果

16.1.7　参数是可变对象的函数

表 16.8 给出了 Chap16_7.py 源代码。在这个程序中，list1 这个列表作为参数，被函数 ChangeAble()调用之后，内容被改变。

表 16.8　　Chap16_7.py 的源代码

```
#Chap16_7.py，参数是可变对象的函数。
def ChangeAble(mylist):
    "修改传入的列表"
    mylist.append("append item")
list1=["Beijing","上海","NewYork"]
print("list1=",list1)
ChangeAble(list1)
print("after ChangeAble(),list1=",list1)
```

Chap16_7.py 的运行结果如图 16.7 所示。

图 16.7　Chap16_7.py 的运行结果

16.1.8 关键字参数

用**接收关键字参数，不限制参数个数，可以是 0 个参数，也可以是多个参数。返回字典，如果关键字参数和其他参数一起使用，关键字参数应该在最后面。

表 16.9 给出了 Chap16_8.py 源代码。

从这个程序可以看出，根据传入的关键字参数，得到的是一个字典。

表 16.9　　Chap16_8.py 的源代码

```
#Chap16_8.py,关键字参数
def KeyPara(**phone_num):
    print(phone_num)
KeyPara()
KeyPara(name='Trump',sex='male')
KeyPara(addr='北京',country='中国',street='王府井')
```

Chap16_8.py 的运行结果如图 16.8 所示。

图 16.8　Chap16_8.py 的运行结果

16.1.9 不同类型参数综合举例

表 16.10 给出了 Chap16_9.py 源代码。

从上面多个程序可以看出，函数的参数类型包括位置参数、默认值参数、可变参数、关键字参数。这些参数类型尽量不要一起使用，如果一起使用，应该按照如下顺序：位置参数、默认值参数、可变参数、关键字参数。

表 16.10　　Chap16_9.py 的源代码

```
#Chap16_9.py，多种类型参数
def multiPara(name,country='china',*args,**kwargs):
    print("name=",name)
    print("country=",country)
    print("args=",args)
    print("kwargs=",kwargs)
multiPara('Trump','2','3','4','5',a='6',b='7')
```

Chap16_9.py 的运行结果如图 16.9 所示。

图 16.9　**Chap16_9.py** 的运行结果

16.1.10　有一个返回值的函数

表 16.11 给出了 Chap16_10.py 源代码。每个函数都有返回值，函数的返回值供其他程序调用，函数的返回值使用 return。如果没有在函数里面指定返回值，函数默认返回 None 值。如果函数有多个返回值，那么所有返回值会放到一个元组中，函数返回这个元组。在这个程序中，返回值是两个参数 x、y 的平方和。

表 16.11　　**Chap16_10.py** 的源代码

```
#Chap16_10.py，函数只有一个返回值
def SumSquares(x,y):#定义了一个有返回值的函数
    c=x*x+y*y
    return c
result=SumSquares(3,4)#把函数的返回结果赋值给 result
print(result)
```

Chap16_10.py 的运行结果如图 16.10 所示。

图 16.10　**Chap16_10.py** 的运行结果

16.1.11　有多个返回值的函数

表 16.12 给出了 Chap16_11.py 源代码。在这个程序中，函数有多个返回值。

表 16.12　　Chap16_11.py 的源代码

```
#Chap16_11.py,函数有多个返回值
def multiReturnValue(x,y,z):
    sum=x+y+z
    sumOfSquares=x*x+y*y+z*z
    sumOfCubic=x*x*x+y*y*y+z*z*z
    return sum,sumOfSquares,sumOfCubic
returnValue=multiReturnValue(3,4,5)
sum,sumOfSquares,sumOfCubic=multiReturnValue(3,4,5)
print("returnValue=",returnValue)
print("sum=%d sumOfSquares=%d sumOfCubic=%d" %(sum,sumOfSquares,sumOfCubic))
```

Chap16_11.py 的运行结果如图 16.11 所示。

图 16.11　Chap16_11.py 的运行结果

16.1.12　匿名函数

表 16.13 给出了 Chap16_12.py 源代码。Python 使用表达式 lambda 创建匿名函数，函数体比 def 简单。lambda 语法只包含一个语句，格式如下：lambda [arg1 [,arg2,...,argn]]: expression。这个程序就使用了匿名函数。

表 16.13　　Chap16_12.py 的源代码

```
#Chap16_12.py
sumOfSquares = lambda arg1, arg2: arg1*arg1 + arg2*arg2
# 调用 sum 函数
print("sumOfSquares(3, 4)=", sumOfSquares(3, 4))
print("sumOfSquares(5, 6)= ", sumOfSquares(5, 6))
```

Chap16_12.py 的运行结果如图 16.12 所示。

图 16.12　Chap16_12.py 的运行结果

16.1.13 局部变量与全局变量

表 16.14 给出了 Chap16_13.py 源代码。根据变量的作用域进行区分，变量可以分为局部变量与全局变量。定义在函数内部的变量是局部变量，定义在函数外面变量是全局变量。局部变量只能用于函数内部，而全局变量可以用于整个程序。这个程序就讲解了局部变量与全局变量。

表 16.14　　Chap16_13.py 的源代码

```
#Chap16_13.py,局部变量与全局变量
total = 0   # 这是一个全局变量
# 可写函数说明
def sumOfSquare(arg1, arg2):
    # 返回 2 个参数的平方和."
    total=arg1*arg1+arg2*arg2# total 在这里是局部变量
    print("局部变量 total=",total)
    return total
sumOfSquare(3, 4)
print("全局变量 total=",total)
```

Chap16_13.py 的运行结果如图 16.13 所示。

图 16.13　Chap16_13.py 的运行结果

16.1.14 将函数作为参数

表 16.15 给出了 Chap16_14.py 源代码。这个程序将函数作为另外一个函数的参数。

表 16.15　　Chap16_14.py 的源代码

```
#Chap16_14.py,将函数作为参数
def sumOfSquares(x,y):
    return x*x+y*y
def NestedFunc(func,x,y):
    return func(func(x,y),func(x,y))
print(NestedFunc(sumOfSquares,1,2))
```

Chap16_14.py 的运行结果如图 16.14 所示。

图 16.14　Chap16_14.py 的运行结果

16.2　常用函数举例

下面是函数的特点：

（1）定义函数时，需要确定函数名、确定参数个数。

（2）如果有必要，可以先对参数的数据类型做检查。

（3）函数体内部可以用 return 随时返回函数结果。

（4）函数执行完毕，但是没有 return 语句时，自动执行 return None。

（5）函数可以同时返回多个值，其实返回的是一个 tuple（元组）。

下面是一系列常用函数的介绍。

16.2.1　求 n 之内的斐波那契数列的函数

斐波那契数列（Fibonacci Sequence），又被称为黄金分割数列，它是这样一个数列：0、1、1、2、3、5、8、13、21、34、…。

斐波那契数列通过如下递归的方法定义：$F(0)=0$，$F(1)=1$，$F(n)=F(n-1)+F(n-2)$（$n\geqslant 2$，$n\in N^*$）。这是递归方式的算法。如果一个函数调用自身，那么这个函数就是递归函数。递归的特性包括：

（1）有明确的递归结束条件。

（2）每次进入更深一层的递归，问题规模相比上次递归都会变小。

（3）相邻两次递归之间有紧密联系，前一次递归要为后一次递归做准备，前一次递归的输出一般作为后一次递归的输入。

（4）递归定义简单、逻辑清晰，所有的递归函数都可以写成循环的方式，但是循环的逻辑不如递归清晰。

（5）递归效率低，递归层次过多会导致栈溢出。

函数调用是通过数据结构栈（stack）实现的，每进入一个函数调用栈就会加一层栈帧，每当函数返回，栈就会减一层栈帧。栈的大小是有限的，所以如果递归调用的次数过多可能会导致栈溢出。

表 16.16 给出了 Chap16_15.py 源代码。程序中的函数 fib(n)，是求 n 以内的 Fibonacci 序列。

表 16.16　　Chap16_15.py 的源代码

```
#Chap16_15.py,求 n 以内的 fibonacci 序列
def fib(n):
    '''get a list of fibnacci series to n'''
    a, b = 0, 1
    result = []
    while a<n:
        result.append(a)
        a, b = b, a+b
    return result
print("fib(2000)=",fib(2000))
```

Chap16_15.py 的运行结果如图 16.15 所示。

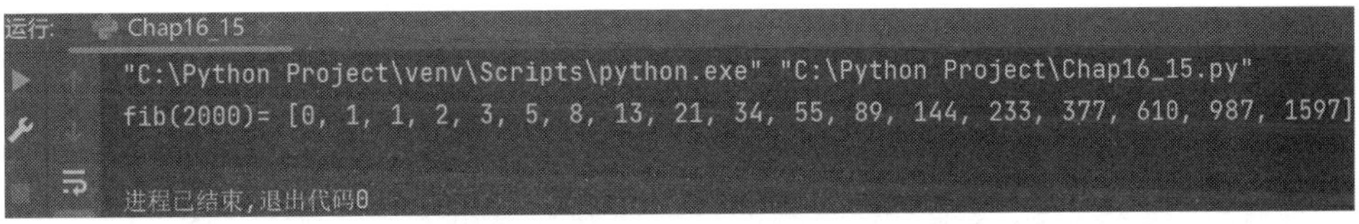

图 16.15　Chap16_15.py 的运行结果

16.2.2　求斐波那契数列的第 n 项

表 16.17 给出了 Chap16_16.py 源代码。

表 16.17　　Chap16_16.py 的源代码

```
#Chap16_16.py，求 fibonacci 序列的第 n 项
def fib(n):
    '''the nth number of fibnacci series'''
    if n==0:
        return 0
    elif n==1:
        return 1
    return fib(n-1)+fib(n-2)
print("fib(10)=",fib(10))
```

Chap16_16.py 的运行结果如图 16.16 所示。

图 16.16　Chap16_16.py 的运行结果

16.2.3 判断一个整数是否为偶数

表 16.18 给出了 Chap16_17.py 源代码。这个程序演示的是，如果一个整数除以 2 的余数是 0，且这个整数可以被 2 整除，则是偶数，否则就是奇数。

表 16.18　　　　Chap16_17.py 的源代码

```
#Chap16_17.py,判断一个整数是否是偶数
def isEven(num):
    if num%2==0:
        return 1
    return 0
print("isEven(10)=",isEven(10))
```

Chap16_17.py 的运行结果如图 16.17 所示。

图 16.17　Chap16_17.py 的运行结果

16.2.4 判断一个整数是否为奇数

表 16.19 给出了 Chap16_18.py 源代码。这个程序演示的是，如果一个整数除以 2 的余数是 1，这个整数是奇数，否则就是偶数。

表 16.19　　　　Chap16_18.py 的源代码

```
#Chap16_18.py,判断一个整数是否是奇数
def isOdd(num):
    if num%2==1:
        return 1
    return 0
print("isOdd(10)=",isOdd(10))
print("isOdd(11)=",isOdd(11))
```

Chap16_18.py 的运行结果如图 16.18 所示。

图 16.18　Chap16_18.py 的运行结果

16.2.5 用递归函数实现二分查找法

表 16.20 给出了 Chap16_19.py 源代码。

二分查找法又称折半查找法，这种查找方法需要待查的序列满足两个条件：

（1）序列使用顺序存储结构。

（2）序列按关键字大小有序排列（一般按照从小到大的顺序）。

二分查找法（折半查找法）的时间复杂度是 $O(\log_2 n)$。

二分查找法（折半查找法）实施过程如下：

（1）取序列中间数据项 mid，与待查找关键字对比，如果 mid 的值等于查找值，那么查找成功。

（2）如果查找值小于 mid 的值，那么在序列 mid 之前部分继续查找。

（3）如果查找值大于 mid 的值，那么在序列 mid 之后部分继续查找。

（4）如果序列数据只剩一项，查找值和这项比较，如果相同，则查找成功，否则查找失败。

二分查找法可以通过递归方法实现，也可以通过循环法实现。Chap16_19.py 就是用递归函数实现二分查找法。

表 16.20　　　　Chap16_19.py 的源代码

```
#Chap16_19.py，用递归实现二分查找法，
import timeit
import random
def binarySearchRecursion(list1,value,low,high):
    if high<low:
        return None
    mid=(low+high)//2
    if list1[mid]==value:
        return mid
    elif value<list1[mid]:
        return binarySearchRecursion(list1,value,low,mid-1)
    elif value>list1[mid]:
        return binarySearchRecursion(list1,value,mid+1,high)
#随机生成 10 个数字，每个数字在 10～9999 之间
list1= [random.randint(10, 9999) for i in range(10)]
print("list1=",list1)
list1.sort()
print("list1.sort(),list1=",list1)
findnum1=547
loc1=binarySearchRecursion(list1, findnum1, 0, len(list1)-1)
print("find num1 =",findnum1,",loc1=",loc1)
list2=[10,2,27,3,22,1,15]
```

续表

```
print("list2=",list2)
list2.sort()
print("list2.sort(),list2=",list2)
findnum2=22
loc2=binarySearchRecursion(list2, findnum2, 0, len(list2)-1)
print("find num2 =",findnum2,",loc2=",loc2)
```

Chap16_19.py 的运行结果如图 16.19 所示。

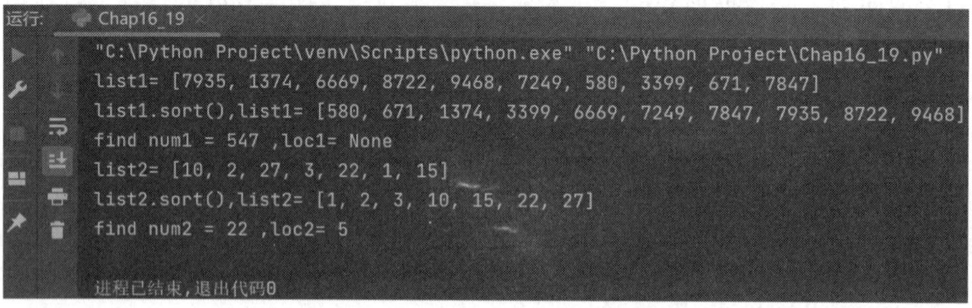

图 16.19　Chap16_19.py 的运行结果

16.2.6　用循环方法实现二分查找法

表 16.21 给出了 Chap16_20.py 源代码。这一程序演示的是用循环方法实现二分查找法。

表 16.21　Chap16_20.py 的源代码

```
#Chap16_20.py,用循环实现二分查找法
list1=[658,10,2,27,234,3,22,1,123,15]
print("list1=",list1)
list1.sort()
print("list1.sort(),list1=",list1)
value=123
print("查找的值：",value)
left=0
right=len(list1)-1
count=1
while left<=right :
    middle=(left+right)//2
    if value>list1[middle] :
        left=middle+1
    elif value<list1[middle] :
        right=middle-1
    else :
```

续表

```
            print("查找成功，存在,列表中位置：",middle)
            break
        count += 1
else :
        print("查找的值不存在")
print("查找次数=",count)
```

Chap16_20.py 的运行结果如图 16.20 所示。

图 16.20 Chap16_20.py 的运行结果

16.2.7 判断一个整数是否是素数

素数又称质数，是指一个大于 1 的自然数，除了 1 和自身之外没有其他因子。大于 1 的自然数如果不是素数就称为合数。0 和 1 不是素数、不是合数，2 是素数。

表 16.22 给出了 Chap16_21.py 源代码。

Chap16_21.py 通过函数判断一个整数是否是素数。如果是素数，则返回 True，否则返回 False。

表 16.22 Chap16_21.py 的源代码

```
# Chap16_21.py, 判断一个整数是否是素数
from math import sqrt
def isPrime(n):
        if n <= 1:
            return False
        for i in range(2,int(sqrt(n)+1)):
            if n%i==0:
                return False
        return True
print("isPrime(11)=",isPrime(11))
print("isPrime(19)=",isPrime(19))
print("isPrime(20)=",isPrime(20))
```

Chap16_21.py 的运行结果如图 16.21 所示。

图 16.21　**Chap16_21.py** 的运行结果

16.2.8　求出 n 以内的素数

表 16.23 给出了 Chap16_22.py 源代码。这一程序演示的是，如何将 n 以内的素数组成一个列表，然后打印出来。

表 16.23　**Chap16_22.py** 的源代码

```
#Chap16_22.py,列出 n 以内的素数
from math import sqrt
def listPrimes(n):
    if n==1:
        return None
    if n==2:
        return [2]
    primeList = [x for x in range(2, n) if x%2 != 0]
    for i in primeList:
        for d in range(3, int(sqrt(i))+1,2):
            if i%d == 0:
                primeList.remove(i)
                break
    return [2] + primeList
print(listPrimes(20))
```

Chap16_22.py 的运行结果如图 16.22 所示。

图 16.22　**Chap16_22.py** 的运行结果

16.2.9　列出 m 到 n 之间的素数

表 16.24 给出了 Chap16_23.py 源代码。这一程序列出了 m 到 n 之间的素数。

表 16.24 　　　　　　　　　　Chap16_23.py 的源代码

```
#Chap16_23.py,列出 m 到 n 之间的素数
from math import sqrt
def mnPrimes(m,n):
    if m==1:
        primeList=[2]+[p for p in range(2,n) if p%2!=0 and 0 not in [p%d for d in range(2,int(sqrt(p))+1)]]
    if m>=2:
        primeList=[p for p in range(m,n) if p%2!=0 and 0 not in [p%d for d in range(2,int(sqrt(p))+1)]]
    return primeList
print("mnPrimes(10,20)=",mnPrimes(10,20))
print("mnPrimes(1,7)=",mnPrimes(1,7))
```

Chap16_23.py 的运行结果如图 16.23 所示。

图 16.23 Chap16_23.py 的运行结果

表 16.25 给出了 Chap16_24.py 源代码。这个程序列出了 m 到 n 之间的素数。

表 16.25 　　　　　　　　　　Chap16_24.py 的源代码

```
#Chap16_24.py,列出 m 到 n 之间的素数
from math import sqrt
def mnPrimes(m,n):
    primeList=[x for x in range(m,n) if x%2!=0 and x!=1]
    for i in primeList:
        for d in range(3,int(sqrt(i))+1,2):
            if i%d==0:
                primeList.remove(i)
                break
    if m==2:
        primeList=[2]+primeList
    return primeList
print("mnPrimes(10,20)=",mnPrimes(10,20))
print("mnPrimes(2,7)=",mnPrimes(2,7))
```

Chap16_24.py 的运行结果如图 16.24 所示。

图 16.24　Chap16_24.py 的运行结果

16.2.10　通过函数求孪生素数

表 16.26 给出了 Chap16_25.py 源代码。

所谓的孪生素数，也称孪生质数、双生质数，是指相差 2 的一对素数，例如：(5, 7)、(11, 13)、(17, 19)都是孪生素数。

关于孪生素数，数论中有著名的孪生素数猜想：存在无穷多对孪生素数。孪生素数猜想至今悬而未决。

在程序 Chap16_25.py 中，我们试图求解出 100 之内的所有孪生素数。

孪生素数的一些性质和分布规律（证明略）如下：

（1）当 n≥5 时，如果一个 n−1、n+1 互为孪生素数，那么 n 是 6 的倍数。

（2）大于 5 的素数一定在 6x 两侧，但是 6x 的两侧不一定是素数。

根据孪生素数的这些性质，我们得到优化的程序。

表 16.26　　Chap16_25.py 的源代码

```
#Chap16_25.py, 通过函数求孪生素数
import math
import time       # 计算程序运行时间
num=100
count=1   #孪生素数对的个数
start = time.time()     # 计算开始时间
def isPrime(n):
    if n==5 or n==7:
        return True
    elif n%5==0 and n%7==0:
        return False
    else:
        for i in range(3,int(math.sqrt(n))+1,1):
                if n%i==0:
                    return False
        return True
print((3,5))
for i in range(5,num+1,6):
    if isPrime(i) and isPrime(i+2) and (i+2)<=num:
        count+=1
        print((i,i+2))
print("孪生素数对数目：",count)
end=time.time()
print("time=",end-start)
```

Chap16_25.py 的运行结果如图 16.25 所示。

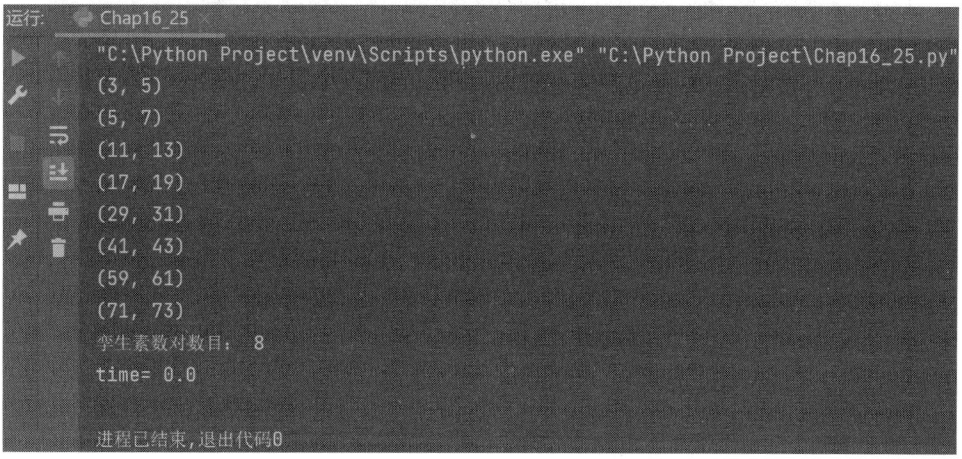

图 16.25 Chap16_25.py 的运行结果

下面的例子就比较直观了，只是相比前一个方法费时一些。

表 16.27 给出了 Chap16_26.py 的源代码。

表 16.27 Chap16_26.py 的源代码

```
# Chap16_26.py 的源代码，求孪生素数
from math import sqrt
import time        # 计算程序运行时间
num=100
count=0   #孪生素数对的个数
start = time.time()       # 计算开始时间
def isPrime(n):
    if n <= 1:
        return False
    for i in range(2,int(sqrt(n)+1)):
        if n%i==0:
            return False
    return True
for i in range(3,num,2):
    if isPrime(i) and isPrime(i+2):
        count += 1
        print((i, i + 2))
print("孪生素数对数目： ",count)
end=time.time()
print("time=",end-start)
```

Chap16_26.py 的运行结果如图 16.26 所示。

图 16.26　Chap16_26.py 的运行结果

16.2.11　空函数

可以用 pass 语句定义空函数。

```
def nop():
    pass
```

空函数什么也不做，那空函数有什么用呢？pass 语句可以用来作为占位符，也就是说，放一个 pass 语句，让代码运行起来。如果没有 pass 语句，代码运行的时候就会有语法错误。

表 16.28 给出了 Chap16_27.py 的源代码。这个程序演示了 pass 语句的使用。

表 16.28　　　　Chap16_27.py 的源代码

```
#Chap16_27.py 源代码,pass 语句
age=20
if age >= 18:
    pass
```

Chap16_27.py 的运行结果如图 16.27 所示。

图 16.27　Chap16_27.py 的运行结果

16.2.12　计算新坐标

在游戏中，经常需要从一个点移动到另一个点。给出坐标、位移和角度，就可以计算出新坐标。

表 16.29 给出了 Chap16_28.py 的源代码。这个程序可以用来计算新坐标。

表 16.29　　Chap16_28.py 的源代码

```
#Chap16_28.py 源代码，计算新坐标
import math
def move(x, y, step, angle=0):
    nx = x + step * math.cos(angle)
    ny = y - step * math.sin(angle)
    return nx, ny
x, y=move(100,100,60,math.pi/6)
print(x,y,sep="---")
r=move(200, 200, 60, math.pi/3)
print(r)
```

Chap16_28.py 的运行结果如图 16.28 所示。

图 16.28　Chap16_28.py 的运行结果

16.2.13　检查列表中元素是否唯一

表 16.30 给出了 Chap16_29.py 源代码。这个程序用来检查一个列表中的所有要素是否唯一。

表 16.30　　Chap16_29.py 的源代码

```
#Chap16_29.py，检查一个列表中的所有要素是否唯一
def unique(list1):
    if len(list1)==len(set(list1)):
        print(list1,":All elements are unique")
    else:
        print(list1,":List has duplicates")
unique([1,2,3,4])# All elements are unique
unique([1,1,2,3])# List has duplicates
```

Chap16_29.py 的运行结果如图 16.29 所示。

图 16.29　Chap16_29.py 的运行结果

16.2.14 过滤（filter）

过滤 filter()的语法是 filter(function, iterable)，参数 function 是判断函数，参数 iterable 是可迭代对象，返回一个列表，列表中的元素满足 function 判断函数。

表 16.31 给出了 Chap16_30.py 的源代码。这个程序演示的是如何过滤出列表中所有的奇数。

表 16.31　　Chap16_30.py 的源代码

```
#Chap16_30.py,过滤掉列表中不符合条件的元素
def is_odd(n):
    return n%2 == 1
list1=[1,2,3,4,5,6,7,8]
print("list1=",list1)
list2=list(filter(is_odd,list1))
print("list2=list(filter(is_odd,list1))")
print("list2=",list2)
```

Chap16_30.py 的运行结果如图 16.30 所示。

图 16.30　Chap16_30.py 的运行结果

表 16.32 给出 Chap16_31.py 的源代码，过滤出 1～100 中平方根是整数的数。

表 16.32　　Chap16_31.py 的源代码

```
#Chap16_31.py,过滤出 1~100 中平方根是整数的数
import math
def is_sqr(x):
    return math.sqrt(x)%1==0
list1=list(filter(is_sqr, range(1,101)))
print("list1=",list1)
```

Chap16_31.py 的运行结果如图 16.31 所示。

图 16.31　Chap16_31.py 的运行结果

表 16.33 给出了 Chap16_32.py 的源代码。这个程序演示的是如何将列表中的元素“ugly”过滤掉。

表 16.33　　　　Chap16_32.py 的源代码

```
#Chap16_32.py, 将列表中的元素“ugly”过滤掉
def filterElement(element):
    if element !="ugly":
        return element
list1=["ugly1","ugly","bad","ugly","good","ugly","ugly3","ugly2"]
print("list1=",list1)
list2=list(filter(filterElement,list1)) # 有名字的函数，传入引用成功
print("list2=",list2)
```

Chap16_32.py 的运行结果如图 16.32 所示。

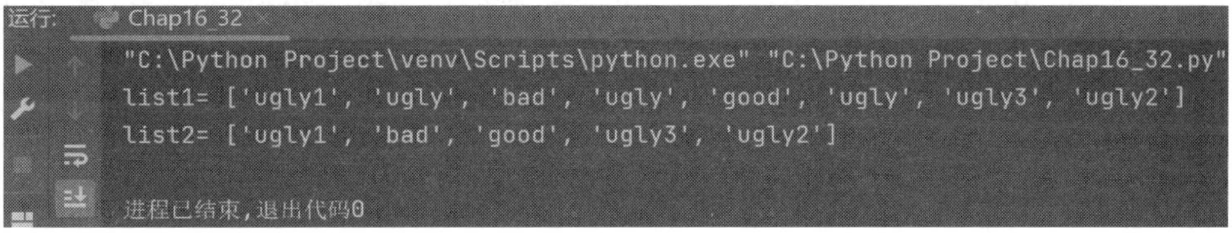

图 16.32　Chap16_32.py 的运行结果

表 16.34 给出了 Chap16_33.py 的源代码。这个程序演示的是将列表中的元素“ugly”过滤掉的第 2 种方法。

表 16.34　　　　Chap16_33.py 的源代码

```
#Chap16_33.py,过滤，通过 for 循环，得到一个新的 list
list1=["ugly1","ugly","bad","ugly","good","ugly","bad","ugly3","bad","ugly2","bad","ugly"]
filterList=["ugly","bad"]
print("list1=",list1)
print("filterList=",filterList)
list2=[]
for ele in list1:
    if ele not in filterList:
        list2.append(ele)
print("list2=",list2)
```

Chap16_33.py 的运行结果如图 16.33 所示。

图 16.33　Chap16_33.py 的运行结果

表 16.35 给出了 Chap16_34.py 的源代码。这个程序演示的是将列表中的元素“ugly”过滤掉的第 3 种方法。

表 16.35　　Chap16_34.py 的源代码

```
#Chap16_34.py,解析器方式过滤，通过 for 循环，得到一个新的 list 中
list1=["ugly1","ugly","bad","ugly","good","ugly","bad","ugly3","bad","ugly2","bad","ugly"]
filterList=["ugly","bad"]
print("list1=",list1)
list2=[ele for ele in list1 if ele not in filterList]
print("list2=",list2)
```

Chap16_34.py 的运行结果如图 16.34 所示。

图 16.34　Chap16_34.py 的运行结果

16.2.15　阶乘函数

表 16.36 给出了 Chap16_35.py 源代码。这个程序演示的是如何实现阶乘函数 n!=1×2×3×…×n。

表 16.36　　Chap16_35.py 的源代码

```
#Chap16_35.py,计算阶乘 n!=1×2×3×…×n
def fact(n):
    if n==1:
        return 1
    return n*fact(n-1)
print("fact(5)=",fact(5))
```

Chap16_35.py 的运行结果如图 16.35 所示。

图 16.35　Chap16_35.py 的运行结果

16.3 小　　结

本章重点讲解了函数，包括函数结构、函数定义的语法、函数的参数、函数返回值、局部变量、全局变量、函数举例等。

第 17 章　类（class）

类是描述具有相同属性和方法的对象的集合，类定义了集合中所有对象共有的属性和方法。命名类的时候，类的首字母一般要大写，对象是类的实例。

类的语法格式如表 17.1 所示。

表 17.1　类的语法格式

```
#类的语法格式
class ClassName(object):
    <statement-1>
    ...
    <statement-N>
```

class 后面紧接着是类名，即 ClassName。类名通常是大写开头的单词，类名后面紧接着是(object)，表示该类是从哪个类继承下来的。如果没有合适的继承类，就使用 object 类，这是所有类最终都会继承的类。

17.1 面向对象

面向过程是流水线式思维，程序设计的核心是过程，过程即解决问题的步骤，面向过程的设计就好比精心设计好一条流水线，考虑周全什么时候处理什么东西。

面向对象编程可以使程序的维护和扩展变得更简单，并且可以大大提高程序开发效率，基于面向对象的程序可以使他人更加容易理解代码逻辑，从而使团队开发变得更从容。面向对象程序设计的核心是对象，要理解对象为何物，需要把万物皆看作对象。

面向对象的优点是：

（1）降低写程序的复杂度，只需要顺着要执行的步骤，堆叠代码即可。

（2）解决了程序的扩展性。

面向对象的缺点是：

（1）一套流水线或流程就是用来解决一个问题，代码牵一发而动全身。

（2）可控性差，无法很精准地预测问题的处理流程与结果，面向对象的程序一旦开始就由对象之间的交互解决问题，即便是上帝也无法预测最终结果。

类是创建实例的模板，模板中可以包含多个函数，每个函数实现一些功能，实例是类具体的对象，实例对象可以执行类中的函数。对某一个对象的单独修改，会被立刻反映到整个体系中。

17.2 创 建 类

表 17.2 给出了 Chap17_1.py 源代码，以创建一个类（class PersonClass）。根据这个类，可以定义一个对象（p），对象（p）可以访问类（class PersonClass）的属性和方法。

表 17.2　　Chap17_1.py 的源代码

```
#Chap17_1.py,定义一个类
class PersonClass:
    name="张三"
    def fun(self):
        return 'this is class PersonClass'
# 实例化类，p 是这个类的对象
p=PersonClass()
#访问类的属性和方法
print("PersonClass 类的属性 name 为：", p.name)
print("PersonClass 类的方法 fun 输出为：", p.fun())
#打印 PersonClass 类
print(PersonClass)
```

Chap17_1.py 的运行结果如图 17.1 所示。

图 17.1　Chap17_1.py 的运行结果

17.3 构 造 类

类的构造格式如表 17.3 所示。

表 17.3　　类的构造格式

```
class ClassName():
    def __init__(self,para1,para2,...): #构造函数
        self.para1=para1
        self.para2=para2
    ...
```

__init__这种命名方法避免默认方法与普通方法发生名称冲突，在类实例化时会自动调用这种构造方法。

__init__方法的第一个参数永远是 self，表示创建的实例本身，在__init__方法内部可以把各种属性绑定到 self，因为 self 就指向创建的实例本身。

调用__init__方法创建类的实例时，将自动传入实参 self，每个与类相关联的方法调用都自动传递实参 self，它是一个指向实例本身的引用，让实例能够访问类中的属性和方法。self 代表类的实例而不是类。

类的方法与普通函数的区别是：类必须有第一个参数的名称，这个名称按照惯例是 self。self 代表的是类的实例，是当前对象的地址，而 self.class 则指向类。

表 17.4 给出了 Chap17_2.py 源代码，它是构造类的一个实例。

表 17.4　　　　Chap17_2.py 的源代码

```
#Chap17_2.py，类的构造
class PersonClass():
#构造函数
    def __init__(self,name,age):
        self.name=name
        self.age=age
    def prt(self):
        print("self=",self)
        print("self.__class__=",self.__class__)
p=PersonClass("张三", 21)
print("p.name=",p.name,"p.age=",p.age)
p.prt()
```

Chap17_2.py 的运行结果如图 17.2 所示。

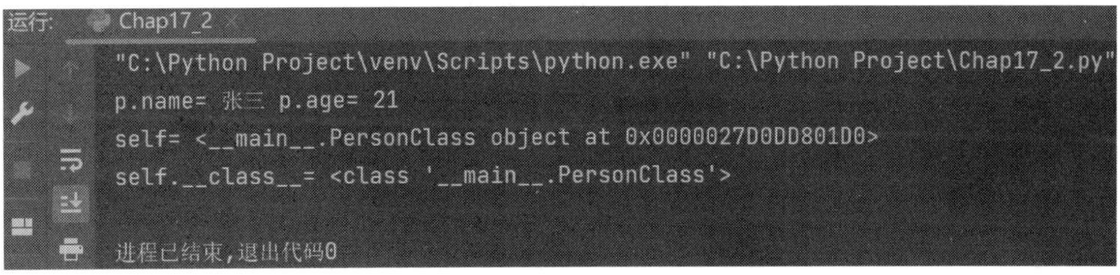

图 17.2　Chap17_2.py 的运行结果

17.4　类的方法

通过 def 关键字在类的内部定义类的方法，必须将参数 self 作为第一个参数，self 表示类的实例。

表 17.5 给出了 Chap17_3.py 的源代码，它是类的方法的一个实例。

表 17.5　　Chap17_3.py 的源代码

```
#Chap17_3.py，类的方法
class PersonClass():
    #定义私有属性,私有属性在类外部无法直接进行访问
    name=""
    age=0
    weight=0
    # 构造函数
    def __init__(self, name1, age1, weight1):
        self.name=name1
        self.age=age1
        self.weight=weight1
    def describe(self):
        print("name=%s; age=%d; weight=%d" % (self.name, self.age,self.weight))
# 对类进行实例化
p = PersonClass("张三",18,57)
p.describe()
```

Chap17_3.py 的运行结果如图 17.3 所示。

图 17.3　Chap17_3.py 的运行结果

17.5 类的举例

面向对象编程（Object Oriented Programming，OOP），是一种程序设计思想。OOP 把对象作为程序的基本单元，一个对象包含了数据和操作数据的函数。

面向对象编程是使用类和对象的编程方式。类是包含多个函数的模板，每个函数实现特定的功能。对象是根据模板创建的实例，通过实例，对象可以执行类中的函数。

表 17.6 给出了 Chap17_4.py 的源代码，它是一个类的实例。

面向对象有三大特性：封装、继承和多态。

封装就是将内容封装到某个地方，以后再去调用被封装的内容。

在使用面向对象的封装特性时，应该将内容封装到某处，在需要的时候从此处调用被封装的内容。本例中的语句 p1=Person('Tom',18)，self 等于 p1。

调用被封装的内容时有两种情况：

（1）通过对象直接调用。

（2）通过 self 间接调用。

本例中的语句 p1.prtName()调用类的内置函数，语句 p1.name 调用类的变量。

表 17.6　　　Chap17_4.py 的源代码

```
#Chap17_4.py，类的举例
class Person:
    #构造函数
    def __init__(self,name,age):
        self.name=name
        self.age=age
    def prtName(self):
        print("name is :",self.name)
    def prtAge(self):
        print("age is :",self.age)
p1=Person('Tom',18)
p1.prtName()
p1.prtAge()
print("p1.name=",p1.name)
print("p1.age=",p1.age)
```

Chap17_4.py 的运行结果如图 17.4 所示。

图 17.4　Chap17_4.py 的运行结果

17.6 类与实例

面向对象的设计思想是从自然界中来的，在自然界中，类（class）和实例（instance）的概念是很自然的。

类是一种抽象而宏观的概念，而实例则是具体的概念。面向对象的设计思想是抽象出类，根据类创建实例。面向对象的抽象程度比函数要高，因为一个类既包含数据又包含操作数据方法。

表 17.7 给出了 Chap17_5.py 的源代码，是一个类的实例。从这个例子可以看出，外部代码可以自由地修改一个实例的 score 属性。

表 17.7　　　　Chap17_5.py 的源代码

```
#Chap17_5.py，类的举例
class Student(object):
    def __init__(self,name,score):
        self.name=name
        self.score=score
    def print(self):
        print("name=%s,score=%s,grade=%s"% (self.name, self.score,self.get_grade()))
    def get_grade(self):
        if self.score >=90:
            return 'A'
        elif self.score>=80:
            return 'B'
        elif self.score>=70:
            return 'C'
        else:
            return 'D'
Tom=Student('Tom',89)
Jerry=Student('Jerry',78)
Tom.print()
Jerry.print()
Tom.score=95
print("Tom.score=95")
Tom.print()
print("Jerry.score=",Jerry.score)
```

Chap17_5.py 的运行结果如图 17.5 所示。

图 17.5　Chap17_5.py 的运行结果

17.7　面向对象方法

表 17.8 给出了 Chap17_6.py 的源代码，它是通过面向对象方法实现的猫捉老鼠游戏。

表 17.8　　Chap17_6.py 的源代码

```
#Chap17_6.py，猫捉老鼠游戏
class Person:
    def __init__(self, name1, fight1):
        self.name=name1
        self.fight=fight1
    def catch(self,Person):#猫捉老鼠消耗战斗力
        self.fight=self.fight-200
        Person.fight=Person.fight-200
    def drinkMilk(self):#喝牛奶增长战斗力
        self.fight=self.fight+200
    def eatCake(self):#吃蛋糕增长战斗力
        self.fight=self.fight+300
    def practice(self):#自我修炼增长战斗力
        self.fight=self.fight+400
    def detail(self):
    #注释：当前对象的详细情况"""
        print("姓名:%s；战斗力:%s" %(self.name, self.fight))
###################### 开始猫捉老鼠的游戏 ######################
Tom=Person('Tom 猫咪', 2000)
Jerry=Person('Jerry 老鼠', 800)
Tom.detail()
Jerry.detail()
Tom.catch(Jerry)
print("Tom.catch(Jerry)")
Tom.catch(Jerry)
print("Tom.catch(Jerry)")
Tom.catch(Jerry)
print("Tom.catch(Jerry)")
Tom.detail()
Jerry.detail()
Jerry.drinkMilk()
Jerry.eatCake()
Jerry.practice()
print("Jerry.drinkMilk()")
print("Jerry.eatCake()")
print("Jerry.practice()")
Tom.detail()
Jerry.detail()
```

Chap17_6.py 的运行结果如图 17.6 所示。

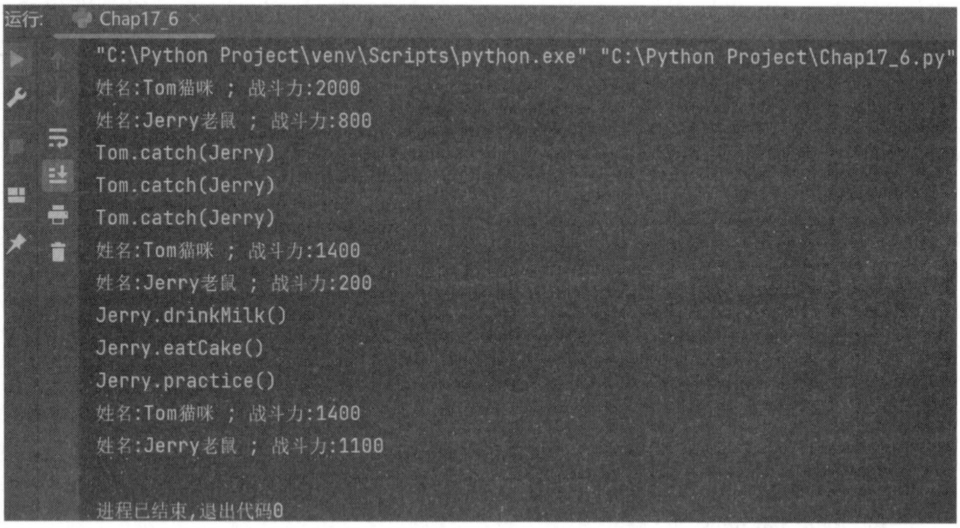

图 17.6　**Chap17_6.py** 的运行结果

17.8 类的继承

在面向对象编程（Object Oriented Programming，OOP）过程中，定义一个新类（subclass，子类）的时候，可以从现有类（父类、超类、基类）中继承。

继承最大的好处是功能复用，也就是子类获得了父类的全部功能，也可以对子类增加一些方法。当子类继承了父类之后，子类就可以使用父类的所有公有方法。

如果类继承的链条过长，那么一旦发生小的变化，也需要重新定义类，这容易引起类的爆炸式增长，所以有“多用组合少用继承”的说法。

Python 中的类继承分为单继承和多继承，表 17.9 是单继承和多继承语法。

表 17.9　单继承和多继承语法

```
class ParentClass1: #定义父类
    sentence...
class ParentClass2: #定义父类
    sentence...
class SubClass1(ParentClass1): #单继承，基类是 ParentClass1，派生类是 SubClass
    sentence...
#python 支持多继承，用逗号分隔开多个继承的类
class SubClass2(ParentClass1,ParentClass2,...):
    sentence...
```

表 17.10 给出了 Chap17_7.py 的源代码，它是一个类继承的例子。在这个例子中，Animal 是父类，Dog、Cat、Mouse 是子类。Dog 子类中没有 run()方法，所以 Dog 子类创建的对象在使用 run()方法的时候，直接调用 Animal 父类的 run()方法。Cat 子类、

Mouse 子类中有 run()方法，当 Cat 子类、Mouse 子类创建的对象使用 run()方法的时候，调用 Cat 子类、Mouse 子类的 run()方法。也就是说，子类的 run()方法覆盖了父类的 run()方法，在代码运行的时候会调用子类的 run()。

类（class）和对象（object）的关系：类可以被看作一个宏观的概念，对象可以被看作这个宏观概念的一个具体实例。

表 17.10　　Chap17_7.py 的源代码

```
#Chap17_7.py，类继承
class Animal(object):
    def run(self):
        print('Animal is running...')
class Dog(Animal):
    def bark(self):
        print('Dog is barking...')
class Cat(Animal):
    def drink(self):
        print('Cat is drinking milk...')
    def run(self):
        print('Cat is running...')
class Mouse(Animal):
    def run(self):
        print('mouse is running...')
    def eat(self):
        print('mouse is eating cake...')
Snoopy=Dog()
Tom=Cat()
Jerry=Mouse()
print("Snoopy.bark()")
Snoopy.bark()
print("Snoopy.run()")
Snoopy.run()
print("Tom.drink()")
Tom.drink()
print("Tom.run()")
Tom.run()
print("Jerry.run()")
Jerry.run()
print("Jerry.eat()")
Jerry.eat()
```

Chap17_7.py 的运行结果如图 17.7 所示。

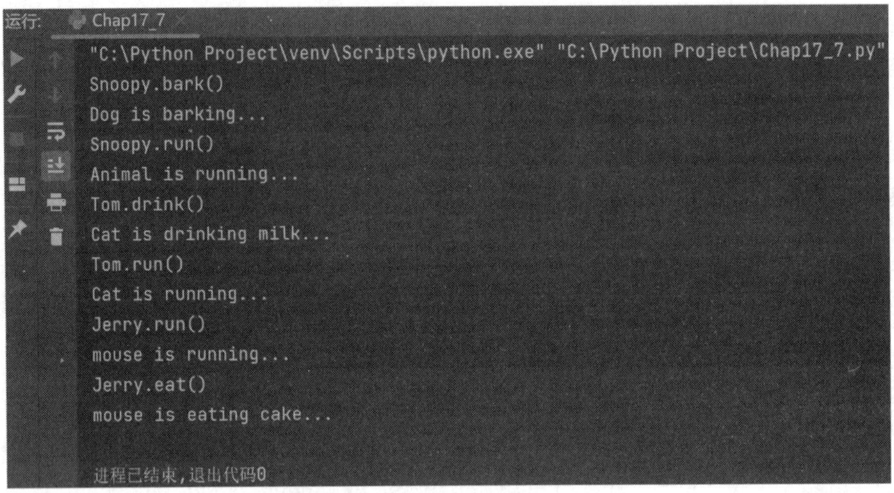

图 17.7　Chap17_7.py 的运行结果

17.9　类继承实例

表 17.11 给出了 Chap17_8.py 的源代码，它是类继承的另外一个例子。

在这个例子中，希望通过学生的姓名、学号查询相关图书信息。

创建两个类：父类 Library、子类 SearchBook。父类 Library 实际执行操作，子类 SearchBook 没有写功能，只是继承了父类 Libary。父类 Libary 定义了__init__方法，并且将学生姓名、学号作为参数传进去。子类 SearchBook 实例化之后，可以调用 Library 的公有方法：bookName()方法、bookStatus()方法。

表 17.11　　Chap17_8.py 的源代码

```
#Chap17_8.py，类继承的另外一个例子
class Library(object):
    def __init__(self,name,ID):
        self.name=name
        self.ID=ID
    def bookName(self,category):
        print(self.name+"同学好，您学号",self.ID,f"您选择的书目是{category}")
    def bookStatus(self,status):
        print(self.name+"同学好，您学号",self.ID,f"图书当前状态是{status}")
class SearchBook(Library):
    pass
student=SearchBook("小明",20201001)
student.bookName("<Python 从入门到精通>")
student.bookStatus("[在库]")
```

Chap17_8.py 的运行结果如图 17.8 所示。

图 17.8　Chap17_8.py 的运行结果

17.10　构造函数的重载

表 17.12 给出了 Chap17_9.py 的源代码，它演示的是构造函数的重载。

表 17.12　Chap17_9.py 的源代码

```
#Chap17_9.py,构造函数的重载
class Person(object):
    def __init__(self,name,age):
        self.name=name
        self.age=age
        self.weight='weight'
    def talk(self):
        print("name=",self.name,"age=",self.age,"weight=",self.weight," is talking....")
class Chinese(Person):
    def __init__(self,name,age,language):   # 先继承，再重构
        Person.__init__(self,name,age)
        # 继承父类的构造方法，也可以写成：super(Chinese,self).__init__(name,age)
        self.language=language   # 定义类的本身属性
    def walk(self):
        print(self.name,'is walking...')
cn=Chinese('张三', 20, 'Chinese')
cn.talk()
cn.walk()
```

Chap17_9.py 的运行结果如图 17.9 所示。

图 17.9　Chap17_9.py 的运行结果

17.11 类继承综合实例

表 17.13 给出了 Chap17_10.py 源代码，它是类继承的另外一个实例。

表 17.13 Chap17_10.py 的源代码

```
#Chap17_10.py,类继承
class SchoolMember(object):
    member=0
    def __init__(self, name, age, sex):
        self.name=name
        self.age=age
        self.sex=sex
        self.enroll()
    def enroll(self):#'注册'
        print('just enrolled a new school member [%s].' %self.name)
        SchoolMember.member+=1
    def tell(self):
        print('----%s----' % self.name)
        for k,v in self.__dict__.items():
            print(k,v)
        print('----end-----')
    def __del__(self):
        print('开除了[%s]' % self.name)
        SchoolMember.member-=1
class Teacher(SchoolMember):#'教师'
    def __init__(self, name, age, sex, salary, course):
        SchoolMember.__init__(self, name, age, sex)
        self.salary = salary
        self.course = course
    def teaching(self):
        print('Teacher [%s] is teaching [%s]' % (self.name, self.course))
class Student(SchoolMember):#'学生'
    def __init__(self, name, age, sex, course, tuition):
        SchoolMember.__init__(self, name, age, sex)
        self.course=course
        self.tuition=tuition
        self.amount=0
    def pay_tuition(self,amount):
        print('student [%s] has just paied [%s]' % (self.name,amount))
        self.amount+=amount
t1 = Teacher('teacher1',40, 'M', 3000, 'python')
t1.tell()
```

续表

```
s1 = Student('student1',19, 'M', 'python', 30000)
s1.tell()
s2 = Student('student2', 18, 'M', 'python', 11000)
print("SchoolMember.member=",SchoolMember.member)
del s2
print("SchoolMember.member=",SchoolMember.member)
```

Chap17_10.py 的运行结果如图 17.10 所示。

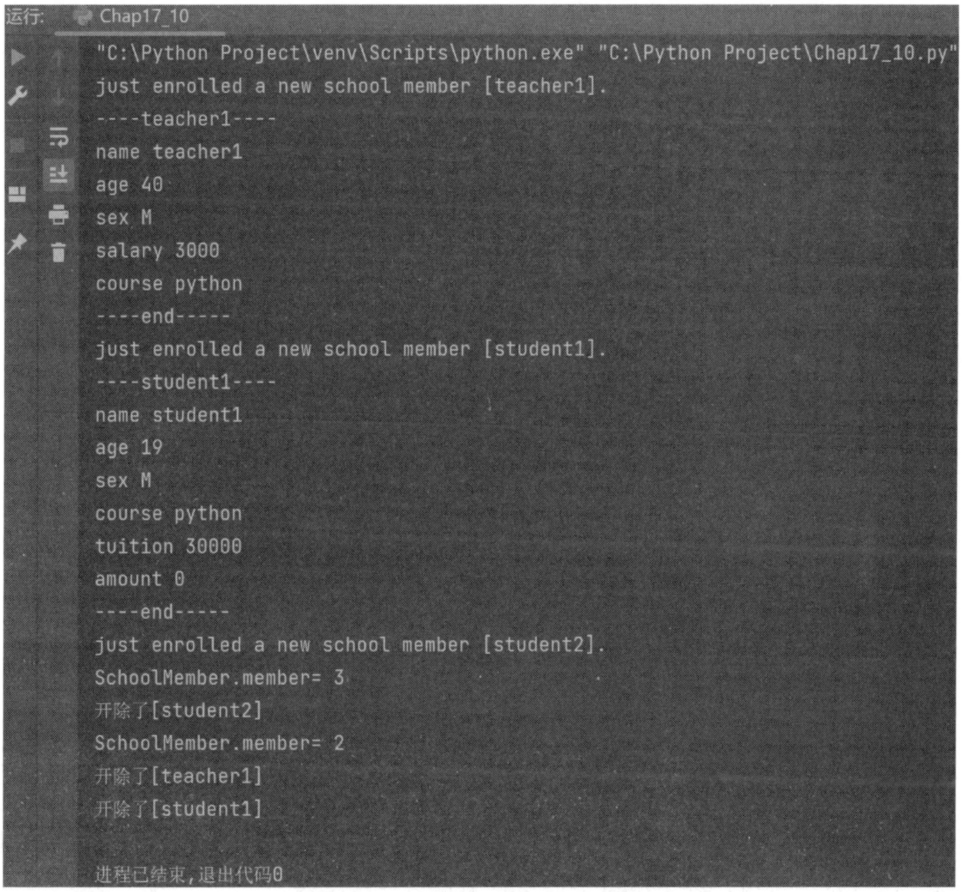

图 17.10　Chap17_10.py 的运行结果

17.12　多重继承

多重继承容易导致钻石继承（菱形继承）问题：A 是 B 的父类、A 是 C 的父类；D 是 B 的子类、D 是 C 的子类。

多重继承问题带来的麻烦一般比能解决的问题要多，所以如果不是特别必要，还是尽量少用多重继承。

表 17.14 给出了 Chap17_11.py 源代码，它是一个多重继承的实例。

表 17.14　　　　Chap17_11.py 的源代码

```
#Chap17_11.py,多重继承
class Father:
    def work(self):
        print("this is Father Class working")
    def drive(self):
        print("this is Father Class driving")
class Mother:
    def work(self):
        print("this is mother Class working")
    def cook(self):
        print("this is mother Class cooking")
class Son(Father, Mother):
    def play(self):
        print("this is son Class playing")
s=Son()
print("s.work()")
s.work()
print("s.drive()")
s.drive()
print("s.cook()")
s.cook()
print("s.play()")
s.play()
```

Chap17_11.py 的运行结果如图 17.11 所示。

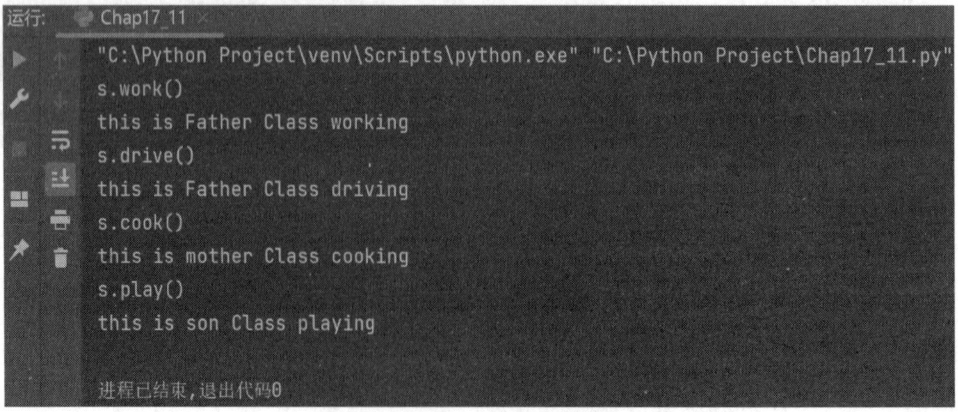

图 17.11　Chap17_11.py 的运行结果

17.13 类的私有属性、私有方法

对象的某些属性或方法，只希望在对象内部被使用，而不希望在外部被访问到。私有属性就是对象不希望公开的属性，私有方法就是对象不希望公开的方法。

Python 没有真正意义上的私有属性、私有方法，在给属性、方法命名时，实际上是对名称做了一些特殊处理，使得外界无法访问。

表 17.15 给出了 Chap17_12.py 源代码，它是一个私有属性和私有方法的实例。

表 17.15　　Chap17_12.py 的源代码

```
#Chap17_12.py，私有属性和私有方法
class VictoriaSecret:
    def __init__(self,name):
        self.name=name
        self.__age=18
    def __secret(self):# 在对象的方法内部，是可以访问对象的私有属性的
        print("%s 的年龄是 %d" %(self.name,self.__age))
Mary=VictoriaSecret("Mary")
# 私有属性不能够在外界被直接访问
print("Mary._VictoriaSecret__age=",Mary._VictoriaSecret__age)
Mary._VictoriaSecret__secret()#私有方法同样不允许在外界直接访问
```

Chap17_12.py 的运行结果如图 17.12 所示。

图 17.12　Chap17_12.py 的运行结果

17.14 类 的 多 态

顾名思义，多态（polymorphism）就是“多种状态”，在面向对象语言中，接口的多种不同实现方式即为多态。简单地说，就是允许将子类类型的指针赋值给父类类型的指针。

表 17.16 给出了 Chap17_13.py 源代码，它是一个类的多态的实例。在这个实例中，Animal 是父类，Cat 是子类，Dog 是子类。Tom 是 Cat 子类的对象，Tom 拥有 Cat 子类的 call()方法，以及从父类 Animal 继承的 call()方法，调用 Tom.call()，先查找 Cat 子类自身的定义，如果没有定义，则顺着继承链向上查找，直到在某个父类中找到为止。

函数 do(all)的参数 all 不一定是 Animal 父类或 Animal 父类的子类，任何数据类型的实例都可以，只要它有一个 call()的方法。

表 17.16　　　　Chap17_13.py 的源代码

```
#Chap17_13.py，类的多态
class Animal(object):
    def __init__(self, name, age):
        self.name = name
        self.age = age
    def call(self):
        print(self.name, 'Animal Class, call() method')
class Cat(Animal):
    def __init__(self, name, age, sex):
        super(Cat, self).__init__(name, age)
        self.sex = sex
    def call(self):
        print(self.name, 'Cat(Animal) Class, call() method')
class Dog(Animal):
    def __init__(self, name, age, sex):
        super(Dog, self).__init__(name, age)
        self.sex = sex
    def call(self):
        print(self.name, 'Dog(Animal) Class, call() method')
def search(all):
    all.call()
A = Animal('动物',4)
Tom= Cat('Tom 猫咪', 2, 'Male')
Snoopy= Dog('Snoopy 狗', 5, 'Female')
for x in (A,Tom,Snoopy):
    search(x)
```

Chap17_13.py 的运行结果如图 17.13 所示。

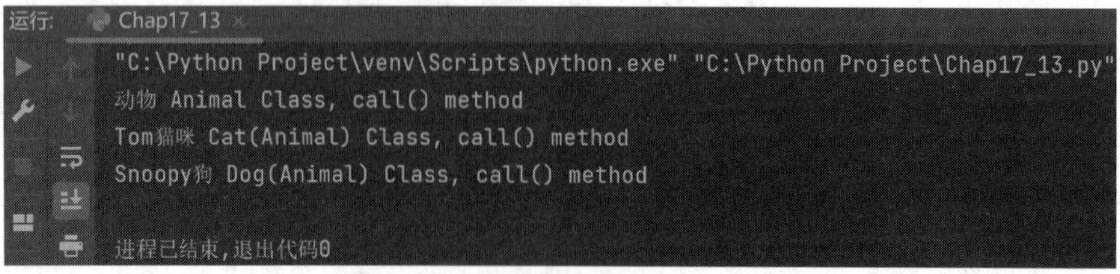

图 17.13　Chap17_13.py 的运行结果

17.15 类的封装

面向对象编程的一个重要特点就是数据封装。顾名思义，封装是将内容封装到某个地方从而方便调用，在使用面向对象的封装特性时，需要将内容封装到某处并从此处调用被封装的内容。类的封装好处是：类中的数据和逻辑被封装之后，很容易调用而不需要知道内部实现的细节，封装的另一个好处是可以给类增加新的方法。类的每个实例拥有各自的数据，可以通过函数来访问这些数据。

表 17.17 给出了 Chap17_14.py 源代码，通过这个实例讲解类的封装。

表 17.17　　　　　Chap17_14.py 的源代码

```
#Chap17_14.py，类的封装
class Student:
    def __init__(self,name,age):
        self.name=name
        self.age=age
    def describe(self):
        print("self.name=",self.name)
        print("self.age=",self.age)
stu1=Student("Tom",18)
print(stu1.name)
print(stu1.age)
stu1.describe()
stu2=Student("Jerry",19)
print(stu2.name)
print(stu2.age)
stu2.describe()
```

关于这个实例的说明如下：

（1）def __init__(self,name,age)是构造函数，根据 Student 类创建对象，自动执行 Student 类的__init__方法。

（2）stu1=Student("Tom",18)语句根据类 Student 创建对象，自动执行 Student 类的__init__方法，将"Tom"和 18 分别封装于 stu1/self 的 name 和 age 属性中，stu1 就是 self。

（3）stu2=Student("Jerry",19)语句根据类 Student 创建对象，自动执行 Student 类的__init__方法，将"Jerry"和 19 分别封装于 stu2/self 的 name 和 age 属性中，stu2 就是 self。

（4）self 是一个形式参数，当执行 stu1=Student("Tom",18)时，self 等于 stu1；当执行 stu2=Student("Jerry",19)时，self 等于 stu2。内容其实被封装到了对象 stu1 和 stu2 中，每个对象中都有 name 和 age 属性。

（5）调用被封装的内容时，可以通过对象直接调用，也可以通过 self 间接调用。

（6）stu1.name 语句通过对象直接调用被封装的内容(对象.属性名)。

（7）stu1.describe()语句默认将 stu1 传给 self 参数，即 stu1.describe(stu1)，所以，此时方法内部的 self=stu1，即 self.name 是 Tom，self.age 是 18。

（8）stu2.describe()语句默认将 stu2 传给 self 参数，即 stu2.describe(stu2)，所以，此时方法内部的 self=stu2，即 self.name 是 Jerry，self.age 是 19。

总之，面向对象的封装其实就是使用构造方法将内容封装到对象中，然后通过对象直接或者 self 间接获取被封装的内容。

Chap17_14.py 的运行结果如图 17.14 所示。

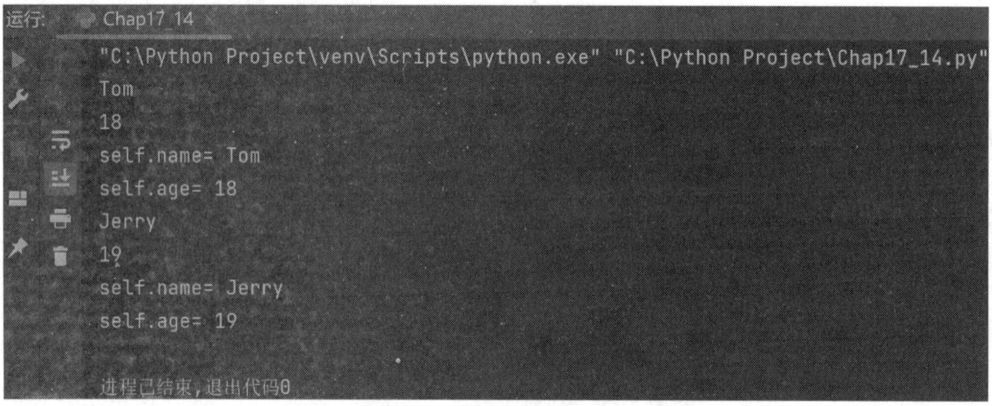

图 17.14　Chap17_14.py 的运行结果

17.16 方法重写

如果父类方法的功能不能满足需求，可以在子类重写父类的方法。

表 17.18 给出了 Chap17_15.py 源代码，这个实例讲解的是方法重写。在这个例子中，super()函数是用于调用父类(超类)的一个方法。

表 17.18　　　Chap17_15.py 的源代码

```
#Chap17_15.py，类的方法重写
class Parent:          #父类
    def run(self):
        print("class Parent running...")
class Child(Parent):#子类
    def run(self):
        print("class Child running...")
c=Child()   #子类实例
c.run()      #子类调用重写方法
super(Child, c).run()  # 用子类对象调用父类已被覆盖的方法
```

Chap17_15.py 的运行结果如图 17.15 所示。

图 17.15 **Chap17_15.py** 的运行结果

17.17 类的综合实例

17.17.1 类的私有属性实例

表 17.19 给出了 Chap17_16.py 源代码，这个实例讲解的是类的私有属性。

私有属性的格式是：__private_attrs，两个下划线__开头，声明该属性为私有。类的私有属性不能在类的外部使用或直接访问。

表 17.19 **Chap17_16.py** 的源代码

```
#Chap17_16,类的私有属性实例
class Counter:
    __secretCount = 0     #私有变量
    publicCount = 0       #公开变量
    def count(self):
        self.__secretCount += 1
        self.publicCount += 1
        print("__secretCount=",self.__secretCount)
cnt = Counter()
cnt.count()
cnt.count()
cnt.count()
print("publicCount=",cnt.publicCount)
#print("__secretCount=",cnt.__secretCount)   # 报错，对象不能访问私有变量
```

Chap17_16.py 的运行结果如图 17.16 所示。

图 17.16 **Chap17_16.py** 的运行结果

17.17.2 类的私有方法实例

表 17.20 给出了 Chap17_17.py 的源代码，这个实例讲解的是类的私有方法。

在类的内部使用 def 关键字定义方法，与一般函数定义不同。类的方法必须包含参数 self（也可以使用 this，但是最好还是按照约定使用 self），且为第一个参数，self 代表的是类的实例。

类的私有方法格式为：__private_method。以两个下划线__开头，声明该方法为私有方法。类的私有方法只能在类的内部调用，不能在类的外部调用，调用格式为 self.__private_methods。

表 17.20　　　Chap17_17.py 的源代码

```
#Chap17_17.py，类的私有方法
class Person:
    def __init__(self,name,age):
        self.name = name    # public
        self.__age = age    # private
    def who(self):
        print('name    : ', self.name)
        print('age : ', self.__age)
    def work(self):   # 公共方法
        print('public work')
        self.__salary()
    def __salary(self):   # 私有方法
        print('private __salary')
p=Person('Tom',18)
p.who()   # 正常输出
p.work()   # 正常输出
#p.__salary()   # 报错
```

Chap17_17.py 的运行结果如图 17.17 所示。

图 17.17　Chap17_17.py 的运行结果

17.17.3 简单类实例

表 17.21 给出了 Chap17_18.py 的源代码，这是一个简单类实例，体现了如何建立一个类，如何根据类创建一个对象，如何通过对象调用类的参数。

表 17.21 Chap17_18.py 的源代码

```
#Chap17_18.py,简单实例
class Student:
    def __init__(self,name,age):
        self.name=name
        self.age=age
stu1=Student("Tom",18)
print("stu1.name=",stu1.name)#直接调用 stu1 对象的 name 属性
print("stu1.age=",stu1.age)#直接调用 stu1 对象的 age 属性
stu2=Student("Jerry",19)
print("stu2.name=",stu2.name)#直接调用 stu2 对象的 name 属性
print("stu2.age=",stu2.age)#直接调用 stu2 对象的 age 属性
```

Chap17_18.py 的运行结果如图 17.18 所示。

图 17.18 Chap17_18.py 的运行结果

17.17.4 复数类实例

表 17.22 给出了 Chap17_19.py 源代码，这是一个复数类实例，它主要讲解了如何建立一个复数的类，以及如何打印复数。

表 17.22 Chap17_19.py 的源代码

```
#Chap17_19.py，复数类实例
class Complex:
    def __init__(self,realpart,imagpart):
        self.r=realpart
        self.i=imagpart
x=Complex(-3.0,-4.5)
if x.i==0:
    print(x.r)
elif x.i>0:
    print(x.r, "+", x.i, "i")
else:
    print(x.r,x.i,"i")
```

Chap17_19.py 的运行结果如图 17.19 所示。

图 17.19 Chap17_19.py 的运行结果

17.17.5 圆形类实例

表 17.23 给出了 Chap17_20.py 源代码，这是一个圆形类实例。

这个简单的类实例定义了一个圆形类，用来计算面积（area）和周长（perimeter）。

表 17.23 **Chap17_20.py 的源代码**

```
#Chap17_20.py，定义了一个圆形类，计算面积(area)和周长(perimeter)
from math import pi
class Circle:
    def __init__(self,radius):
        self.radius=radius
    def area(self):
        return pi*self.radius*self.radius
    def perimeter(self):
        return 2*pi*self.radius
circle= Circle(10)   #实例化一个圆
area1=circle.area() #计算圆面积
per1=circle.perimeter() #计算圆周长
print("area=",area1,",perimeter=",per1)          #打印圆面积和周长
```

Chap17_20.py 的运行结果如图 17.20 所示。

图 17.20 Chap17_20.py 的运行结果

17.17.6 圆环类实例

表 17.24 给出了 Chap17_21.py 源代码，这是一个圆环类实例，用来计算圆环的面积和周长。在这个实例中，圆环由两个圆组成，圆环的面积是外圆面积减去内圆面积，圆环的周长是内圆周长加上外圆周长。

首先实现一个圆形类，计算圆周长和面积；然后在环形类中组合圆形实例作为环形类的属性使用。

表 17.24　　Chap17_21.py 的源代码

```
#Chap17_21.py，圆环类，计算圆环的面积和周长
from math import pi
class Circle:#圆形类
    def __init__(self,radius):
        self.radius = radius
    def area(self):
        return pi * self.radius * self.radius
    def perimeter(self):
        return 2 * pi *self.radius
circle =  Circle(10) #实例化一个圆
area1 = circle.area() #计算圆面积
per1 = circle.perimeter() #计算圆周长
#print("area=",area1,"perimeter=",per1) #打印圆面积和周长
class Ring:#圆环类
    def __init__(self,radius_outside,radius_inside):
        self.outside_circle=Circle(radius_outside)
        self.inside_circle=Circle(radius_inside)
    def area(self):
        return self.outside_circle.area()-self.inside_circle.area()
    def perimeter(self):
        return self.outside_circle.perimeter()+self.inside_circle.perimeter()
ring=Ring(10,5) #实例化一个环形
print("ring.perimeter=",ring.perimeter()) #计算环形的周长
print("ring.area=",ring.area()) #计算环形的面积
```

Chap17_21.py 的运行结果如图 17.21 所示。

图 17.21　Chap17_21.py 的运行结果

17.17.7　类的组合

表 17.25 给出了 Chap17_22.py 的源代码，这是类的组合实例。类的组合是软件重用的一种重要方式，是指在一个类中以另外一个类的对象作为数据属性，用组合方式建立

了类之间的关系。

在这个实例中，有两个类：Beast 类、Person 类。Person 类是 Beast 类中 bite(self,Person)方法的参数，通过 bite(self,Person)方法改变 Person 类中的 life_value 值。Beast 类是 Person 类中 attack(self,Beast)方法的参数，通过 attack(self,Beast)方法改变 Beast 类中的 life_value 值。

表 17.25　　　　Chap17_22.py 的源代码

```
#Chap17_22.py，类的组合
class Beast:
    def __init__(self,life_value):
        self.life_value=life_value
    def bite(self,Person):
        Person.life_value-=100
class Person:   # 定义一个人类
    role = 'person'   # 人的角色属性都是人
    def __init__(self, name,life_value):
        self.name = name   # 每一个角色都有自己的昵称
        self.life_value=life_value
    def attack(self,Beast):
        Beast.life_value-=200
wolf=Beast(1000)
p=Person("张三",600)
print("p.name=",p.name)
print("wolf.life_value=",wolf.life_value)
print("p.life_value=",p.life_value)
wolf.bite(p)
wolf.bite(p)
wolf.bite(p)
print("wolf bite 3 times")
p.attack(wolf)
p.attack(wolf)
p.attack(wolf)
print("person attack 3 times")
print("wolf.life_value=",wolf.life_value)
print("p.life_value=",p.life_value)
```

Chap17_22.py 的运行结果如图 17.22 所示。

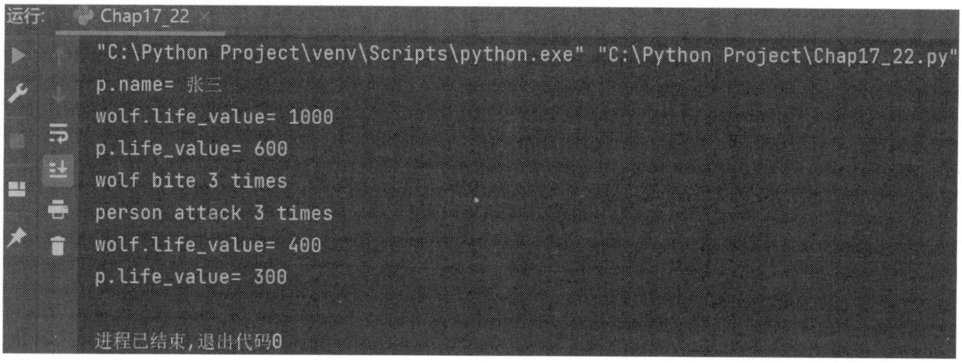

图 17.22 Chap17_22.py 的运行结果

17.17.8 类组合实例

表 17.26 给出了 Chap17_23.py 源代码，这是类组合的另外一个实例。这个实例定义了 3 个类：BirthDate 类、Course 类、Teacher 类。在 Teacher 类中，def __init__(self,name,gender,birth,course)方法的参数 birth 需要用到 BirthDate 类、参数 course 需要用到 Course 类。

表 17.26 Chap17_23.py 的源代码

```
#Chap17_23.py,类组合
class BirthDate:
    def __init__(self,year,month,day):
        self.year=year
        self.month=month
        self.day=day
class Course:
    def __init__(self,name,price,period):
        self.name=name
        self.price=price
        self.period=period
class Teacher:
    def __init__(self,name,gender,birth,course):
        self.name=name
        self.gender=gender
        self.birth=birth
        self.course=course
    def teach(self):
        print('teaching...')
t1=Teacher('teacher1','male',
           BirthDate('1976','9','16'),
           Couse('Python','10RMB','4 months')
```

续表

```
        )
t1.teach()
print("teacher t1.name=",t1.name,"t1.gender=",t1.gender)
print("birth.year=",t1.birth.year,"birth.month=",t1.birth.month,"birth.day=",t1.birth.day)
print("course.name=",t1.course.name,"course.price=",t1.course.price,"course.period=",t1.course.period)
```

Chap17_23.py 的运行结果如图 17.23 所示。

图 17.23　Chap17_23.py 的运行结果

17.18 接　口　类

继承有两种用途：

（1）继承基类（父类）的方法并进行改变、扩展，也就是代码重用。

（2）定义接口类（Interface Class），在接口类中定义接口名（就是函数名），子类继承接口类并实现接口中的功能。

接口提取了类共同的函数，可以把接口当作一个函数的集合，然后让子类去实现接口中的函数。这么做的意义在于归一化。

什么是归一化？就是只要是基于同一个接口实现的类，那么所有的这些类产生的对象在使用时，从用法上来说都一样。归一化，让使用者无须关心对象的类是什么，只需要知道这些对象都具备某些功能就可以，这极大地降低了使用者的使用难度。

例如，定义动物接口，接口里定义了跑、吃、呼吸等接口函数，老鼠的类实现了该接口，松鼠的类也去实现了该接口，由两个类分别产生一只老鼠和一只松鼠送到你面前，即便是无法仔细分辨也肯定知道它们都会跑，都会吃，都能呼吸。

例如，定义汽车接口，定义汽车所有的功能，然后有比亚迪汽车的类、本田汽车的类、大众汽车的类，都实现了汽车接口，这样就好办了，大家只需要学会怎么开车，那么无论是比亚迪、本田还是大众就都会开了，开的时候根本无须关心开的是哪一类车，操作手法（函数调用）都一样。

表 17.27 给出了 Chap17_24.py 的源代码，这是一个接口类的实例。在这个实例中，定义了 3 个类：AliPay（支付宝支付）、ApplePay（Apple Pay 支付）、WechatPay（Wechat

Pay 支付）。这 3 个类都定义了各自的 pay(self,money)方法。函数 pay(payment,money)总体负责支付，第一个参数 payment 表示支付的对象，第二个参数 money 表示要支付的金额。

表 17.27　　　Chap17_24.py 的源代码

```
#Chap17_24.py，接口类实例
class AliPay:#支付宝支付
    def pay(self,money):
        print('支付宝支付了%s 元'%money)
class ApplePay:#apple pay 支付
    def pay(self,money):
        print('apple pay 支付了%s 元'%money)
class WechatPay:#Wechat pay 支付
    def pay(self,money):
        print('微信支付了%s 元'%money)
#支付函数，总体负责支付
def pay(payment,money):
    payment.pay(money)
p=AliPay()
pay(p,200)
p=ApplePay()
pay(p,300)
p=WechatPay()
pay(p,150)
```

Chap17_24.py 的运行结果如图 17.24 所示。

图 17.24　Chap17_24.py 的运行结果

17.19　抽　象　类

顾名思义，抽象类就是对类进行抽象。为什么要有抽象类？抽象类作用是什么？如果说类是从一堆对象中抽取相同内容，那么抽象类就是从一堆类中抽取相同内容，抽象类内容包括数据属性和函数属性。比如，香蕉类、苹果类、桃子类、西瓜类，从这些类中抽取相同内容就会得到水果类这个抽象类。

从设计角度看，类是对现实对象的抽象，抽象类是对类的抽象。从实现角度看，抽象类中有抽象方法，抽象类只能被继承，不能被实例化，子类必须实现抽象方法，抽象类有点类似接口类，但属于不同概念。

Python 有抽象类的概念，但是需要借助模块实现。

表 17.28 给出了 Chap17_25.py 的源代码，这是抽象类的一个实例。

抽象类与接口类有什么区别？抽象类是介于类和接口之间的概念，同时具备类和接口的部分特性，可以用来实现归一化设计。抽象类的本质还是类，它是对一组类的相似性进行抽象，包括数据属性（如本例的 all_type 属性）和函数属性（如本例的 read、write 方法），而接口只强调函数属性的相似性。

表 17.28　　　　Chap17_25.py 的源代码

```
#Chap17_25.py，抽象类
import abc #利用 abc 模块实现抽象类
class All_file(metaclass=abc.ABCMeta):
    all_type='file'
    @abc.abstractmethod #定义抽象方法，无需实现功能
    def read(self):#'子类必须定义读功能'
        pass
    @abc.abstractmethod #定义抽象方法，无需实现功能
    def write(self):#'子类必须定义写功能'
        pass
class Txt(All_file): #子类继承抽象类，但是必须定义 read 和 write 方法
    def read(self):
        print('文本数据的读取方法')
    def write(self):
        print('文本数据的写入方法')
class Sata(All_file): #子类继承抽象类，但是必须定义 read 和 write 方法
    def read(self):
        print('硬盘数据的读取方法')
    def write(self):
        print('硬盘数据的写入方法')
class Process(All_file): #子类继承抽象类，但是必须定义 read 和 write 方法
    def read(self):
        print('进程数据的读取方法')
    def write(self):
        print('进程数据的写入方法')
txtFile=Txt()
sataFile=Sata()
processFile=Process()
#这样大家都是被归一化了,也就是一切皆文件的思想
txtFile.read()
```

续表

```
sataFile.write()
processFile.read()
print(txtFile.all_type)
print(sataFile.all_type)
print(processFile.all_type)
```

Chap17_25.py 的运行结果如图 17.25 所示。

图 17.25　Chap17_25.py 的运行结果

17.20　运算符重载

Python 语言提供了运算符重载功能，增强了 Python 语言的灵活性。类可以重载加减运算、打印、函数调用、索引等内置运算，运算符重载使对象的行为与内置对象的行为一样，Python 在调用操作符时会自动调用这样的方法，例如，如果类实现了__add__方法，当类的对象出现在+运算符中时会调用这个方法。

17.20.1　运算符重载方法

表 17.29 展示的是常见运算符的重载方法。

表 17.29　常见的运算符重载方法

方法名	重载说明	运算符调用方式
__init__	构造函数	对象创建: X = Class(args)
__del__	析构函数	X 对象收回
__add__ / __sub__	加减运算	X+Y， X+=Y/X-Y， X-=Y
__or__	运算符|	X|Y, X|=Y
__repr__ / __str__	打印 / 转换	print(X)、repr(X) / str(X)

续表

方法名	重载说明	运算符调用方式
__call__	函数调用	X(*args, **kwargs)
__getattr__	属性引用	X.undefined
__setattr__	属性赋值	X.any=value
__delattr__	属性删除	del X.any
__getattribute__	属性获取	X.any
__getitem__	索引运算	X[key]，X[i:j]
__setitem__	索引赋值	X[key]，X[i:j]=sequence
__delitem__	索引和分片删除	del X[key]，del X[i:j]
__len__	长度	len(X)
__bool__	布尔测试	bool(X)
__lt__，__gt__，__le__，__ge__，__eq__，__ne__	特定的比较	依次为 X<Y，X>Y，X<=Y，X>=Y，X==Y，X!=Y 注释：(lt: less than, gt: greater than, le: less equal, ge: greater equal,eq: equal, ne: not equal)
__radd__	右侧加法	other+X
__iadd__	实地（增强的）加法	X+=Y(or else __add__)
__iter__，__next__	迭代	I=iter(X), next()
__contains__	成员关系测试	item in X(X 为任何可迭代对象)
__index__	整数值	hex(X), bin(X),oct(X)
__enter__，__exit__	环境管理器	with obj as var:
__get__，__set__，__delete__	描述符属性	X.attr, X.attr=value, del X.attr
__new__	创建	在__init__之前创建对象

17.20.2 运算符重载实例

表 17.30 给出了 Chap17_26.py 的源代码，这是运算符重载的一个实例。

表 17.30　　　　Chap17_26.py 的源代码

```
#Chap17_26.py，运算符重载
class Vector:
    def __init__(self,a,b):
        self.a=a
        self.b=b
```

续表

```
    def __str__(self):
        return 'Vector(%d,%d)' %(self.a,self.b)
    def __add__(self,other):
        return Vector(self.a+other.a,self.b+other.b)
v1=Vector(2,10)
v2=Vector(5,-2)
print(v1+v2)
```

Chap17_26.py 的运行结果如图 17.26 所示。

图 17.26　**Chap17_26.py 的运行结果**

17.20.3　运算符方法 1

构造函数（__init__）的主要作用是进行对象的创建，创建实例对象时会调用__init__构造方法。析构函数（__del__）的主要作用是进行对象的回收，收回实例对象时会自动执行析构函数__del__。

表 17.31 给出了 Chap17_27.py 的源代码，这是构造函数（__init__）和析构函数（__del__）的一个实例。

表 17.31　Chap17_27.py 的源代码

```
#Chap17_27.py,构造函数(__init__)和析构函数(__del__)
class Person():
    def __init__(self,name,age):
        self.name=name
        self.age=age
        print("__init__",self.name,self.age)
    def __del__(self):
        print("__del__")
p = Person('Tom',18)
```

Chap17_27.py 的运行结果如图 17.27 所示。

图 17.27 **Chap17_27.py 的运行结果**

17.20.4 运算符方法 2

重载加（__add__）、减（__sub__）这两个运算方法，就可以在普通对象上添加这两个运算。表 17.32 给出了 Chap17_28.py 的源代码，这是使用加（__add__）、减（__sub__）这两个运算符的一个实例。

表 17.32 Chap17_28.py 的源代码

```
#Chap17_28.py,加(__add__)减(__sub__)运算
class Computation():
    def __init__(self,value):
        self.value = value
    def __add__(self,other):
        return self.value + other
    def __sub__(self,other):
        return self.value - other
c = Computation(5)
print("c=",c.value)
print("c+5=",c+5)
print("c-3=",c-3)
```

Chap17_28.py 的运行结果如图 17.28 所示。

图 17.28 **Chap17_28.py 的运行结果**

17.20.5 运算符方法 3

对象的字符串表达形式__repr__和__str__，是用来表示对象的字符串表达形式。print()、str()方法会调用__str__方法，print()、str()和 repr()方法会调用__repr__方法。当__repr__、__str__这两个方法同时定义时，Python 会优先搜索并调用__str__方法。

表 17.33 给出了 Chap17_29.py 的源代码，这是使用__repr__、__str__这两个运算符的一个实例。这是对象的字符串表达形式。

表 17.33　　　　Chap17_29.py 的源代码

```
#Chap17_29.py,对象的字符串表达形式：__repr__、__str__
class Str(object):
    def __str__(self):
        return "__str__ called"
    def __repr__(self):
        return "__repr__ called"
s=Str()
print("s=Str()=",s)
print("repr(s)=",repr(s))
print("str(s)=",str(s))
```

Chap17_29.py 的运行结果如图 17.29 所示。

图 17.29　Chap17_29.py 的运行结果

17.20.6　运算符方法 4

表 17.34 给出了 Chap17_30.py 的源代码，这是索引取值（__getitem__）和赋值（__setitem__）这两个运算符的一个实例。通过索引取值和赋值这两个方法，可以通过 X[i]形式对 object 进行取值和赋值，还可以对 object 进行切片。

表 17.34　　　　Chap17_30.py 的源代码

```
#Chap17_30.py,索引取值(__getitem__)和赋值(__setitem__)
class Indexer:
    data=[1,2,3,4,5,6]
    def __getitem__(self,index):
        return self.data[index]
    def __setitem__(self,k,v):
        self.data[k] = v
        print(self.data)
```

续表

```
i=Indexer()
print("i=Indexer(),i.data=",i.data)
print("i[0]=",i[0])
print("i[1:4]=",i[1:4])
print("i[0]=10")
i[0]=10
```

Chap17_30.py 的运行结果如图 17.30 所示。

图 17.30　Chap17_30.py 的运行结果

17.20.7　运算符方法 5

表 17.35 给出了 Chap17_31.py 的源代码，这是设置属性（__setattr__）和访问属性（__getattr__）这两个运算符的一个实例，可以通过重载__getattr__和__setattr__拦截对 object 成员的访问。__getattr__在访问对象中成员时会自动调用，__setattr__方法用于在初始化对象成员的时候调用，即在设置__dict__的 item 时就会调用__setattr__方法。从实例的运行结果可以看出，访问不存在的变量 x 时会调用__getattr__方法，当__init__被调用的时候，赋值运算也会调用__setattr__方法。

表 17.35　　Chap17_31.py 的源代码

```
#Chap17_31.py,设置属性(__setattr__)和访问属性(__getattr__)
class Attr():
    def __init__(self,a,b):
        self.a=a
        self.b=b
    def f(self):
        print(self.__dict__)
    def __getattr__(self,name):
```

续表

```
        print("__getattr__",name)
    def __setattr__(self,name,value):
        print("__setattr__",name,value)
        self.__dict__[name]=value
atr = Attr(1,2)
atr.f()
atr.x
atr.x = 3
atr.f()
```

Chap17_31.py 的运行结果如图 17.31 所示。

图 17.31　**Chap17_31.py 的运行结果**

17.20.8　运算符方法 6

表 17.36 给出了 Chap17_32.py 的源代码，这是迭代器对象__iter__、__next__这两个运算符的一个实例。可以通过重载__getitem__方法来实现迭代。

表 17.36　Chap17_32.py 的源代码

```
#Chap17_32.py,迭代器对象：__iter__、__next__
class Indexer:
    data = [1,2,3,4,5,6]
    def __getitem__(self,index):
        return self.data[index]
x=Indexer()
for item in x:
    print(item)
```

Chap17_32.py 的运行结果如图 17.32 所示。

图 17.32　Chap17_32.py 的运行结果

17.20.9　运算符方法 7

表 17.37 给出了 Chap17_33.py 的源代码，这是算术运算符重载的一个实例。

表 17.37　　Chap17_33.py 的源代码

```
#Chap17_33.py,算术运算重载
class Algo:
    def __init__(self, num):
        self.data = num
    def __add__(self, other):# +
        return self.data + other.data
    def __sub__(self, other):# -
        return self.data - other.data
    def __mul__(self, other):# *
        return self.data * other.data
    def __truediv__(self, other):# /
        return self.data / other.data
    def __floordiv__(self, other):# //
        return self.data // other.data
    def __mod__(self, other):# %
        return self.data % other.data
    def __divmod__(self, other):# divmod()
        # 商(10/5),余数(10%5)
        return self.data / other.data, self.data % other.data
    def __pow__(self, other):# **
        return self.data ** other.data
    def __lshift__(self, other):# <<
        return self.data << other.data
    def __rshift__(self, other):# >>
        return self.data >> other.data
    def __and__(self, other):# &
        return self.data & other.data
    def __xor__(self, other):# ^
```

续表

```
        return self.data ^ other.data
    def __or__(self, other):# |
        return self.data | other.data
# 算术运算符
d = Algo(3)
d1 = Algo(5)
print(d+d1)
print(d-d1)
print(d*d1)
print(d/d1)
print(d//d1)
print(d%d1)
print(divmod(d,d1))
print(d**d1)
print(d<<d1)
print(d>>d1)
print(d&d1)
print(d^d1)
print(d|d1)
```

Chap17_33.py 的运行结果如图 17.33 所示。

图 17.33　Chap17_33.py 的运行结果

17.21　类的常用方法

表 17.38 所展示的是类的常用方法。

表 17.38 类的常用方法

语法	用途
__doc__	类的说明
__name__	返回类名
__base__	返回一个父类
__bases__	返回多个父类
__dict__	返回对象或者类的信息
__init__	构造方法，生成对象时调用
__del__	析构方法，释放对象时使用
__str__	用于转换成可以阅读的形式
__repr__	转换成解释器查看的形式
__add__	运算符重载
__getattr__	调用不存在属性的时候触发
__len__	获得长度
__getitem__	按照索引获取值
__setitem__	按照索引赋值
__cmp__	比较运算
__call__	函数调用
__add__	加运算
__sub__	减运算
__mul__	乘运算
__truediv__	除运算
__mod__	求余运算
__pow__	乘方

17.22 类的派生

类的派生，就是子类在继承父类的基础上衍生出的新属性（方法），这种新属性（方法）在父类中没有而在子类中独有，或者子类中的新属性（方法）与父类重名，这样的子类称为派生类，在派生类中可以添加新的属性。

表 17.39 给出了 Chap17_34.py 的源代码，这是一个类派生的实例。

表 17.39　　Chap17_34.py 的源代码

```
#Chap17_34.py,类的派生
class Animal:
    def run(self):
        print('Class Animal run(self)')
class Cat(Animal):
    def eat(self):
        print('Cat(Animal),eat(self)')
Tom = Cat()
print("Tom = Cat(),Tom.run()")
Tom.run()
print("Tom.eat()")
Tom.eat()
Tom.color = '蓝色'
print("Tom.color=",Tom.color)
Tom.friend="Jerry"
print("Tom.friend=",Tom.friend)
```

Chap17_34.py 的运行结果如图 17.34 所示。

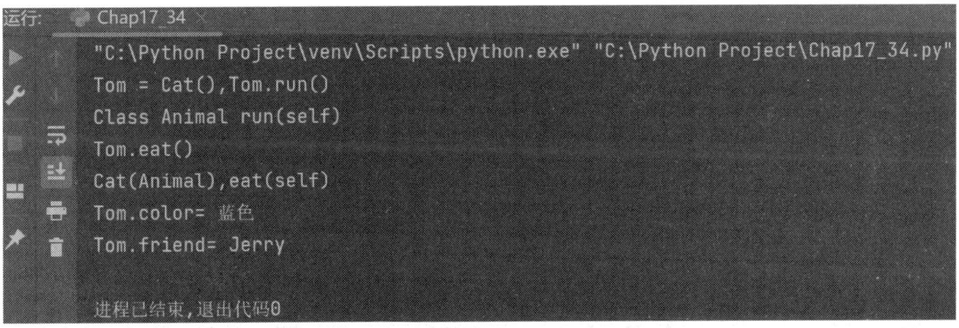

图 17.34　Chap17_34.py 的运行结果

17.23　类方法总结

本书介绍过的类方法包括：

（1）创建类。

（2）构造类。

（3）类的方法。

（4）类的继承。

（5）类的私有属性、私有方法。

（6）类的多态。

（7）类的封装。

（8）方法重写。

（9）接口类。

（10）抽象类。

（11）运算符重载。

（12）类的常用方法。

（13）类的派生等。

下面给出一些综合实例。

17.23.1 综合实例 1

表 17.40 给出了 Chap17_35.py 的源代码，这是__str__方法的重载函数的实例。

表 17.40　　Chap17_35.py 的源代码

```
#Chap17_35.py
class Student:
    def __init__(self,name,age,ID):
        self.name=name
        self.age=age
        self.ID=ID
    def __str__(self):
        return 'name=%s,age=%d,ID=%s'%(self.name,self.age,self.ID)
stu=Student('Tom',18,20201001)
print("stu:",stu)
```

Chap17_35.py 的运行结果如图 17.35 所示。

图 17.35　Chap17_35.py 的运行结果

17.23.2 综合实例 2

类的方法包括普通方法、静态方法、类方法等。

表 17.41 给出了 Chap17_36.py 的源代码，这是类的方法的实例。从这个实例可以看出，类的静态方法前面需要加上@staticmethod，类方法前面需要加上@classmethod 语句，类的静态方法、类方法都可以被类或者对象调用，类的普通方法只能被对象调用。

表 17.41　　Chap17_36.py 的源代码

```
#Chap17_36.py,类的方法
class Classname:
    @staticmethod#静态方法
    def staticM():
        print('静态方法')
    @classmethod#类方法
    def classM(cls):
        print('类方法')
    def commonM(self):# 普通方法
        print('普通方法')
Classname.staticM()
Classname.classM()
CN= Classname()
CN.staticM()
CN.classM()
CN.commonM()
```

Chap17_36.py 的运行结果如图 17.36 所示。

图 17.36　Chap17_36.py 的运行结果

17.23.3　综合实例 3

表 17.42 给出了 Chap17_37.py 的源代码，这是类方法的另外一个实例。

表 17.42　　Chap17_37.py 的源代码

```
#Chap17_37.py
class Student:
    # 定义基本属性
    name=''
    age=0
    # 定义私有属性外部无法直接访问
    __score=0
    def __init__(self,name,age,score):
```

续表

```
        self.name=name
        self.age=age
        self.__score=score
    def attribute(self):
        print("attribute(self): name=%s,age=%d,__score=%d"%(self.name,self.age,self.__score))
stu= Student('Python',19,90)
stu.attribute()
# __score 无法直接访问
print("read attribute direct:",stu.name,'--',stu.age)
```

Chap17_37.py 的运行结果如图 17.37 所示。

图 17.37　Chap17_37.py 的运行结果

17.24　小　　结

本章讲解了类（class），包括面向对象，创建类，构造类，类的方法，类的举例，类与实例，面向对象方法，类的继承，类继承实例，构造函数的重载，类继承综合实例，多重继承，类的私有属性、私有方法，类的多态，类的封装，方法重写，类的综合实例，接口类，抽象类，运算符重载，类的常用方法，类的派生，类方法总结等。

第 18 章　文　　件

文件的操作包括创建文件、创建目录、打开文件、关闭文件、读取文件内容、向文件中写入内容等。

对文件进行操作需要导入两个模块：os 模块和 shutil 模块。也就是说，需要在程序头部加上 import os、import shutil 这两条语句。

18.1　文 件 指 令

下面介绍一些简单的文件指令。

18.1.1　得到当前目录的路径

所谓当前目录，也称相对目录，是相对当前正在编辑的程序而言的，指当前程序所在的目录；所谓绝对目录，是指具体的目录位置，如“D:\Python Project\”。

得到当前工作目录的路径，需要用的语句是 os.getcwd()，需要导入的模块是 os 模块，也就是说需要在程序头部加上 import os 语句。

表 18.1 给出了 Chap18_1.py 的源代码。

表 18.1　　Chap18_1.py 的源代码

```
#Chap18_1.py
import os
print(os.getcwd())
```

Chap18_1.py 的运行结果如图 18.1 所示。

图 18.1　Chap18_1.py 的运行结果

18.1.2　当前目录下所有文件名和目录名

表 18.2 给出了 Chap18_2.py 的源代码，这个实例列出了当前目录下的所有文件名

和目录名。

表 18.2　　Chap18_2.py 的源代码

```
#Chap18_2.py,列出当前目录下所有文件名和目录名
import os
print("当前目录：",os.getcwd())
print("当前目录下文件列表：",os.listdir())
```

Chap18_2.py 的运行结果如图 18.2 所示。

图 18.2　Chap18_2.py 的运行结果

18.1.3　当前使用的操作系统

表 18.3 给出了 Chap18_3.py 的源代码，这个实例列出了当前使用的操作系统，所使用的语句是：os.name。如果当前使用的操作系统是 Windows，则运算结果是“nt”；如果当前使用的操作系统是 Linux 或者 Unix，则运算结果是“posix”。

表 18.3　　Chap18_3.py 的源代码

```
#Chap18_3.py,当前操作系统
import os
print("当前操作系统：",os.name)
```

Chap18_3.py 的运行结果如图 18.3 所示。

图 18.3　Chap18_3.py 的运行结果

18.1.4　当前目录下创建单个目录

表 18.4 给出了 Chap18_4.py 的源代码，这个实例展示的是在当前目录下创建单个

目录。在创建单个目录时，如果这个目录已经存在，就会报错。所用的指令是：os.mkdir("目录名字")。

表 18.4　　　　　　　　　　Chap18_4.py 的源代码

```
#Chap18_4.py
import os
os.mkdir("testDir3")
print("当前目录下文件列表：",os.listdir())
```

Chap18_4.py 的运行结果如图 18.4 所示。

图 18.4　Chap18_4.py 的运行结果

18.1.5　删除当前目录下一个文件

表 18.5 给出了 Chap18_5.py 的源代码，这个实例展示的是删除当前目录下的一个指定文件，如果这个指定文件不存在就会报错。所用指令是：os.remove("指定文件")。

表 18.5　　　　　　　　　　Chap18_5.py 的源代码

```
#Chap18_5.py
import os
print("当前目录：",os.getcwd())
print("当前目录下文件列表：",os.listdir())
os.remove("buffer.py")
print("当前目录下文件列表：",os.listdir())
```

Chap18_5.py 的运行结果如图 18.5 所示。

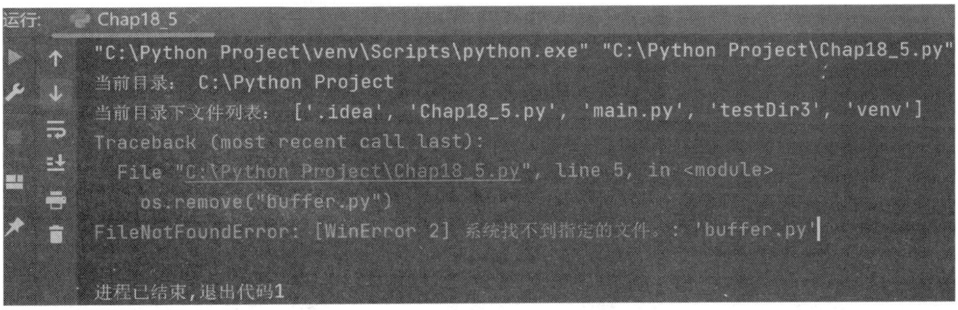

图 18.5　Chap18_5.py 的运行结果

18.1.6 删除当前目录下一个子目录

表 18.6 给出了 Chap18_6.py 的源代码，这个实例展示的是删除当前目录下的一个指定子目录，如果这个指定子目录不存在就会报错。所用指令是：os.removedirs("指定子目录")。

表 18.6 Chap18_6.py 的源代码

```
#Chap18_6.py,删除当前目录下的一个目录
import os
print("当前目录：",os.getcwd())
print("当前目录下文件列表：",os.listdir())
os.removedirs('testDir3')
print("当前目录下文件列表：",os.listdir())
```

Chap18_6.py 的运行结果如图 18.6 所示。

图 18.6 Chap18_6.py 的运行结果

18.1.7 返回路径的目录名和文件名

表 18.7 给出了 Chap18_7.py 的源代码，这个实例展示的是返回路径的目录名和文件名。所用的指令是：os.path.split("目录及文件名")。

表 18.7 Chap18_7.py 的源代码

```
#Chap18_7.py,
import os
print(os.path.split(' C:\Python Project\Chap18_7.py'))
```

Chap18_7.py 的运行结果如图 18.7 所示。

图 18.7 Chap18_7.py 的运行结果

18.1.8　分离扩展名

表 18.8 给出了 Chap18_8.py 的源代码，这个实例展示了如何分离扩展名。所用的指令是：os.path.splitext("文件名及后缀")。

表 18.8　　　　Chap18_8.py 的源代码

```
#Chap18_8.py,分离扩展名
import os
print(os.path.splitext(' C:\Python Project\Chap18_8.py '))
```

Chap18_8.py 的运行结果如图 18.8 所示。

图 18.8　Chap18_8.py 的运行结果

18.1.9　获取文件名

表 18.9 给出了 Chap18_9.py 的源代码，这个实例展示了如何获取文件名。所用的指令是：os.path.basename("路径及文件名")。

表 18.9　　　　Chap18_9.py 的源代码

```
#Chap18_9.py,获取文件名
import os
print(os.path.basename("C:\Python Project\Chap18_9.py "))
```

Chap18_9.py 的运行结果如图 18.9 所示。

图 18.9　Chap18_9.py 的运行结果

18.1.10　获取路径名

表 18.10 给出了 Chap18_10.py 的源代码，这个实例展示了如何获取路径名。所用的指令是：os.path.dirname("路径及文件名")。

表 18.10　　　　　　　　　　　Chap18_10.py 的源代码

```
#Chap18_10.py,获取路径名
import os
print(os.path.dirname("C:\Python Project\Chap18_10.py "))
```

Chap18_10.py 的运行结果如图 18.10 所示。

图 18.10　Chap18_10.py 的运行结果

18.1.11　检验文件、目录

表 18.11 给出了 Chap18_11.py 的源代码，这个实例检验的是文件、目录的以下内容：给出的路径是不是一个目录，所用指令是 os.path.isdir("目录")；给出的路径是不是一个文件，所用指令是 os.path.isfile("文件")；给出的路径是否为绝对路径，所用指令是 os.path.isabs("路径")；给出的路径是否存在，所用指令是 os.path.exists("路径")。

表 18.11　　　　　　　　　　　Chap18_11.py 的源代码

```
#Chap18_11.py,获取文件名
import os
print("C:\Python Project is dir?",os.path.isdir("C:\Python Project"))
print("C:\Python Project\Chap18_11.py is file ?",os.path.isfile("C:\Python Project\Chap18_11.py "))
print("C:\Python Project\Chap18_11.py is absolute path?",os.path.isabs("C:\Python Project\Chap18_11.py
"))
print("C:\Python Project path exist?",os.path.exists("C:\Python Project"))
```

Chap18_11.py 的运行结果如图 18.11 所示。

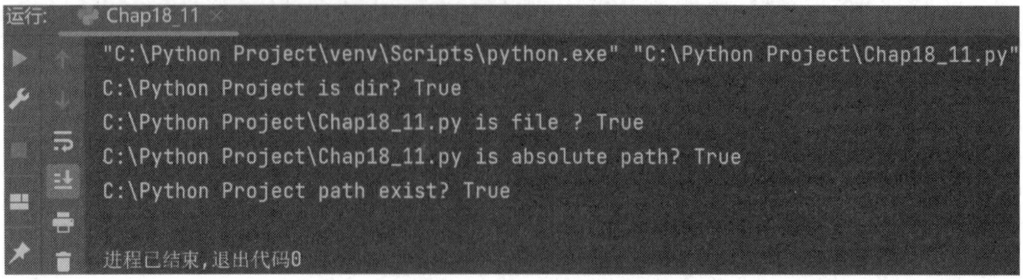

图 18.11　Chap18_11.py 的运行结果

18.1.12 获取文件大小

表 18.12 给出了 Chap18_12.py 的源代码，这个实例展示的是如何获取文件大小，所用的指令是：os.path.getsize("路径")。

表 18.12 Chap18_12.py 的源代码

```
#Chap18_12.py,获取文件名
import os
print(os.path.getsize("C:\Python Project"))
```

Chap18_12.py 的运行结果如图 18.12 所示。

图 18.12 Chap18_12.py 的运行结果

还有很多文件指令，这里不再赘述。

18.2 文本文件操作

下面介绍一些简单的文本文件操作，包括读取文件内容、写入文件等。

读取文件内容的格式为 fp=open("文件名",mode="r", encoding="utf-8")，直接打开一个文件，如果文件不存在就会报错。用这个方法打开文件，通常是按文本格式打开。

18.2.1 读当前目录下文本文件

表 18.13 给出了 Chap18_13.py 的源代码，这个实例展示的是如何读取当前目录下的文本文件 test.txt 并打印出来。

表 18.13 Chap18_13.py 的源代码

```
#Chap18_13.py,读取文件内容
import os
f = open("test.txt",mode="r", encoding="utf-8")
content = f.read()
print(content)
f.close()
```

Chap18_13.py 的运行结果如图 18.13 所示。

图 18.13　Chap18_13.py 的运行结果

18.2.2　逐行读取当前目录下文本文件

读取当前目录下文本文件推荐使用循环读取、每次读取一行的方式，这样不会产生内存溢出问题。

表 18.14 给出了 Chap18_14.py 的源代码。

表 18.14　Chap18_14.py 的源代码

```
#Chap18_14.py,读取相对地址当前目录下 test.txt 文件内容，
f=open("test.txt",mode="r", encoding="utf-8")
#循环读取、每次读取一行
for line in f:
    print(line.strip())
f.close()
```

Chap18_14.py 的运行结果如图 18.14 所示。

图 18.14　Chap18_14.py 的运行结果

18.2.3　读取指定目录下文本文件

读取指定目录（绝对地址）下的文件，要比读取当前目录下的文件复杂一些。

表 18.15 给出了 Chap18_15.py 源代码，这个实例展示的是如何读取绝对地址下的文件 C:/PythonFile/test2.txt。

代码中的 strip()方法，用于移除字符串头尾指定字符（默认为空格或换行符），也就是修剪字符串开头结尾的空格、换行符。strip()方法只能删除开头或结尾的字符，不能删除中间部分字符。

表 18.15　　Chap18_15.py 的源代码

```
#Chap18_15.py,读取文件内容,绝对地址 C:/PythonFile/test2.txt'
f=open('C:/PythonFile/test2.txt',mode="r", encoding="utf-8")
content=f.buffer.readlines()
for line in content:
    s = line.strip()
    print(s.decode('utf-8'))
f.close()
```

Chap18_15.py 的运行结果如图 18.15 所示。

图 18.15　Chap18_15.py 的运行结果

18.2.4　写入当前目录下文本文件

表 18.16 给出了 Chap18_16.py 的源代码，这个实例展示的是如何在当前目录下新建文本文件 test1.txt，并向文本文件写入内容。

fp=open("文件名",mode="w")，如果 mode 是 w、wb、w+、wb+中的一个，那么如果这个文件不存在，则会创建一个新文件；如果这个文件已经存在，则原有内容会被删除，并从头开始编辑。

表 18.16　　Chap18_16.py 的源代码

```
#Chap18_16.py,当前目录下新建文本文件 test1.txt，并写入内容
f = open("test1.txt", mode="w+", encoding="utf-8")
f.write("当前目录 test1.txt\n")
f.write("test1  第一行\n")
f.write("test1  第二行\n")
f.write("test1  第三行\n")
f.write("test1  第四行\n")
f.write("test1  第五行\n")
f.write("test1  第六行\n")
f.flush() #  刷新
f.close()
```

在当前目录下新建文件 test1.txt，其内容如图 18.16 所示。

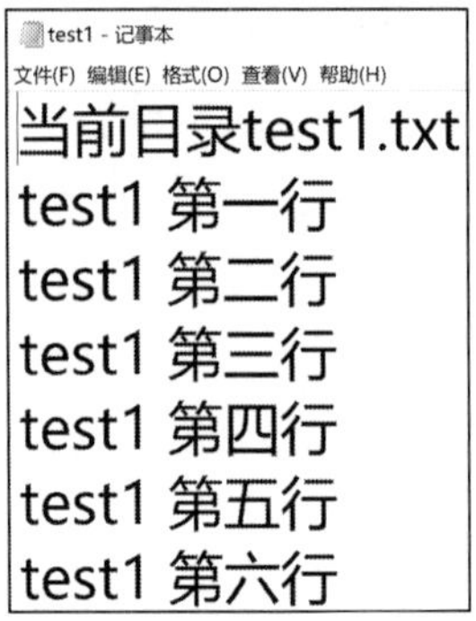

图 18.16　当前目录下 test1.txt 内容

18.2.5　写入指定目录下文本文件

表 18.17 给出了 Chap18_17.py 的源代码，这个实例展示的是如何在指定目录（绝对地址）C:/PythonFile 下新建文本文件 test1.txt，并写入内容。

表 18.17　　Chap18_17.py 的源代码

```
#Chap18_17.py,指定目录下 C:/PythonFile 下新建文本文件 test1.txt，并写入内容
f = open("C:/PythonFile/test1.txt", mode="w+", encoding="utf-8")
f.write("C:/PythonFile/test1.txt\n")
f.write("C:/PythonFile/test1.txt 第一行\n")
f.write("C:/PythonFile/test1.txt 第二行\n")
f.write("C:/PythonFile/test1.txt 第三行\n")
f.write("C:/PythonFile/test1.txt 第四行\n")
f.flush() # 刷新
f.close()
```

在指定目录（绝对地址）C:/PythonFile 下，test1.txt 的内容如图 18.17 所示。

图 18.17　指定目录下 C:/PythonFile 下 test1.txt 内容

18.2.6　当前目录下文本文件追加写入

表 18.18 给出了 Chap18_18.py 的源代码，这个实例展示了如何在当前目录下文本文件 test1.txt 追加写入。

fp=open("文件名",mode="a")，如果 mode 是 a 或者 a+，那么打开文件追加吸入。如

果该文件不存在，那么创建新文件并写入；如果该文件已存在，文件指针会放在文件结尾，新内容被写入文件已有内容的后面。

表 18.18　　Chap18_18.py 的源代码

```
#Chap18_18.py,当前目录下文本文件 test1.txt 追加写入
f = open("test1.txt", mode="a+", encoding="utf-8")
#f = open("test1.txt", mode="a", encoding="utf-8")
f.write("test1.txt,追加写入第一行\n")
f.write("test1.txt,追加写入第二行\n")
f.write("test1.txt,追加写入第三行\n")
f.write("test1.txt,追加写入第四行\n")
f.flush() # 刷新
f.close()
```

当前目录下 test1.txt 的内容如图 18.18 所示。

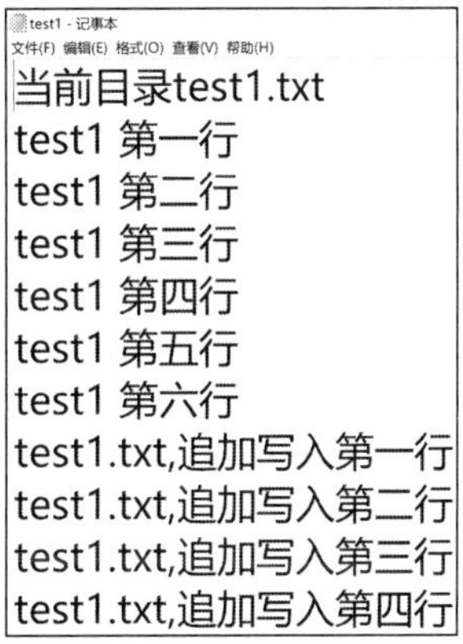

图 18.18　当前目录下 test1.txt 内容

18.2.7　指定目录下文本文件追加写入

表 18.19 给出了 Chap18_19.py 的源代码，这个实例展示了如何向指定目录 C:/PythonFile/下文本文件 test1.txt 追加写入内容。

表 18.19　　Chap18_19.py 的源代码

```
#Chap18_19.py,指定目录 C:/PythonFile/下文本文件 test1.txt 追加写入内容
f = open("C:/PythonFile/test1.txt", mode="a+", encoding="utf-8")
f.write("C:/PythonFile/test1.txt,追加写入第一行\n")
f.write("C:/PythonFile/test1.txt,追加写入第二行\n")
f.write("C:/PythonFile/test1.txt,追加写入第三行\n")
f.write("C:/PythonFile/test1.txt,追加写入第四行\n")
f.flush() # 刷新
f.close()
```

在指定目录 C:/PythonFile 下，test1.txt 的内容如图 18.19 所示。

test1 - 记事本
文件(F) 编辑(E) 格式(O) 查看(V) 帮助(H)
C:/PythonFile/test1.txt
C:/PythonFile/test1.txt 第一行
C:/PythonFile/test1.txt 第二行
C:/PythonFile/test1.txt 第三行
C:/PythonFile/test1.txt 第四行
C:/PythonFile/test1.txt,追加写入第一行
C:/PythonFile/test1.txt,追加写入第二行
C:/PythonFile/test1.txt,追加写入第三行
C:/PythonFile/test1.txt,追加写入第四行

图 18.19　C:/PythonFile/test1.txt 内容

18.2.8　应用实例

表 18.20 给出了 Chap18_20.py 的源代码，这个实例展示的是，当前目录下有两个文本文件 IP1.txt、IP2.txt，每个文本文件都有很多行 ip 地址，求出两个文本文件中相同的 ip 地址。

表 18.20　　Chap18_20.py 的源代码

```
#Chap18_20.py,有两个文件，每个都有很多行 ip 地址，求出两个文件中相同的 ip 地址
import bisect
with open('IP1.txt', 'r') as f1:
    list1 = f1.readlines()
for i in range(0, len(list1)):
    list1[i] = list1[i].strip('\n')
with open('IP2.txt', 'r') as f2:
    list2 = f2.readlines()
for i in range(0, len(list2)):
    list2[i] = list2[i].strip('\n')
list2.sort()
length_2 = len(list2)
same_data = []
for i in list1:
    pos = bisect.bisect_left(list2, i)
    if pos < len(list2) and list2[pos] == i:
        same_data.append(i)
#same_data = list(set(same_data))
print(same_data)
```

Chap18_20.py 的运行结果如图 18.20 所示。

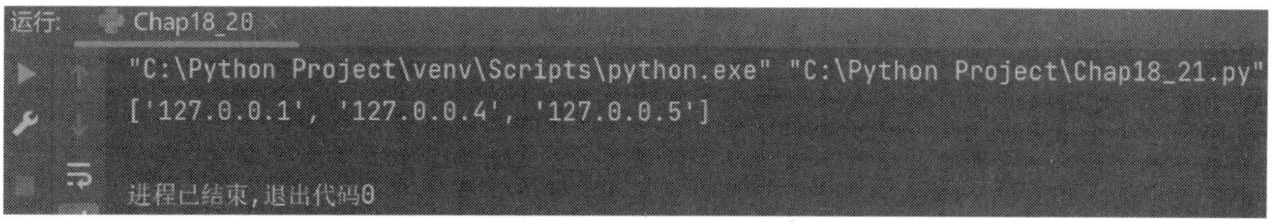

图 18.20　Chap18_20.py 的运行结果

18.3　小　　结

本章讲解了文件的操作，包括创建文件、创建目录、打开文件、关闭文件、读取文件内容、向文件中写入内容、向文件中追加内容等。

文件有好多类型，除了文本文件，还有 Word 文件、Excel 文件、PPT 文件、CSV 文件等。后面章节会有介绍。

第 19 章　模块（module）

模块（module）是包含了定义和声明的文件，是一组功能的组合。Python 中的模块类似于 C 语言中的头文件（Header file）、Java 语言中的包（Package）。要引用一些内置的函数，必须首先导入模块，可以通过 import、from 等关键字导入模块。

模块分为三种：

（1）内置模块，如 sys、os、subprocess、time、json。

（2）自定义模块。自定义模块不能和 Python 自带的模块名称冲突。

（3）开源模块。这里指的是公开的第三方模块（如 https://pypi.python.org/pypi）。

导入类的方法有多种，例如：

（1）导入一个模块，如 import sys。

（2）导入多个模块，模块之间用逗号隔开（不建议这种方法），如 import os,time,sys,date。

（3）每次导入一个模块，单独成行，如 import os、import time、import sys。

模块下载地址：http://www.lfd.uci.edu/~gohlke/pythonlibs/#pymssql。第三方模块下载地址：https://pypi.python.org/pypi。

在下面的篇幅中，将通过实例介绍 Python 常用的模块。

19.1 安装模块

内置模块是不需要安装的，自定义模块也不需要安装，开源模块需要安装。

Python 模块安装方法包括：

（1）单文件模块。直接把文件拷贝到 pythonl 安装文件的 Lib 目录下。

（2）多文件模块，带 setup.py。下载模块包，进行解压，进入模块文件夹，执行语句：python setup.py install。

虽然 Python 的模块可以复制安装，但是一般情况下推荐制作一个安装包，即写一个 setup.py 文件来安装。

（3）easy_install 方式。先下载 ez_setup.py，运行命令 python ez_setup，进行 easy_install 工具的安装，之后就可以使用 easy_install 命令安装 package 了。命令如下：easy_install PackageName、easy_install package.egg。

（4）pip 方式。先安装 pip 工具 easy_install pip（pip 可以通过 easy_install 安装，而且也会装到 Scripts 文件夹下），然后通过如下指令进行安装、更新、移除、搜索、帮助等操作。

① 安装：pip install PackageName。

② 更新：pip install -U PackageName。

③ 移除：pip uninstall PackageName。

④ 搜索：pip search PackageName。

⑤ 帮助：pip help。

（5）通过 PyCharm 软件安装。这是本书最为推荐的方法。

① 在 PyCharm 编辑器中，点击最下面的图例“Python Packages”（Python Packages）。

② 在弹出来的“Python Packages”面板中，点击搜索图标右边的搜索框，输入需要安装的模块（如“beautifulsoup4”）。PyCharm 编辑器自动搜索出这个模块。

③ 点击“Python Packages”面板右上角的“安装”按钮（安装）。

“Python Packages”面板如图 19.1 所示。

图 19.1　“Python Packages”面板

安装成功之后，会弹出一个提示框，提示“已成功安装软件包，已安装的软件包：'beautifulsoup4'”，如图 19.2 所示。

图 19.2　“已成功安装软件包”提示框

“Python Packages”面板也发生了变化，右上方“安装”按钮消失，如图 19.3 所示。

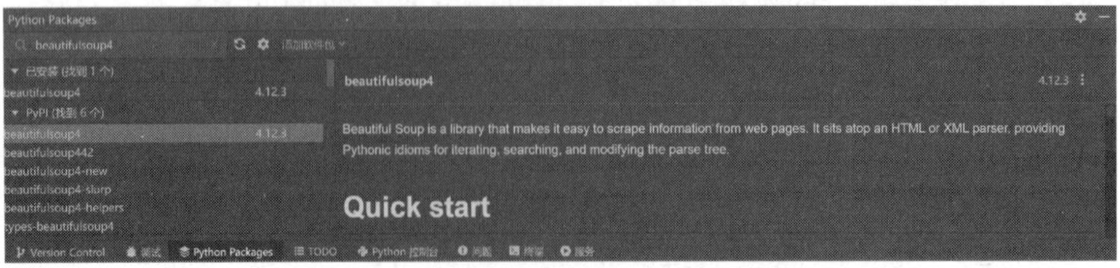

图 19.3　安装成功之后的“Python Packages”面板

安装成功之后，就可以使用“beautifulsoup4”这个模块了。

19.2 os 模 块

调用 os 模块对操作系统进行操作，使用该模块必须写上“import os”语句。os 模块常用的命令及其功能如表 19.1 所示。

表 19.1　　os 模块常用命令及其功能

命令	功能
os.remove()	删除文件
os.rename()	重命名文件
os.listdir()	列出指定目录下所有文件
os.chdir()	改变当前工作目录
os.getcwd()	获取当前文件路径
os.mkdir()	新建目录
os.rmdir()	删除空目录（删除非空目录，使用 shutil.rmtree()）
os.makedirs()	创建多级目录
os.removedirs()	删除多级目录
os.stat(file)	获取文件属性
os.chmod(file)	修改文件权限
os.utime(file)	修改文件时间戳
os.name(file)	获取操作系统标识
os.system()	执行操作系统命令
os.execvp()	启动一个新进程
os.fork()	获取父进程 ID，在子进程返回中返回 0
os.execvp()	执行外部程序脚本（Uinx）
os.spawn()	执行外部程序脚本（Windows）
os.access(path, mode)	判断文件权限（详细参考 cnblogs）

19.3 os 模块实例

表 19.2 给出了 Chap19_1.py 的源代码，这个实例演示了 os 模块中的函数操作方法。

表 19.2　　Chap19_1.py 的源代码

```
#Chap19_1.py,os 模块，os 模块就是对操作系统进行操作
import os
#getcwd() 获取当前工作目录(当前工作目录默认都是当前文件所在的文件夹)
result = os.getcwd()
print(result)
#listdir() 获取指定文件夹中所有内容的名称列表
result = os.listdir()
print(result)
#mkdir()  创建文件夹
os.mkdir('girls')
#rmdir() 删除空目录
os.rmdir('girls')
#rename() 文件或文件夹重命名
os.rename('old.txt','new.txt')
#环境变量
#环境变量就是一些命令的集合
#操作系统的环境变量就是操作系统在执行系统命令时搜索命令的目录的集合
#getenv() 获取系统的环境变量
result = os.getenv('PATH')
print(result.split(':'))
#exit() 退出终端的命令
#os 模块中的常用值
#curdir  表示当前文件夹   .表示当前文件夹  一般情况下可以省略
print(os.curdir)
#pardir  表示上一层文件夹   ..表示上一层文件夹  不可省略
print(os.pardir)
#name 获取代表操作系统的名称字符串
print(os.name) #posix -> linux 或者 unix 系统  nt -> window 系统
#sep 获取系统路径间隔符号  window ->\    linux ->/
print(os.sep)
#extsep 获取文件名称和后缀之间的间隔符号  window & linux -> .
print(os.extsep)
#linesep  获取操作系统的换行符号  window -> \r\n  linux/unix -> \n
print(repr(os.linesep))
```

Chap19_1.py 的运行结果如图 19.4 所示。

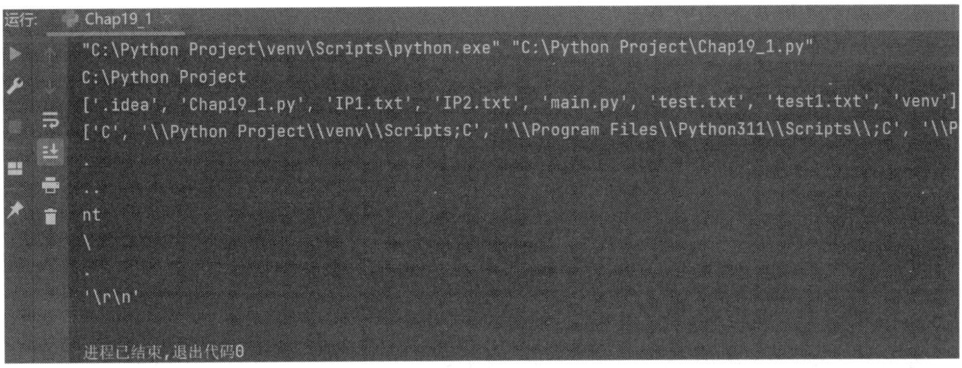

图 19.4　Chap19_1.py 的运行结果

19.4　os.path 模块

os.path 模块常用的命令及其功能如表 19.3 所示。

表 19.3　os.path 模块常用命令及其功能

命令	功能
os.path.split(filename)	将文件路径和文件名分割（会将最后一个目录作为文件名而分离）
os.path.splitext(filename)	将文件路径和文件扩展名分割成一个元组
os.path.dirname(filename)	返回文件路径的目录部分
os.path.basename(filename)	返回文件路径的文件名部分
os.path.join(dirname,basename)	将文件路径和文件名凑成完整文件路径
os.path.abspath(name)	获得绝对路径
os.path.splitunc(path)	把路径分割为挂载点和文件名
os.path.normpath(path)	规范 path 字符串形式
os.path.exists()	判断文件或目录是否存在
os.path.isabs()	如果 path 是绝对路径，返回 True
os.path.realpath(path)	返回 path 的真实路径
os.path.relpath(path[, start])	从 start 开始计算相对路径
os.path.normcase(path)	转换 path 的大小写和斜杠
os.path.isdir()	判断 name 是不是一个目录，name 不是目录就返回 False
os.path.isfile()	判断 name 是不是一个文件，不存在则返回 False
os.path.islink()	判断文件是否连接文件，返回 boolean
os.path.ismount()	指定路径是否存在且为一个挂载点，返回 boolean

续表

命令	功能
os.path.samefile()	是否为相同路径的文件
os.path.getatime()	返回最近访问时间，浮点型
os.path.getmtime()	返回上一次修改时间，浮点型
os.path.getctime()	返回文件创建时间，浮点型
os.path.getsize()	返回文件大小，字节
os.path.commonprefix(list)	返回 list（多个路径）中，所有 path 共有的最长的路径
os.path.lexists	路径存在则返回 True，路径损坏也返回 True
os.path.expanduser(path)	把 path 中包含的"~"和"~user"转换成用户目录
os.path.expandvars(path)	根据环境变量的值替换 path 中包含的"$name"和"${name}"
os.path.sameopenfile(fp1, fp2)	判断 fp1 和 fp2 是否指向同一文件
os.path.samestat(stat1, stat2)	判断 stat tuple stat1 和 stat2 是否指向同一个文件
os.path.splitdrive(path)	一般用在 windows 下，返回驱动器名和路径组成的元组
os.path.walk(path, visit, arg)	遍历 path，给每个 path 执行一个函数
os.path.supports_unicode_filenames()	设置是否支持 unicode 路径名

19.5 os.path 模块实例

表 19.4 给出了 Chap19_2.py 的源代码，这个实例演示了 os.path 模块中的函数操作。

表 19.4　　Chap19_2.py 的源代码

```
#Chap19_2.py，以下内容都是 os.path 子模块中的内容
import os
#abspath()  将相对路径转化为绝对路径
path = './boys'#相对
result = os.path.abspath(path)
print(result)
#dirname()  获取完整路径当中的目录部分& basename()获取完整路径当中的主体部分
path = '/boys'
result = os.path.dirname(path)
print(result)
result = os.path.basename(path)
print(result)
#split() 将一个完整的路径切割成目录部分和主体部分
path = '/home/sy/boys'
```

续表

```
result = os.path.split(path)
print(result)
#join() 将 2 个路径合并成一个
var1 = '/home/sy'
var2 = '000.py'
result = os.path.join(var1,var2)
print(result)
#splitext() 将一个路径切割成文件后缀和其他两个部分,主要用于获取文件的后缀
path = '/home/sy/000.py'
result = os.path.splitext(path)
print(result)
#getsize()  获取文件的大小
path = '/'
result = os.path.getsize(path)
print(result)
#isfile() 检测是否是文件
path = './Chap19_2.py'
result = os.path.isfile(path)
print(result)
#isdir()  检测是否是文件夹
result = os.path.isdir(path)
print(result)
#islink() 检测是否是链接
path = '/initrd.img.old'
result = os.path.islink(path)
print(result)
```

Chap19_2.py 的运行结果如图 19.5 所示。

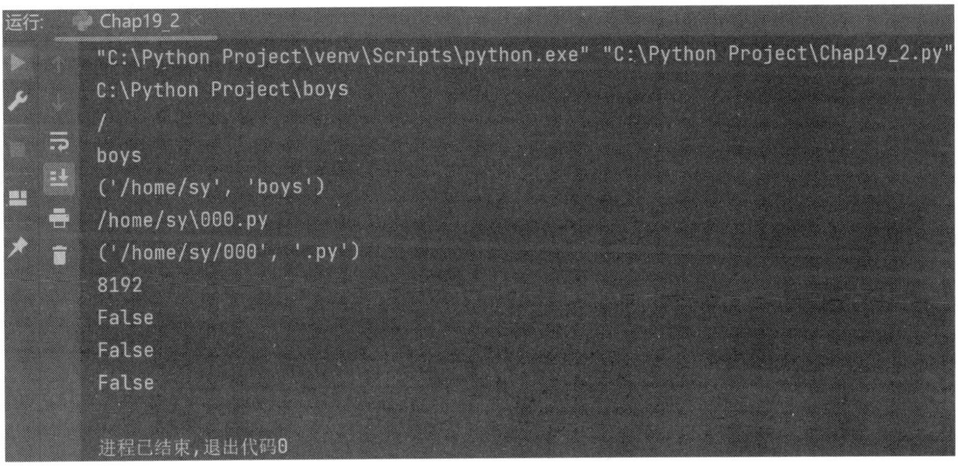

图 19.5 Chap19_2.py 的运行结果

19.6 sys 模块

sys 模块常用的命令及功能如表 19.5 所示。

表 19.5 sys 模块常用命令及功能

命令	功能
sys.argv	命令行参数 List，第一个元素是程序本身的路径
sys.path	返回模块的搜索路径，初始化时使用 PYTHONPATH 环境变量的值
sys.modules.keys()	返回所有已经导入的模块列表
sys.modules	返回系统导入的模块字段，key 是模块名，value 是模块
sys.exc_info()	获取当前正在处理的异常类，exc_type、exc_value、exc_traceback 为当前处理的异常详细信息
sys.exit(n)	退出程序，正常退出时为 exit(0)
sys.hexversion	获取 Python 解释程序的版本值，16 进制格式如 0x020403F0
sys.version	获取 Python 解释程序的版本信息
sys.platform	返回操作系统平台名称
sys.stdout	标准输出
sys.stdout.write('aaa')	标准输出内容
sys.stdout.writelines()	无换行输出
sys.stdin	标准输入
sys.stdin.read()	输入一行
sys.stderr	错误输出
sys.exc_clear()	用来清除当前线程所出现的当前或最近的错误信息
sys.exec_prefix	返回平台独立的 Python 文件安装的位置
sys.byteorder	本地字节规则的指示器
sys.copyright	记录 Python 版权相关的东西
sys.api_version	解释器的 C 的 API 版本
sys.version_info	'final'表示最终，也有'candidate'表示候选，表示版本级别，是否有后继的发行
sys.getdefaultencoding()	返回当前所用的默认的字符编码格式
sys.getfilesystemencoding()	返回将 Unicode 文件名转换成系统文件名的编码的名字
sys.builtin_module_names Python	解释器导入的内建模块列表
sys.executable Python	解释程序路径

续表

命令	功能
sys.getwindowsversion()	获取 Windows 的版本
sys.stdin.readline()	从标准输入中读一行
sys.stdout.write("a")	屏幕输出 a
sys.setdefaultencoding(name)	用来设置当前默认的字符编码
sys.displayhook(value)	如果 value 非空，这个函数会输出到 sys.stdout

19.7　sys 模块实例

表 19.6 给出了 Chap19_3.py 的源代码，这个实例演示了 sys 模块中的函数操作。

表 19.6　　**Chap19_3.py 的源代码**

```
#Chap19_3.py，sys 模块
import sys
sys.stdout.write('HelloWorld!\n')
print( 'Please enter yourname:')
name=sys.stdin.readline()[:-1]
print( 'Hi, %s!' % name)
print("sys.argv=",sys.argv)
print("sys.path=",sys.path)
print("sys.modules.keys()=",sys.modules.keys())
print("sys.modules=",sys.modules)
print("sys.exc_info()=",sys.exc_info())
print("sys.hexversion=",sys.hexversion)
print("sys.version=",sys.version)
print("sys.platform=",sys.platform)
print("sys.stderr=",sys.stderr)
print("sys.exec_prefix=",sys.exec_prefix)
print("sys.byteorder=",sys.byteorder)
print("sys.copyright=",sys.copyright)
print("sys.api_version=",sys.api_version)
print("sys.version_info=",sys.version_info)
print("sys.getdefaultencoding()=",sys.getdefaultencoding())
print("sys.getfilesystemencoding()=",sys.getfilesystemencoding())
print("sys.builtin_module_names Python=",sys.builtin_module_names)
print("sys.executable Python=",sys.executable)
print("sys.getwindowsversion()=",sys.getwindowsversion())
```

Chap19_3.py 的运行结果如图 19.6 所示。

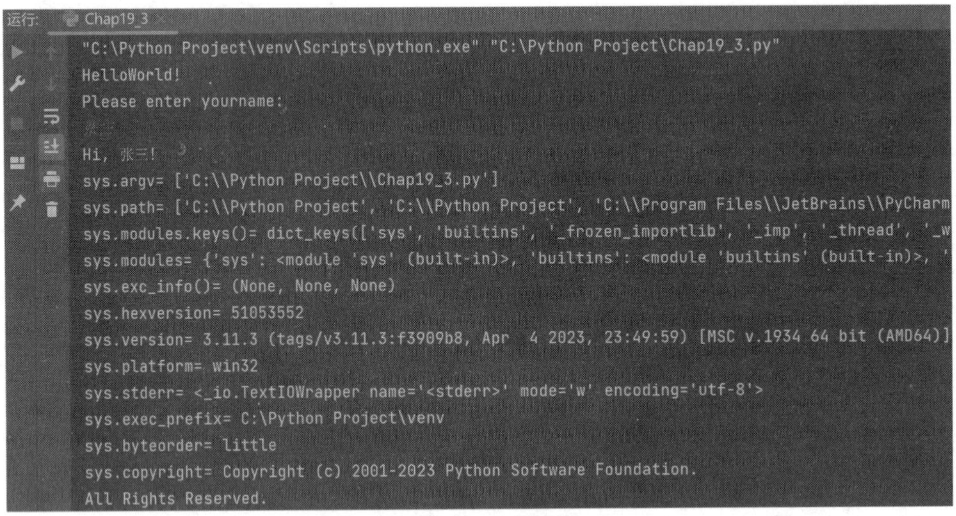

图 19.6　Chap19_3.py 的运行结果

19.8　datetime、date、time 模块

date 模块常用的命令及其功能如表 19.7 所示。

表 19.7　　date 模块常用命令及其功能

命令	功能
datetime.date.today()	本地日期对象，用 str 函数可得到它的字面表示
datetime.date.isoformat(obj)	当前[年-月-日]字符串表示
datetime.date.fromtimestamp()	返回一个日期对象，参数是时间戳，返回[年-月-日]
datetime.date.weekday(obj)	返回一个日期对象的星期数，周一是 0
datetime.date.isoweekday(obj)	返回一个日期对象的星期数，周一是 1
datetime.date.isocalendar(obj)	把日期对象返回一个带有年月日的元组

datetime 模块常用的命令及其功能如表 19.8 所示。

表 19.8　　datetime 模块常用命令及其功能

命令	功能
datetime.datetime.today()	返回一个包含本地时间（含微秒数）的 datetime 对象
datetime.datetime.now([tz])	返回指定时区的 datetime 对象
datetime.datetime.utcnow()	返回一个零时区的 datetime 对象
datetime.fromtimestamp(timestamp[,tz])	按时间戳返回一个 datetime 对象，可指定时区，可用于将 strftime 转换为日期表示
datetime.utcfromtimestamp(timestamp)	按时间戳返回一个 UTC-datetime 对象

续表

命令	功能
datetime.datetime.strptime('2020-03-16 12:21:21',"%Y-%m-%d %H:%M:%S")	将字符串转为 datetime 对象
datetime.datetime.strftime(datetime.datetime.now(), '%Y%m%d %H%M%S')	将 datetime 对象转换为 str 表示形式
datetime.date.today().timetuple()	转换为时间戳 datetime 元组对象，可用于转换时间戳
datetime.datetime.now().timetuple()	转换为时间戳 datetime 元组对象，可用于转换时间戳
time.mktime(timetupleobj)	将 datetime 元组对象转为时间戳
time.time()	当前时间戳
time.localtime	当前时间戳
time.gmtime	当前时间戳

19.9　time 模块中的函数操作

表 19.9 给出了 Chap19_4.py 的源代码，这个实例演示了 time 模块中的函数操作。

表 19.9　　Chap19_4.py 的源代码

```
#Chap19_4.py,time 模块
import time
#生成 timestamp
print(time.time())
#struct_time to timestamp
print(time.mktime(time.localtime()))
#生成 struct_time
# timestamp to struct_time  本地时间
print(time.localtime())
print(time.localtime(time.time()))
# timestamp to struct_time  格林尼治时间
print(time.gmtime())
print(time.gmtime(time.time()))
#format_time to struct_time
print(time.strptime('2020-05-05 16:37:06', '%Y-%m-%d %X'))
#生成 format_time
#struct_time to format_time
print(time.strftime("%Y-%m-%d %X"))
print(time.strftime("%Y-%m-%d %X",time.localtime()))
#生成固定格式的时间表示格式
print(time.asctime(time.localtime()))
print(time.ctime(time.time()))
```

Chap19_4.py 的运行结果如图 19.7 所示。

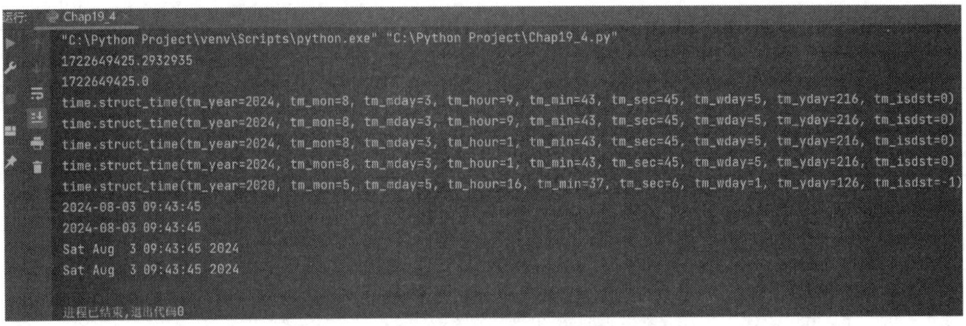

图 19.7　Chap19_4.py 的运行结果

19.10　datetime 模块中的函数操作

表 19.10 给出了 Chap19_5.py 的源代码，这个实例演示了 datetime 模块中的函数操作。

表 19.10　　Chap19_5.py 的源代码

```
#Chap19_5.py datetime 模块
#date.max、date.min：date 对象所能表示的最大、最小日期；
#date.resolution：date 对象表示日期的最小单位。这里是天。
#date.today()：返回一个表示当前本地日期的 date 对象；
#date.fromtimestamp(timestamp)：根据给定的时间戳，返回一个 date 对象；
from datetime import *
import time
print('date.max:', date.max)
print('date.min:', date.min)
print('date.today():', date.today())
d1=date.today()
print('year:', d1.year)
print('month:', d1.month)
print('day:', d1.day)
#print('isoweekday:', int(date.today().isoweekday))
print('date.fromtimestamp():', date.fromtimestamp(time.time()))
print('datetime.max:', datetime.max)
print('datetime.min:', datetime.min)
print('datetime.resolution:', datetime.resolution)
print('today():', datetime.today())
print('now():', datetime.now())
dn=datetime.now()
print('year:', dn.year)
print('month:', dn.month)
print('day:', dn.day)
```

续表

```
print('hour:', dn.hour)
print('minute:', dn.minute)
print('second:', dn.second)
print('microsecond:', dn.microsecond)
print('utcnow():', datetime.utcnow())
print('fromtimestamp(tmstmp):', datetime.fromtimestamp(time.time()))
print('utcfromtimestamp(tmstmp):', datetime.utcfromtimestamp(time.time()))
```

Chap19_5.py 的运行结果如图 19.8 所示。

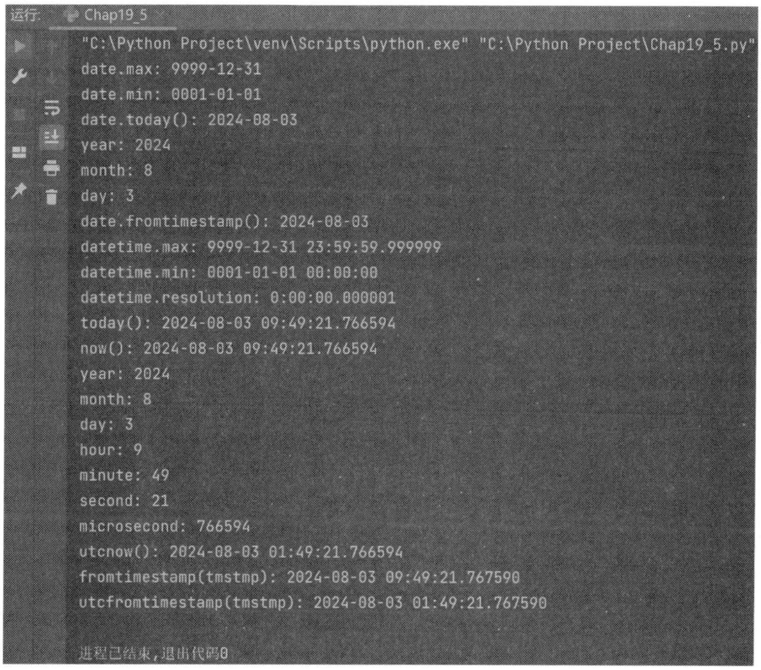

图 19.8　Chap19_5.py 的运行结果

19.11　hashlib、md5 模块

hashlib 主要提供字符加密功能，将 md5 和 sha 模块整合到一起，支持 md5、sha1、sha224、sha256、sha384、sha512 等算法。

hashlib、md5 模块常用的命令及其功能如表 19.11 所示。

表 19.11　hashlib、md5 模块常用命令及其功能

命令	功能
hashlib.md5('md5_str').hexdigest()	对指定字符串 md5 加密
md5.md5('md5_str').hexdigest()	对指定字符串 md5 加密

hashlib 加密后的字符串类型为二进制编码，直接加密字符串会报错。

（1）可以使用 encode 进行转换。例如：

```
shaa1 = hashlib.sha1()
shaa1.update(string.encode('utf-8'))
res = shaa1.hexdigest()
print("sha1 采用 encode 转换加密结果:",res)
```

（2）或者使用 byte 转换为二进制。例如：

```
shab1 = hashlib.sha1()
shab1.update(bytes(string,encoding='utf-8'))
res = shab1.hexdigest()
print("sha1 采用 byte 转换的结果:",res)
```

19.12 hashlib、md5 模块实例

表 19.12 给出了 Chap19_6.py 的源代码，这个实例演示了 hashlib、md5 模块中的函数操作。

表 19.12 Chap19_6.py 的源代码

```
#Chap19_6.py hashlib,md5 模块
import hashlib
# ######## md5 ########
string = "Beijing 上海 NewYork"
md5 = hashlib.md5()
md5.update(string.encode('utf-8'))#注意转码
res = md5.hexdigest()
print("md5 加密结果:",res)
# ######## sha1 ########
sha1 = hashlib.sha1()
sha1.update(string.encode('utf-8'))
res = sha1.hexdigest()
print("sha1 加密结果:",res)
# ######## sha256 ########
sha256 = hashlib.sha256()
sha256.update(string.encode('utf-8'))
res = sha256.hexdigest()
print("sha256 加密结果:",res)
# ######## sha384 ########
sha384 = hashlib.sha384()
sha384.update(string.encode('utf-8'))
```

续表

```
res = sha384.hexdigest()
print("sha384 加密结果:",res)
# ######## sha512 ########
sha512= hashlib.sha512()
sha512.update(string.encode('utf-8'))
res = sha512.hexdigest()
print("sha512 加密结果:",res)
```

Chap19_6.py 的运行结果如图 19.9 所示。

图 19.9 Chap19_6.py 的运行结果

19.13 hashlib、md5 模块两次加密

表 19.13 给出了 Chap19_7.py 的源代码，这个实例演示了 hashlib、md5 模块的两次加密操作。

在这个例子中，hash.update(arg)以字符串参数更新哈希（hash）对象，如果同一个 hash 对象两次调用这种方法，即 m.update(a); m.update(b)，其加密效果等于 m.update(a+b)。

在上述例子中，语句 hash.digest()的作用是作为二进制数据字符串值返回摘要；语句 hash.hexdigest()的作用是作为十六进制数据字符串值返回摘要；语句 hash.copy()的作用是复制。

表 19.13 Chap19_7.py 的源代码

```
#Chap19_7.py，hashlib、md5 模块的两次加密
import hashlib
m = hashlib.md5()
m.update('a'.encode('utf-8'))
res = m.hexdigest()
print("第一次 a 加密:",res)
m.update('b'.encode('utf-8'))
res = m.hexdigest()
print("第二次 b 加密:",res)
m1 = hashlib.md5()
m1.update('b'.encode('utf-8'))
res = m1.hexdigest()
```

续表

```
print("b 单独加密:",res)
m2 = hashlib.md5()
m2.update('ab'.encode('utf-8'))
res = m2.hexdigest()
print("ab 单独加密:",res)
```

Chap19_7.py 的运行结果如图 19.10 所示。

图 19.10　**Chap19_7.py 的运行结果**

19.14　高级加密

表 19.14 给出了 Chap19_8.py 的源代码。

这个实例演示的是，为了防止撞库造成的反解密，在加密算法中添加自定义的 key 后再做加密，也就是高级加密。

表 19.14　Chap19_8.py 的源代码

```
#Chap19_8.py,添加自定义 key 再来做加密，也就是高级加密
import hashlib
low = hashlib.md5()
low.update('ab'.encode('utf-8'))
res = low.hexdigest()
print("普通加密:",res)
high = hashlib.md5(b'beyondjie')
high.update('ab'.encode('utf-8'))
res = high.hexdigest()
print("采用 key 加密:",res)
```

Chap19_8.py 的运行结果如图 19.11 所示。

图 19.11　**Chap19_8.py 的运行结果**

19.15　random 模块

random 模块是随机命令模块。它常用的命令及其功能如表 19.15 所示。

表 19.15　　　　random 模块常用命令及其功能

命令	功能
random.random()	产生 0～1 的随机浮点数
random.uniform(a, b)	产生指定范围内的随机浮点数
random.randint(a, b)	产生指定范围内的随机整数
random.randrange([start], stop[, step])	从一个指定步长的集合中产生随机数
random.choice(sequence)	从序列中产生一个随机数
random.shuffle(x[, random])	将一个列表中的元素打乱
random.sample(sequence, k)	从序列中随机获取指定长度的片断

19.16　random 模块中的函数操作

表 19.16 给出了 Chap19_9.py 的源代码，这个实例演示的是 random 模块中的函数操作。

表 19.16　　　　Chap19_9.py 的源代码

```
#Chap19_9.py,random 模块
import random
print("random.random()=",random.random()) # 随机小数
print("random.uniform(1,3)=",random.uniform(1,3))# 大于 1 小于 3 的随机小数
print("random.randint(1,10)=",random.randint(1,10)) # 随机整数
print("random.randrange(1,10,2)=",random.randrange(1,10,2))
list1=["a","z","3","1","北京","上海"]
print("list1=",list1)
print("random.choice(list1)=",random.choice(list1))
print("random.sample(list1,3)=",random.sample(list1,3))
print("random.shuffle(list1)=")
random.shuffle(list1)
print("list1=",list1)
print("random.sample(list1,3)=",random.sample(list1,3))
""""
random.randrange(n,m,d)   # 大于 n 小于 m 之间每隔 d 的整数
random.choice(list)                  # 随机选择一个
```

续表

```
random.sample(list,n)            # 在列表中随机选取 n 个
random.shuffle(list)                #打乱次序
random.sample(sequence, k) 从序列中随机获取指定长度的片断
"""
```

Chap19_9.py 的运行结果如图 19.12 所示。

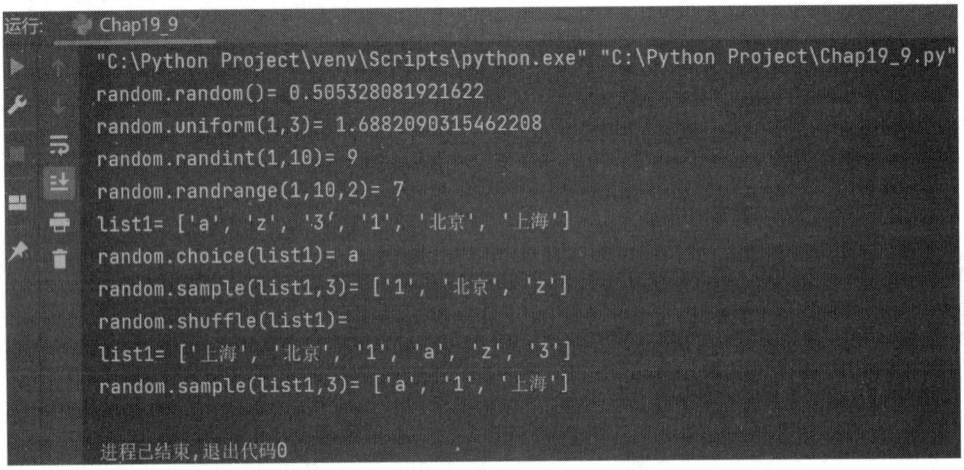

图 19.12　Chap19_9.py 的运行结果

19.17　random 模块生成验证码

表 19.17 给出了 Chap19_10.py 的源代码，这个实例演示了如何通过 random 模块生成验证码。

表 19.17　Chap19_10.py 的源代码

```
#Chap19_10.py，生成验证码
import random
def func(n, alpha=True):
    s = ""
    for el in range(n):
        num = str(random.randint(0, 9))
        if alpha:
            alpha_upper = chr(random.randint(65, 90))
            alpha_lower = chr(random.randint(97, 122))
            num = random.choice([num, alpha_upper, alpha_lower])
        s += num
    return s
print(func(4,alpha=True))
```

Chap19_10.py 的运行结果如图 19.13 所示。

图 19.13　Chap19_10.py 的运行结果

19.18　string 模块

string 模块常用的命令及其功能如表 19.18 所示，前面的章节已经讲解了很多 string 模块中命令的实例。

表 19.18　string 模块常用命令及其功能

命令	功能
str.capitalize()	把字符串的第一个字符大写
str.center(width)	返回一个原字符串居中，并使用空格填充到 width 长度的新字符串
str.ljust(width)	返回一个原字符串左对齐，用空格填充到指定长度的新字符串
str.rjust(width)	返回一个原字符串右对齐，用空格填充到指定长度的新字符串
str.zfill(width)	返回字符串右对齐，前面用 0 填充到指定长度的新字符串
str.count(str,[beg,len])	返回子字符串在原字符串出现的次数，beg,len 是范围
str.decode(encodeing[,replace])	解码 string，出错引发 ValueError 异常
str.encode(encodeing[,replace])	解码 string
str.endswith(substr[,beg,end])	字符串是否以 substr 结束，“beg,end”是范围
str.startswith(substr[,beg,end])	字符串是否以 substr 开头，“beg,end”是范围
str.expandtabs(tabsize = 8)	把字符串的 tab 转为空格，默认为 8 个
str.find(str,[stat,end])	查找子字符串在字符串第一次出现的位置，否则返回 – 1
str.index(str,[beg,end])	查找子字符串在指定字符中的位置，不存在报异常
str.isalnum()	检查字符串是否以字母和数字组成，是则返回 True，否则返回 False
str.isalpha()	检查字符串是否以纯字母组成，是则返回 True，否则返回 False
str.isdecimal()	检查字符串是否以纯十进制数字组成，返回布尔值
str.isdigit()	检查字符串是否以纯数字组成，返回布尔值
str.islower()	检查字符串是否全是小写，返回布尔值

续表

命令	功能
str.isupper()	检查字符串是否全是大写，返回布尔值
str.isnumeric()	检查字符串是否只包含数字字符，返回布尔值
str.isspace()	如果 str 中只包含空格，则返回 True，否则返回 False
str.title()	返回标题化的字符串（所有单词首字母大写，其余小写）
str.istitle()	如果字符串是标题化的（参见 title()）则返回 True，否则返回 False
str.join(seq)	以 str 作为连接符，将一个序列中的元素连接成字符串
str.split(str='',num)	以 str 作为分隔符，将一个字符串分隔成一个序列，num 是被分隔的字符串
str.splitlines(num)	以行分隔，返回各行内容作为元素的列表
str.lower()	将大写转为小写
str.upper()	转换字符串的小写为大写
str.swapcase()	翻换字符串的大小写
str.lstrip()	去掉字符左边的空格和回车换行符
str.rstrip()	去掉字符右边的空格和回车换行符
str.strip()	去掉字符两边的空格和回车换行符
str.partition(substr)	从 substr 出现的第一个位置起，将 str 分割成一个 3 元组
str.replace(str1,str2,num)	查找 str1，替换成 str2，num 是替换次数
str.rfind(str[,beg,end])	从右边开始查询子字符串
str.rindex(str,[beg,end])	从右边开始查找子字符串位置
str.rpartition(str)	类似 partition 函数，不过从右边开始查找
str.translate(str,del='')	按 str 给出的表转换 string 的字符，del 是要过滤的字符

19.19 math 模块

math 模块常用的命令及其功能如表 19.19 所示。

在前面章节中，已经举出了很多 math 模块中命令的实例。如果要打印一个模块中的函数，可以使用 dir 指令。例如下列实例：

```
import math
content = dir(math)
print(content)
```

表 19.19　　**random 模块常用命令及其功能**

命令	功能
ceil	取大于等于 x 的最小的整数值，如果 x 是一个整数，则返回 x
copysign	把 y 的正负号加到 x 前面，可以使用 0
cos	求 x 的余弦，x 必须是弧度
degrees	把 x 从弧度转换成角度
e	表示一个常量
exp	返回 math.e，也就是 2.71828 的 x 次方
expm1	返回 math.e 的 x（其值为 2.71828）次方的值减 1
fabs	返回 x 的绝对值
factorial	取 x 的阶乘的值
floor	取小于等于 x 的最大的整数值，如果 x 是一个整数，则返回自身
fmod	得到 x/y 的余数，其值是一个浮点数
frexp	返回一个元组(m,e)，其计算方式为：x 分别除 0.5 和 1，得到一个值的范围
fsum	对迭代器里的每个元素进行求和操作
gcd	返回 x 和 y 的最大公约数
hypot	如果 x 是不是无穷大的数字，则返回 True，否则返回 False
isfinite	如果 x 是正无穷大或负无穷大，则返回 True，否则返回 False
isinf	如果 x 是正无穷大或负无穷大，则返回 True，否则返回 False
isnan	如果 x 不是数字 True，否则返回 False
ldexp	返回 x*(2**i)的值
log	返回 x 的自然对数，默认以 e 为基数，当给定 base 参数时，将 x 的对数返回给定的 base，计算式为：log(x)/log(base)
log10	返回 x 的以 10 为底的对数
log1p	返回 x+1 的自然对数（基数为 e）的值
log2	返回 x 的以 2 为底的对数
modf	返回由 x 的小数部分和整数部分组成的元组
pi	数字常量，圆周率
pow	返回 x 的 y 次方，即 x**y
radians	把角度 x 转换成弧度
sin	求 x（x 为弧度）的正弦值
sqrt	求 x 的平方根
tan	返回 x（x 为弧度）的正切值
trunc	返回 x 的整数部分

19.20 re 模块

正则表达式（Regular Expression）内嵌在 Python 中，通过 re 模块实现。正则表达式模式被编译成一系列的字节码，然后由匹配引擎执行。

最常用的匹配语法有：

（1）re.match：从头开始匹配。

（2）re.search：匹配包含。

（3）re.findall：返回所有匹配到的字符。

（4）re.splitall：以匹配到的字符作为列表分隔符。

（5）re.sub：匹配字符并替换。

19.21 re 模块实例 1

表 19.20 给出了 Chap19_11.py 的源代码，这个实例讲解了普通字符匹配、元字符(. ^ $ * + ? { } [ ] | ( ) \)匹配。

表 19.20　　Chap19_11.py 的源代码

```
#Chap19_11.py,正则表达式 re 模块
import re
#. 就是通配符,一个点代表一个字符
s = re.findall("a...x", "adsfaeyuxslg")
print(s)    # ['aeyux']
#^ 这个代表以什么开头
s = re.findall("^a..x", "adsfaeyuxslg")
print(s)    # ['']
s = re.findall("a..x", "adsxaeyxslg")
print(s)    # ['adsx', 'aeyx']
#$ 以什么结尾的
s = re.findall("a..x$", "adsxaeyxslg")
print(s)    # []
a = re.findall("a..x$", "adsxaeyxslgarrx")
print(a)    # ['arrx']
# 重复符号有 4 个，第一个（* ）代表 0 到无穷次,贪婪匹配
s = re.findall("d*", "sfdderddddddyuyygdd")
print(s)    # ['', '', 'dd', '', '', 'dddddd', '', '', '', '', '', 'dd', '']
# 重复符号有 4 个，第二个（+ ）代表 1 到无穷次,贪婪匹配
s = re.findall("alex+", "asdhfalexxx")
print(s)    # ['alexxx']
s = re.findall("alex*", "asdhfalexxx")
print(s)    # ['alexxx']
```

续表

```
a = re.findall("alex+", "asdhfale")
print(a)    # []
a = re.findall("alex*", "asdhfale")
print(a)    # ['ale']
# 重复符号有 4 个，第三个（？）代表 0 到 1
s = re.findall("alex?", "asdhfalexxx")
print(s)    # ['alex']
s = re.findall("alex?", "asdhfale")
print(s)    # ['ale']
# 重复符号有 4 个，第四个（{}）代表 0 到你想到取得次数
""""
{0,}=====>*
{1,}=====>+
{0,1}=====>?
{6}=====>重复 6 次
{1，6}=====>重复,1,2,3,4,5,6 其中任何一次
""""
s = re.findall("alex{6}", "asdhfalexxxxxxx")
print(s)    # ['alexxxxxx']
s = re.findall("alex{0,6}", "asdhfalexx")
print(s)    # ['alexx']
```

Chap19_11.py 的运行结果如图 19.14 所示。

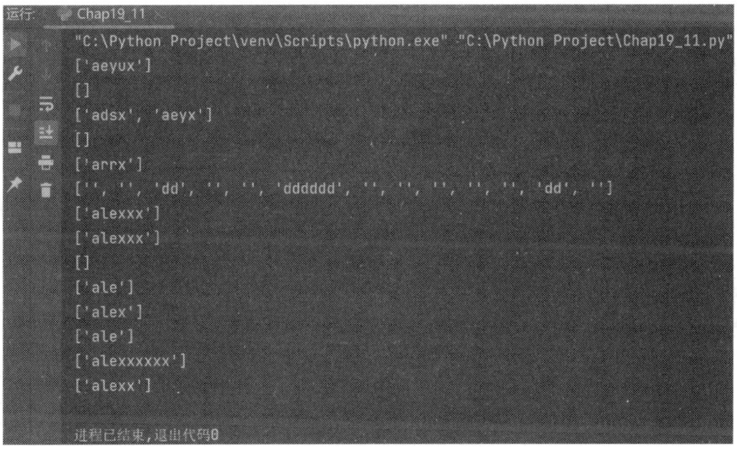

图 19.14　Chap19_11.py 的运行结果

19.22　re 模块实例 2

表 19.21 给出了 Chap19_12.py 的源代码，这个实例讲解了元字符(. ^ $ * + ? { })

匹配。

表 19.21 Chap19_12.py 的源代码

```
#Chap19_12.py，元字符之. ^ $ * + ? { }
import re
ret = re.findall('a..in', 'helloalvin')
print(ret)    # ['alvin']
ret = re.findall('^a...n', 'alvinhelloawwwn')
print(ret)    # ['alvin']
ret = re.findall('a...n$', 'alvinhelloawwwn')
print(ret)    # ['awwwn']
ret = re.findall('a...n$', 'alvinhelloawwwn')
print(ret)    # ['awwwn']
ret = re.findall('abc*', 'abcccc')    #  贪婪匹配[0,+oo]
print(ret)    # ['abcccc']
ret = re.findall('abc+', 'abccc')    # [1,+oo]
print(ret)    # ['abccc']
ret = re.findall('abc?', 'abccc')    # [0,1]
print(ret)    # ['abc']
ret = re.findall('abc{1,4}', 'abccc')
print(ret)    # ['abccc'] 贪婪匹配
```

Chap19_12.py 的运行结果如图 19.15 所示。

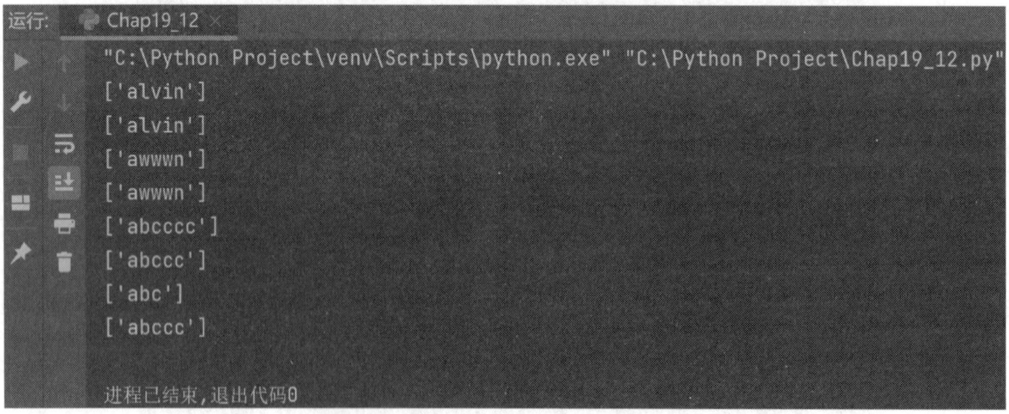

图 19.15 Chap19_12.py 的运行结果

19.23 re 模块实例 3

表 19.22 给出了 Chap19_13.py 的源代码，这个实例讲解了贪婪匹配和惰性匹配。

表 19.22 Chap19_13.py 的源代码

```
#Chap19_13.py,前面的*,+,?等都是贪婪匹配，尽可能匹配，后面加?号使其变成惰性匹配
import re
ret = re.findall('a[bc]d', 'acd')
print(ret)   # ['acd']
ret = re.findall('[a-z]', 'acd')
print(ret)   # ['a', 'c', 'd']
ret = re.findall('[.*+]', 'a.cd+')
print(ret)   # ['.', '+']
# 在字符集里有功能的符号: - ^ \
ret = re.findall('[1-9]', '45dha3')
print(ret)   # ['4', '5', '3']
ret = re.findall('[^ab]', '45bdha3')
print(ret)   # ['4', '5', 'd', 'h', '3']
ret = re.findall('[\d]', '45bdha3')
print(ret)   # ['4', '5', '3']
```

Chap19_13.py 的运行结果如图 19.16 所示。

图 19.16 Chap19_13.py 的运行结果

19.24 re 模块综合实例

表 19.23 给出了 Chap19_14.py 的源代码，这个例子是 re 模块的一个综合实例。

表 19.23 Chap19_14.py 的源代码

```
#Chap19_14.py,re 模块综合实例
import re
ret=re.findall('c\\\\l','abc\le')
print(ret)#['c\\l']
ret=re.findall(r'c\\l','abc\le')
```

续表

```
print(ret)#['c\\l']
m = re.findall('\bblow', 'blow')
print(m)#[]
m = re.findall(r'\bblow', 'blow')
print(m)#['blow']
m = re.findall(r'(ad)+', 'add')
print(m)
#分组()
ret = re.search('(?P<id>\d{2})/(?P<name>\w{3})', '23/com')
print(ret.group())   # 23/com
print(ret.group('id'))   # 23
# |
ret = re.findall(r"kr|z","sdfkrsf")
print(ret)#['kr']
ret = re.findall(r"kr|z","sdfkrzsf")
print(ret)#['kr', 'z']
ret=re.search('(ab)|\d','rabhdg8sd')
print(ret.group())#ab
re.findall('a', 'alvin yuan')   # 返回所有满足匹配条件的结果,放在列表里
re.search('a', 'alvin yuan').group()   # 函数会在字符串内查找模式匹配,只到找到第一个匹配然后返回一个包含匹配信息的对象,该对象可以
# 通过调用 group()方法得到匹配的字符串,如果字符串没有匹配，则返回 None。
re.match('a', 'abc').group()   # 同 search,不过尽在字符串开始处进行匹配
ret = re.split('[ab]', 'abcd')   # 先按'a'分割得到''和'bcd',在对''和'bcd'分别按'b'分割
print(ret)   # ['', '', 'cd']
ret = re.sub('\d', 'abc', 'alvin5yuan6', 1)
print(ret)   # alvinabcyuan6
ret = re.subn('\d', 'abc', 'alvin5yuan6')
print(ret)   # ('alvinabcyuanabc', 2)
obj = re.compile('\d{3}')
ret = obj.search('abc123eeee')
print(ret.group())   # 123
ret = re.finditer('\d', 'ds3sy4784a')
print(ret)   # <callable_iterator object at 0x10195f940>
print(next(ret).group())
print(next(ret).group())
ret = re.findall('www.(baidu|oldboy).com', 'www.oldboy.com')
print(ret)   # ['oldboy']
ret = re.findall('www.(?:baidu|oldboy).com', 'www.oldboy.com')
print(ret)   # ['www.oldboy.com']
```

Chap19_14.py 的运行结果如图 19.17 所示。

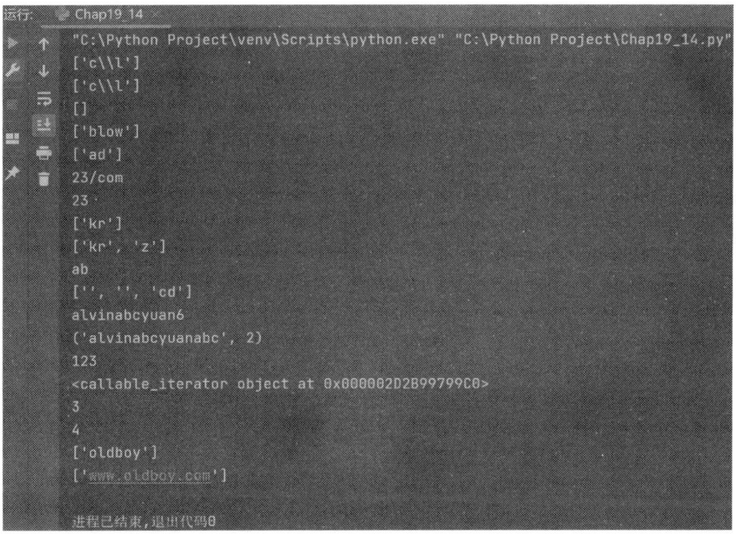

图 19.17　**Chap19_14.py** 的运行结果

19.25　转义字符“\”

转义字符（\）后面跟元字符表示的是去除特殊功能，比如\.。

转义字符后面跟普通字符表示的是实现特殊功能，比如\d。

“\d:”匹配任何十进制数，它相当于类[0 - 9]。

“\D:”匹配任何非数字字符，它相当于类[^ 0 - 9]。

“\s:”匹配任何空白字符，它相当于类[\t\n\r\f\v]。

“\S:”匹配任何非空白字符，它相当于类[^ \t\n\r\f\v]。

“\w:”匹配任何字母数字字符，它相当于类[a - zA - Z0 - 9]。

“\W:”匹配任何非字母数字字符，它相当于类[^ a - zA - Z0 - 9]。

“\b:”匹配一个特殊字符边界，比如空格、&、# 等。

19.26　转义字符“\”实例

表 19.24 给出了 Chap19_15.py 的源代码，这个实例讲解了转义字符“\”。

表 19.24　　**Chap19_15.py 的源代码**

```
#Chap19_15.py,转义字符\
import re
ret = re.findall('I\b', 'I am LIST')
print(ret)    # []
ret = re.findall(r'I\b', 'I am LIST')
print(ret)    # ['I']
```

Chap19_15.py 的运行结果如图 19.18 所示。

图 19.18　Chap19_15.py 的运行结果

19.27　小　　结

本章主要讲解了模块（module），包括安装模块、os 模块、os.path 模块、sys 模块、datetime 模块、date 模块、time 模块、hashlib 模块、md5 模块、高级加密、random 模块、string 模块、math 模块、re 模块，并给出大量的实例。

第 20 章　turtle 绘制图形

所谓图形化用户界面（Graphic User Interface，GUI），简而言之，就是通过图形界面进行人机交互。下面通过 turtle 绘制图形的实例，让大家对绘制图形有一个直观的认识。

turtle 模块，也称海龟绘图（Turtle Graphics），它是一个简单的绘图工具。使用海龟绘图，首先我们需要导入 turtle 的方法，可以通过语句“import turtle”导入，也可以通过语句“from turtle import *”导入。turtle 绘图属性包括位置、方向、画笔（画笔的属性，颜色、画线的宽度）。本章简要介绍 turtle 绘图。

20.1　turtle 模块命令

操纵 turtle 绘图的命令，可以划分为两种：一种为运动命令，另一种为画笔控制命令。

20.1.1　运动命令

（1）forward(degree)，表示向前移动距离，其中 degree 表示距离。

（2）backward(degree)，表示向后移动距离，其中 degree 表示距离。

（3）right(degree)，表示向右移动多少度，degree 表示度数。

（4）left(degree)，表示向左移动多少度，degree 表示度数。

（5）goto(x,y)，表示将画笔移动到坐标为(x,y)的位置。

（6）stamp()，表示复制当前图形。

（7）speed(speed)，表示画笔绘制的速度范围[0,10]整数。

20.1.2　画笔控制命令

（1）down()，表示移动时绘制图形，缺省时为绘制。

（2）up()，表示移动时不绘制图形。

（3）pensize(width)，表示绘制图形时的宽度。

（4）color(colorstring)，表示绘制图形时的颜色。

（5）fillcolor(colorstring)，表示绘制图形的填充颜色。

（6）fill(True)，表示填充颜色。

（7）fill(False)，表示不填充颜色。

20.2 绘制“蟒蛇”曲线

表 20.1 给出了 Chap20_1.py 的源代码，它演示的是通过 turtle 模块绘制“蟒蛇”曲线。

在这个例子中，turtle 模块（库）属于 turtle 绘图体系，是 Python 入门级的图像绘制函数库。语句 turtle.setup(650,350,200,200) 调用了语法 turtle.setup (width,height, startx,starty)，用于设置窗体大小及位置，startx,starty 这两个参数是可选的。语句 turtle.setup(650,350,200,200)表示 width=650，height=350，startx=200，starty=200。

表 20.1　　Chap20_1.py 的源代码

```
#Chap20_1.py,通过 turtle 模块绘制一条“蟒蛇”线
import turtle#引入一个绘图库
turtle.setup(650,350,200,200)
turtle.penup()
turtle.fd(-250)
turtle.pendown()
turtle.pensize(25)
turtle.pencolor("purple")
turtle.seth(-40)
for i in range(4):
    turtle.circle(40,80)
    turtle.circle(-40,80)
turtle.circle(40,80/2)
turtle.fd(40)
turtle.circle(16,180)
turtle.fd(40*2/3)
turtle.done()
```

Chap20_1.py 的运行结果如图 20.1 所示。

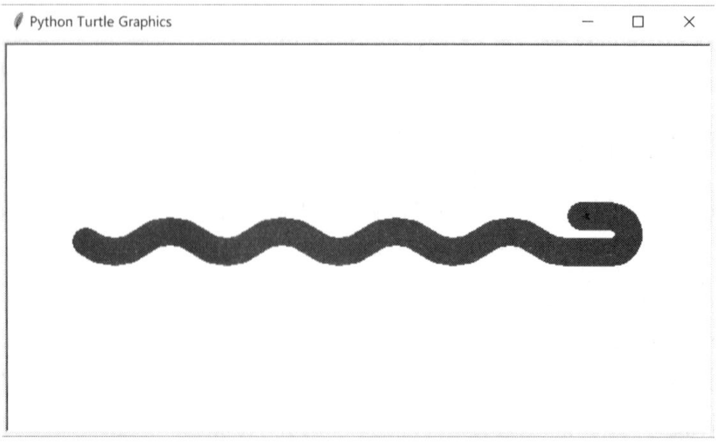

图 20.1　Chap20_1.py 的运行结果

20.3　空间（角度）坐标体系

turtule 的空间坐标体系（见图 20.2）是：原点(0,0)位于画布的中央位置，x 轴向右，y 轴向上。

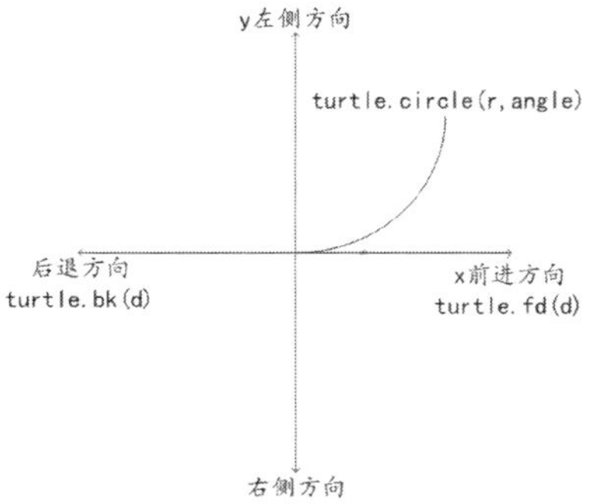

图 20.2　turtle 的空间坐标体系

turtle 的角度坐标体系如图 20.3 所示。

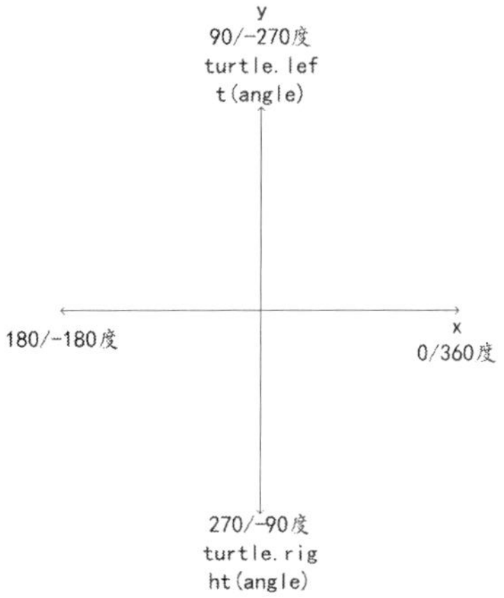

图 20.3　turtle 的角度坐标体系

表 20.2 给出了 Chap20_2.py 的源代码，说明 turtle 的空间坐标体系、角度坐标体系。

表 20.2　Chap20_2.py 的源代码

```
#Chap20_2.py,turtle 的空间坐标体系、角度坐标体系
import turtle
turtle.goto(100,100)
turtle.goto(100,-100)
turtle.goto(-100,-100)
turtle.goto(-100,100)
turtle.goto(0,0)
turtle.done()
```

Chap20_2.py 的运行结果如图 20.4 所示。

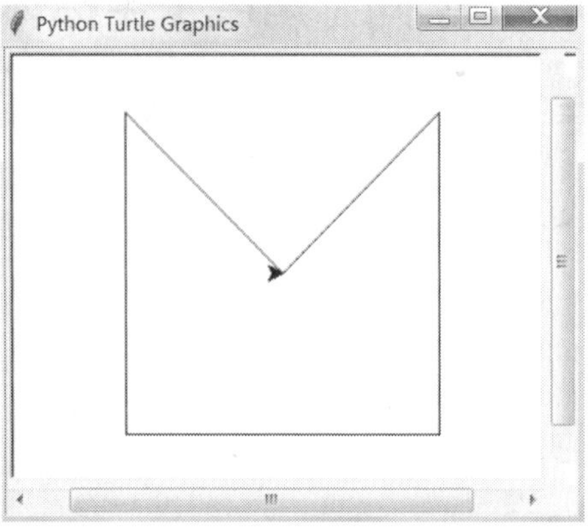

图 20.4　Chap20_2.py 的运行结果

20.4　改进绘制蟒蛇的程序

表 20.3 给出了 Chap20_3.py 的源代码，它演示的是改进绘制蟒蛇的程序。

在改进的绘制蟒蛇程序中，每行代码都给出了注释，而且通过语句“from turtle import*”引入了一个绘图库，这样一来，后面的语句可以少了“turtle.”。

表 20.3　Chap20_3.py 的源代码

```
#Chap20_3.py，改进绘制蟒蛇的程序
from turtle import*   #引入一个绘图库
setup(650,350,200,200)#turtle.setup(width,height,startx,starty)设置窗体大小及位置，4 个参数后两个可选。setup（）并不是必需的
penup()#海龟飞起
fd(-250)#前进-250
pendown()#海龟落下
pensize(25)#画笔尺寸变为 25
pencolor("purple")#画笔颜色变为 purple
seth(-40)#方向设置为绝对-40°
for i in range(4):#循环 4 次
    circle(40,80)#设置 40 为半径，80° 的弧度
    circle(-40,80)#设置反向 40 为半径，80° 的弧度
circle(40,80/2)
fd(40)#行进 40
circle(16,180)
fd(40*2/3)
done()#程序不会退出，需要手动退出
```

Chap20_3.py 的运行结果如图 20.5 所示。

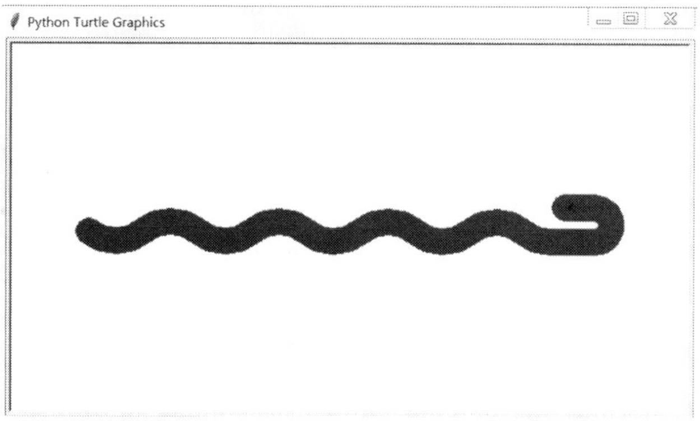

图 20.5 Chap20_3.py 的运行结果

20.5 控制函数

控制函数包括画笔控制函数、运动控制函数、方向控制函数。下面分别讲解。

20.5.1 画笔控制函数

画笔控制函数包括 penup()、pendown()、pensize()、pencolor()。画笔操作后一直有效，一般成对出现，其中：

（1）penup()，表示抬起画笔（上面实例中，turtle 在飞行）。

（2）pendown()，表示落下画笔（上面实例中，turtle 在爬行）。

（3）pensize()，表示设置画笔宽度（上面实例中，turtle 的腰围）。

（4）pencolor(color)，表示画笔颜色。

如果没有参数传入，则返回当前画笔颜色，通过传入参数设置画笔颜色，可以是字符串如“green”“red”，也可以是 RGB 3 元组。

color 参与可以有三种形式：

（1）颜色字符串，例如 pencolor("purple")。

（2）RGB 的小数值，例如 pencolor(0.63,013,0.94)。

（3）RGB 的元组值，例如 pencolor((0.63,013,0.94))。

20.5.2 运动控制函数

运动控制函数用来控制 turtle 行进，也就是控制走直线还是走曲线。

（1）turtle.forward(d)，别名 turtle.fd(d)，表示向前行进，turtle 走直线。如果行进距离为负数则表示后退。

（2）turtle.circle(r,extent=None)，根据半径 r 绘制 extent 角度的弧形。r 的含义是默认圆心在 turtle 左侧 r 距离的位置，extent 为绘制角度，默认绘制 360° 整个圆形。

20.5.3 方向控制函数

方向控制函数控制 turtle 面对的方向，包括绝对角度和海龟角度。

turtle.settheheading(angle)，别名 turtle.seth(angle)，用以改变行进方向，angle 是 turtle 走的角度。

（1）turtle.left(angle)表示 turtle 向左转 angle 度数。

（2）turtle.right(angle)表示 turtle 向右转 angle 度数。

20.6 绘图命令

操纵 turtle 绘图的命令共有 3 种：画笔运动命令、画笔控制命令、全局控制命令。

20.6.1 画笔运动命令

画笔运动命令如表 20.4 所示。

表 20.4 **画笔运动命令**

命令	功能
turtle.forward(distance)	向当前画笔方向移动 distance 像素长度
turtle.backward(distance)	向当前画笔相反方向移动 distance 像素长度
turtle.right(degree)	顺时针移动度数 degree
turtle.left(degree)	逆时针移动度数 degree
turtle.pendown()	移动时绘制图形，缺省时也绘制
turtle.goto(x,y)	将画笔移动到坐标为（x, y）的位置
turtle.penup()	提起笔移动，不绘制图形，用于另起一个地方绘制
turtle.circle()	画圆。半径为正（负），表示圆心在画笔的左边（右边）画圆
setx()	将当前 x 轴移动到指定位置
sety()	将当前 y 轴移动到指定位置
setheading(angle)	设置当前朝向为 angle 角度
home()	设置当前画笔位置为原点，朝向东
dot(r)	绘制一个指定直径和颜色的圆点

20.6.2 画笔控制命令

画笔控制命令如表 20.5 所示。

表 20.5　　画笔控制命令

命令	说明
turtle.fillcolor(colorstring)	绘制图形的填充颜色
turtle.color(color1, color2)	同时设置 pencolor=color1, fillcolor=color2
turtle.filling()	返回当前是否在填充状态
turtle.begin_fill()	准备开始填充图形
turtle.end_fill()	填充完成
turtle.hideturtle()	隐藏画笔的 turtle 形状
turtle.showturtle()	显示画笔的 turtle 形状

20.6.3　全局控制命令

全局控制命令如表 20.6 所示。

表 20.6　　全局控制命令

命令	说明
turtle.clear()	清空 turtle 窗口，但是 turtle 的位置和状态不会改变
turtle.reset()	清空窗口，重置 turtle 状态为起始状态
turtle.undo()	撤销上一个 turtle 动作
turtle.isvisible()	返回当前 turtle 是否可见
stamp()	复制当前图形
turtle.write(s [,font=("font-name", font_size,"font_type")])	写文本，s 为文本内容，font 是字体的参数，分别为字体名称、大小和类型；font 为可选项，font 参数也是可选项

20.6.4　其他命令

其他命令如表 20.7 所示。

表 20.7　　其他命令

<table>
<tr><th>命令</th><th>说明</th></tr>
<tr><td>turtle.mainloop()或
turtle.done()</td><td>启动事件循环，调用 Tkinter 的 mainloop 函数。必须是 turtle 图形程序中的最后一个语句</td></tr>
<tr><td>turtle.mode(mode=None)</td><td>设置乌龟模式（“standard”“logo”“world”）并执行重置。如果没有给出模式，则返回当前模式
<table>
<tr><th>模式</th><th>初始龟标题</th><th>正角度</th></tr>
<tr><td>standard</td><td>向右（东）</td><td>逆时针</td></tr>
<tr><td>logo</td><td>向上（北）</td><td>顺时针</td></tr>
</table></td></tr>
</table>

续表

命令	说明
turtle.delay(delay=None)	设置或返回以毫秒为单位的绘图延迟
turtle.begin_poly()	开始记录多边形的顶点。当前的乌龟位置是多边形的第一个顶点
turtle.end_poly()	停止记录多边形的顶点。当前的乌龟位置是多边形的最后一个顶点。将与第一个顶点相连
turtle.get_poly()	返回最后记录的多边形

20.7 绘图实例

20.7.1 绘制正方形

表 20.8 给出了 Chap20_4.py 的源代码，它是绘制正方形的实例程序。

表 20.8　　Chap20_4.py 的源代码

```
#Chap20_4.py,turtle 实例:绘制正方形
import turtle
import time
#定义绘制时画笔的颜色
turtle.color("red")
#定义绘制时画笔的线条的宽度
turtle.pensize(5)
#定义绘图的速度
turtle.speed(10)
#以 0,0 为起点进行绘制
turtle.goto(0,0)
#绘出正方形的四条边
for i in range(4):
    turtle.forward(100)
    turtle.right(90)
#画笔移动到点(-150,-120)时不绘图
turtle.up()
turtle.goto(-150,-120)
#再次定义画笔颜色
turtle.color("red")
#在(-150,-120)点上打印"Done"
turtle.write("Done")
time.sleep(3)
turtle.done()
```

Chap20_4.py 的运行结果如图 20.6 所示。

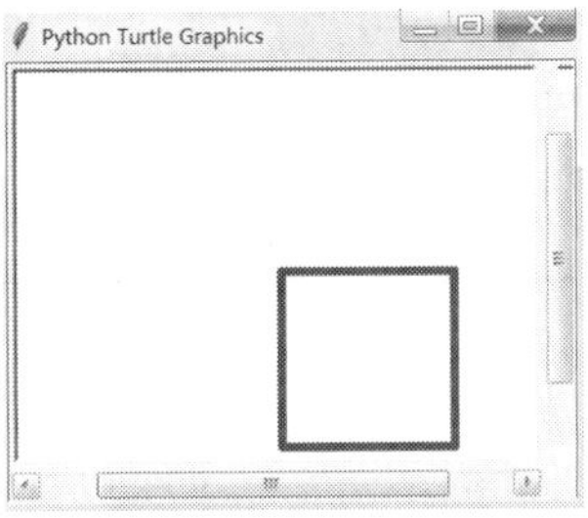

图 20.6 Chap20_4.py 的运行结果

20.7.2 绘制五角星

表 20.9 给出了 Chap20_5.py 的源代码，它是绘制五角星的实例程序。

表 20.9 Chap20_5.py 的源代码

```
#Chap20_5.py,turtle 实例:绘制五角星
import turtle
import time
turtle.color("red")
turtle.pensize(5)
turtle.goto(0,0)
turtle.speed(10)
for i in range(6):
  turtle.forward(100)
  turtle.right(144)
turtle.up()
turtle.forward(100)
turtle.goto(-150,-120)
turtle.color("red")
turtle.write("Done")
time.sleep(3)
turtle.done()
```

Chap20_5.py 的运行结果如图 20.7 所示。

图 20.7 Chap20_5.py 的运行结果

20.7.3 画一组同切圆

表 20.10 给出了 Chap20_6.py 的源代码，它是绘制一组同切圆的实例程序。

表 20.10　　Chap20_6.py 的源代码

```
#Chap20_6.py,画一组同切圆
import turtle
turtle.circle(10)
turtle.circle(40)
turtle.circle(80)
turtle.circle(120)
```

Chap20_6.py 的运行结果如图 20.8 所示。

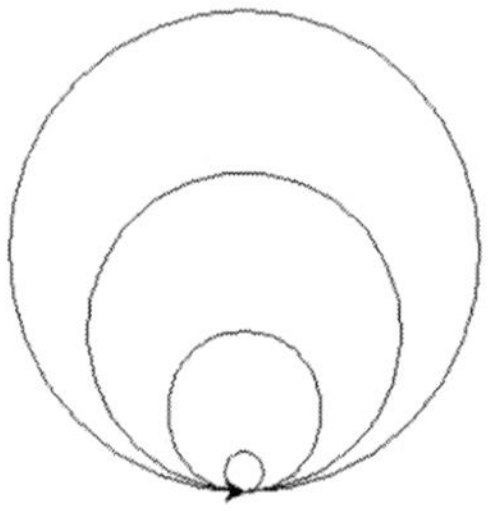

图 20.8　Chap20_6.py 的运行结果

20.7.4 画一个全红色的五角星

表 20.11 给出了 Chap20_7.py 的源代码，它是画一个全红色五角星的实例程序。

表 20.11　　Chap20_7.py 的源代码

```
#Chap20_7.py,画一个全红色的五角星
import turtle
turtle.color("red")
turtle.fillcolor("red")
turtle.begin_fill()
for i in range(5):
    turtle.forward(100)
    turtle.right(144)
turtle.end_fill()
turtle.done()
```

Chap20_7.py 的运行结果如图 20.9 所示。

图 20.9 Chap20_7.py 的运行结果

20.7.5 画一组同心圆

表 20.12 给出了 Chap20_8.py 的源代码，它是画一组同心圆的实例程序。

表 20.12 Chap20_8.py 的源代码

```
#Chap20_8.py,画一组同心圆
import turtle
import turtle
turtle.circle(20)
turtle.right(90)
turtle.color("red")
turtle.forward(20)
turtle.left(90)
turtle.color("blue")
turtle.circle(40)
turtle.right(90)
turtle.color("red")
turtle.forward(40)
turtle.left(90)
turtle.color("blue")
turtle.circle(80)
turtle.done()
```

Chap20_8.py 的运行结果如图 20.10 所示。

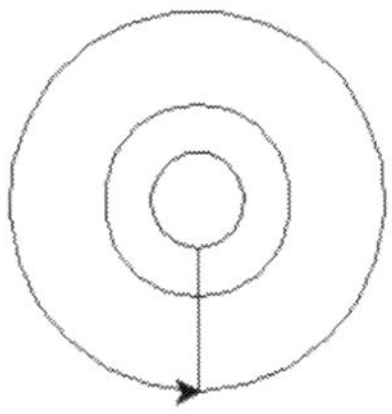

图 20.10 Chap20_8.py 的运行结果

20.7.6 画几何图形并填充

表 20.13 给出了 Chap20_9.py 的源代码，它是画几何图形并填充的实例程序。

表 20.13　　　　Chap20_9.py 的源代码

```
#Chap20_9.py，绘制几何图形并填充
import turtle
def main():
    turtle.speed(2)
    turtle.pensize(3)
    turtle.penup()
    turtle.goto(-200, -50)
    turtle.pendown()
    # 表示开始做图形填充
    turtle.begin_fill()
    turtle.color('red')
    turtle.circle(40, steps=3)
    # 填充结束
    turtle.end_fill()
    turtle.penup()
    turtle.goto(-100, -50)
    turtle.pendown()
    turtle.begin_fill()
    turtle.color("blue")
    turtle.circle(40, steps=4)
    turtle.end_fill()
    turtle.penup()
    turtle.goto(0, -50)
    turtle.pendown()
    turtle.begin_fill()
    turtle.color("green")
    turtle.circle(40, steps=5)
    turtle.end_fill()
    turtle.penup()
    turtle.goto(100, -50)
    turtle.pendown()
    turtle.begin_fill()
    turtle.color("yellow")
    turtle.circle(40, steps=6)
    turtle.end_fill()
    turtle.penup()
    turtle.goto(200, -50)
    turtle.pendown()
    turtle.begin_fill()
```

续表

```
    turtle.color("purple")
    turtle.circle(40)  # 未设置步数则认为是绘制圆形
    turtle.end_fill()
    turtle.color("green")
    turtle.penup()
    turtle.goto(-100, 50)
    turtle.pendown()
    turtle.write(("Cool Colorful shapes"),  # 添加文字
                 font=("Times", 18, "bold"))  # 设置文字格式
    turtle.hideturtle()  # 隐藏画笔形状
    turtle.done()
if __name__ == '__main__':
    main()
```

Chap20_9.py 的运行结果如图 20.11 所示。

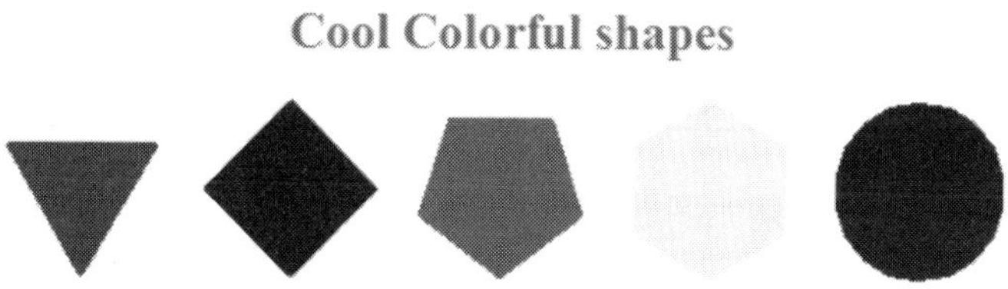

图 20.11　Chap20_9.py 的运行结果

20.7.7　画菱形四边形

表 20.14 给出了 Chap20_10.py 的源代码，它是画菱形四边形的实例程序。

表 20.14　Chap20_10.py 的源代码

```
#Chap20_10.py
import turtle as t
t.right(-30)
for i in range(2):
    t.fd(200)
    t.right(60 * (1 + i))
for i in range(2):
    t.fd(200)
    t.right(60 * (1 + i))
t.done()
```

Chap20_10.py 的运行结果如图 20.12 所示。

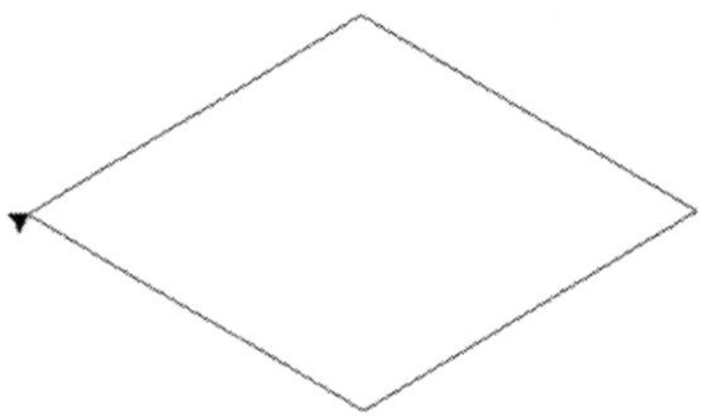

图 20.12　Chap20_10.py 的运行结果

20.7.8　画六边形

表 20.15 给出了 Chap20_11.py 的源代码，它是画六边形的实例程序。

表 20.15　Chap20_11.py 的源代码

```
#Chap20_11.py，画六边形
import turtle as t
for i in range(6):
    t.fd(100)
    t.left(60)
t.done()
```

Chap20_11.py 的运行结果如图 20.13 所示。

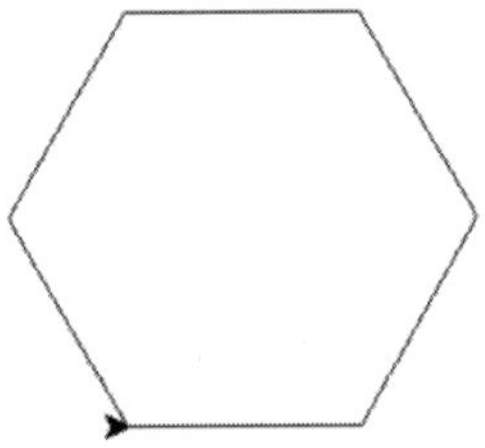

图 20.13　Chap20_11.py 的运行结果

20.7.9　画四瓣花

表 20.16 给出了 Chap20_12.py 的源代码，它是画四瓣花的实例程序。

表 20.16　Chap20_12.py 的源代码

```
#Chap20_12.py，画四瓣花图形
import turtle as t
for i in range(4):
    t.seth(90 * (i + 1))
    #90,180,270，360
    t.circle(200,90)
```

续表

```
    #-90,0,90,180
    t.seth(-90 + i * 90)
    t.circle(200,90)
t.done()
```

Chap20_12.py 的运行结果如图 20.14 所示。

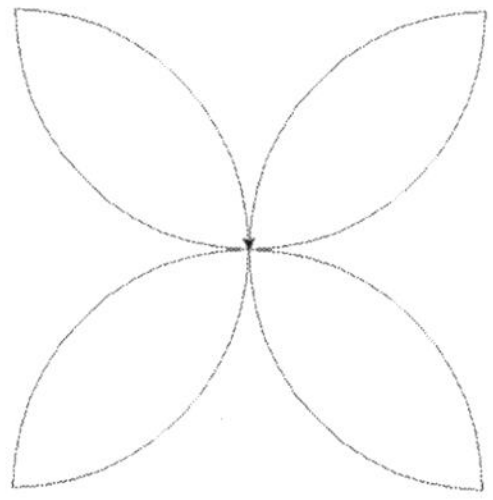

图 20.14 Chap20_12.py 的运行结果

20.7.10 画四叶草

表 20.17 给出了 Chap20_13.py 的源代码，它是画四叶草的实例程序。

表 20.17 Chap20_13.py 的源代码

```
#Chap20_13.py，画四叶草
import turtle
turtle.color("green")
turtle.begin_fill()
for i in range(4):
    turtle.right(90)
    turtle.circle(50, 180)
turtle.done()
```

Chap20_13.py 的运行结果如图 20.15 所示。

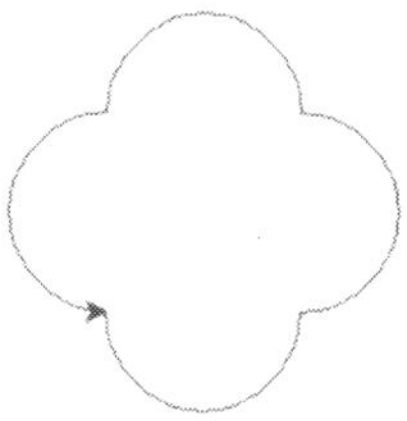

图 20.15 Chap20_13.py 的运行结果

20.7.11 画星星

表 20.18 给出了 Chap20_14.py 的源代码，它是画星星的实例程序。

表 20.18　　　　　　　　　　Chap20_14.py 的源代码

```
#Chap20_14.py，画星星
import turtle
turtle.pensize("10")
turtle.color("yellow")
turtle.begin_fill()
for i in range(4):
    turtle.circle(-90, 90)
    turtle.right(180)
turtle.done()
```

Chap20_14.py 的运行结果如图 20.16 所示。

图 20.16　Chap20_14.py 的运行结果

20.7.12 画心形

表 20.19 给出了 Chap20_15.py 的源代码，它是画心形的实例程序。

表 20.19　　　　　　　　　　Chap20_15.py 的源代码

```
#Chap20_15.py，画心形
from turtle import *
color('red', 'pink')  # 画笔色 red，背景色 pink
begin_fill()
left(135)  # 左转 135°
fd(100)  # 前进 100 像素
right(180)  # 画笔掉头
# 重点理解 circle()
# 以垂直于当前方向的正左侧 30 像素处为圆心，圆心与当前位置的连线为半径，
# -180° 方向（相对当前方向）画弧，画笔方向不变
# 如果是 180° 是画笔正向前进画弧，–180° 时画笔是倒退着画弧的
```

续表

```
circle(30, -180)
backward(35)  # 由于此时画笔方向约为绝对方向的 135°，需倒退画线
right(90)
forward(35)
circle(-30, 180)
fd(100)
end_fill()
hideturtle()
done()
```

Chap20_15.py 的运行结果如图 20.17 所示。

图 20.17 Chap20_15.py 的运行结果

20.7.13 画前进曲线

表 20.20 给出了 Chap20_16.py 的源代码，它是画前进曲线的实例程序。

表 20.20 Chap20_16.py 的源代码

```
#Chap20_16.py，画前进曲线
import turtle
i = 0
a = 6
b = 45
while True:
    if i > 33:
        break
    turtle.forward(a)
    turtle.right(b)
    turtle.forward(a)
    turtle.left(b)
    i+=1
turtle.done()
```

Chap20_16.py 的运行结果如图 20.18 所示。

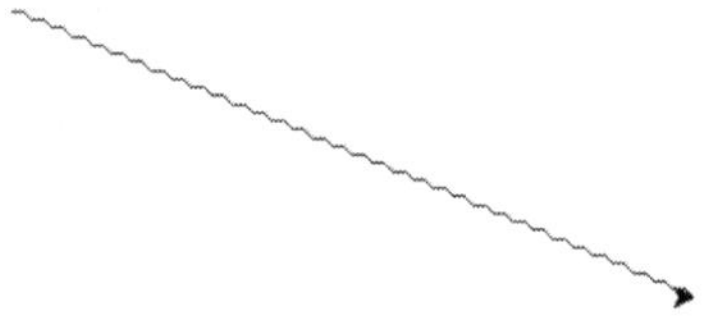

图 20.18 Chap20_16.py 的运行结果

20.7.14 画螺旋形状

表 20.21 给出了 Chap20_17.py 的源代码，它是画螺旋形状的实例程序。

表 20.21　　Chap20_17.py 的源代码

```
#Chap20_17.py，画螺旋形状
import turtle
i = 0
a = 6
b = 90
while True:
    if i > 12:
        break
    turtle.forward(a)
    turtle.right(b)
    turtle.forward(a)
    i+=1
    a += 10
turtle.done()
```

Chap20_17.py 的运行结果如图 20.19 所示。

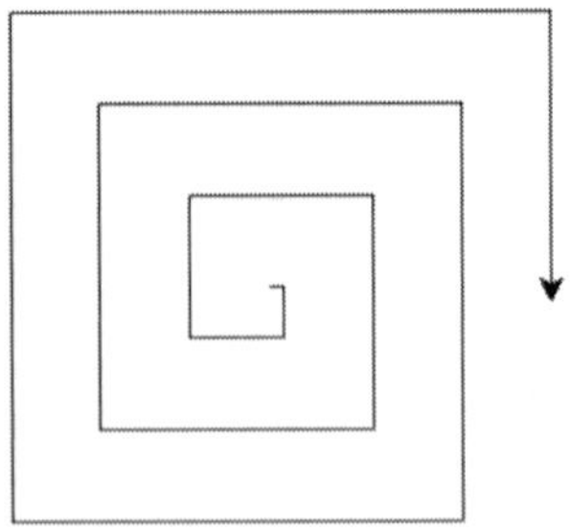

图 20.19 Chap20_17.py 的运行结果

20.7.15 画八边形

表 20.22 给出了 Chap20_18.py 的源代码，它是画八边形的实例程序。

表 20.22 **Chap20_18.py 的源代码**

```
#Chap20_18.py，画八边形
import turtle
#i = int(input('你想要几边来密封呢？'))
i=8
angle = 360.0 / i
distance = 1000.0 / i
turtle.begin_fill()
turtle.color("red")
turtle.circle(distance,steps=i)
turtle.end_fill()
turtle.hideturtle()
turtle.done()
```

Chap20_18.py 的运行结果如图 20.20 所示。

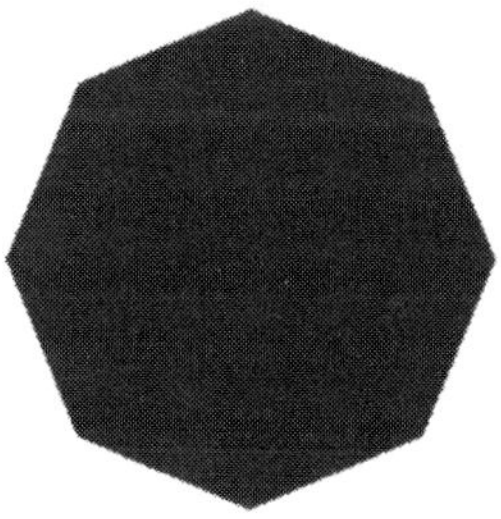

图 20.20 Chap20_18.py 的运行结果

20.7.16 画阿基米德螺线

表 20.23 给出了 Chap20_19.py 的源代码，它是画阿基米德螺线的实例程序。

表 20.23 **Chap20_19.py 的源代码**

```
#Chap20_19.py，画阿基米德螺线
import turtle
def draw_spiral(t, n, length=3, a=0.1, b=0.0002):
    # Draws an Archimedian spiral starting at the origin
    theta = 0.0
    for i in range(n):
        t.fd(length)
        dtheta = 1 / (a + b * theta)
        t.lt(dtheta)
        theta += dtheta
# create the world and bob
bob = turtle.Turtle()
draw_spiral(bob, n=1000)
turtle.mainloop()
```

Chap20_19.py 的运行结果如图 20.21 所示。

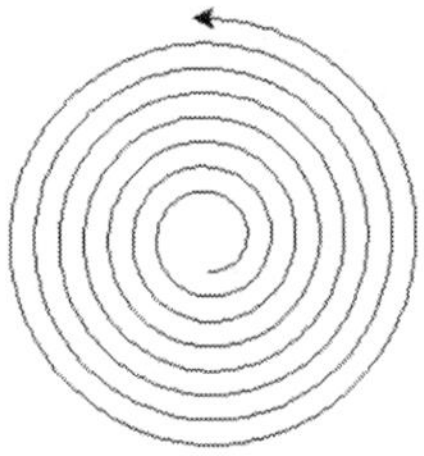

图 20.21　Chap20_19.py 的运行结果

20.7.17　画花朵

表 20.24 给出了 Chap20_20.py 的源代码，它是画花朵的实例程序。

表 20.24　Chap20_20.py 的源代码

```
#Chap20_20.py,画花朵
import turtle
def draw_diamond(turt):
    for i in range(1,3):
        turt.forward(100)
        turt.right(45)
        turt.forward(100)
        turt.right(135)
def  draw_art():
    window = turtle.Screen() #视窗
    window.bgcolor("black") #背景颜色
    brad = turtle.Turtle()  #创建一个“乌龟”对象
    brad.shape("turtle")     #设定画笔图像是乌龟
    brad.color("red")        #设定画笔颜色是红色
    brad.speed("fast")       #画画速度是快
    for i in range(1, 37):  #调用 diamond 函数 36 次，即画 36 个花瓣
        draw_diamond(brad)
        brad.right(10)
    brad.right(90)           #画出枝干
    brad.forward(1000)
    window.exitonclick()
draw_art()
```

Chap20_20.py 的运行结果如图 20.22 所示。

图 20.22　Chap20_20.py 的运行结果

20.7.18　画多颜色多边形

表 20.25 给出了 Chap20_21.py 的源代码，它是画多颜色多边形的实例程序。

表 20.25　Chap20_21.py 的源代码

```
#Chap20_21.py,画多颜色多边形
import turtle
t = turtle.Pen()
turtle.bgcolor("black")
# sides = eval(str(input("输入要绘制的边的数目，请输入 2-6Dev 数字！ ")))
sides = 6
colors = ["red", "yellow", "green", "blue", "orange", "purple"]
for x in range(360):
    t.pencolor(colors[x % sides])  # 随机颜色
    t.speed("fast")
    t.forward(x * 3 / sides + x)  # 六边形长度依次增加
    t.left(360 / sides + 1)  # 转动角度依次变化
    t.width(x * sides / 180)
    t.left(91)
print("结束")
turtle.done()
```

Chap20_21.py 的运行结果如图 20.23 所示。

图 20.23　Chap20_21.py 的运行结果

20.7.19 画太阳花

表 20.26 给出了 Chap20_22.py 的源代码，它是画太阳花的实例程序。

表 20.26　　　　Chap20_22.py 的源代码

```
#Chap20_22.py，画太阳花
import turtle
turtle=turtle.Turtle()
screen=turtle.getscreen()
turtle.color('red', 'yellow')
turtle.begin_fill()
for i in range(50):
    turtle.forward(200)
    turtle.left(170)
turtle.end_fill()
screen.mainloop()
turtle.hideturtle()
turtle.done()
```

Chap20_22.py 的运行结果如图 20.24 所示。

图 20.24　Chap20_22.py 的运行结果

20.7.20 画奥运五环

表 20.27 给出了 Chap20_23.py 的源代码，它是画奥运五环的实例程序。

表 20.27　　　　Chap20_23.py 的源代码

```
#Chap20_23.py，绘制奥运五环
import turtle
turtle.setup(1.0,1.0) #设置窗口大小
turtle.title("奥运五环")
#蓝圆
turtle.penup()
```

续表

```
turtle.right(90)
turtle.forward(-50)
turtle.left(90)
turtle.forward(-200)
turtle.pendown()
turtle.pensize(10)
turtle.color("blue")
turtle.circle(100)
#黑圆
turtle.penup()
turtle.forward(250)
turtle.pendown()
turtle.pensize(10)
turtle.color("black")
turtle.circle(100)
#红圆
turtle.penup()
turtle.forward(250)
turtle.pendown()
turtle.pensize(10)
turtle.color("red")
turtle.circle(100)
#黄圆
turtle.penup()
turtle.forward(-275)
turtle.right(-90)
turtle.pendown()
turtle.pensize(10)
turtle.color("yellow")
turtle.circle(100)
#绿圆
turtle.penup()
turtle.left(-90)
turtle.forward(50)
turtle.right(90)
turtle.pendown()
turtle.pensize(10)
turtle.color("green")
turtle.circle(100)
turtle.done()
```

Chap20_23.py 的运行结果如图 20.25 所示。

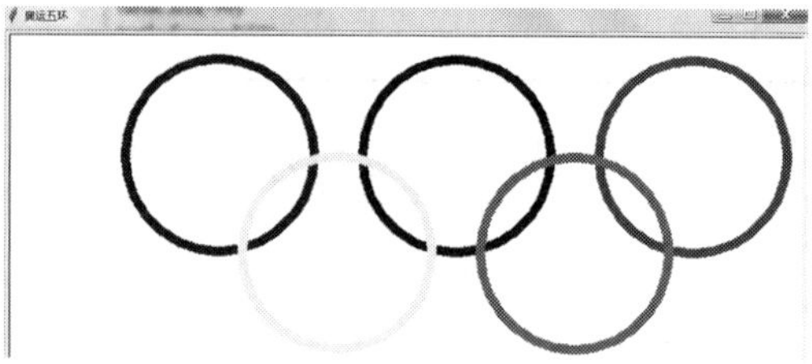

图 20.25　Chap20_23.py 的运行结果

20.7.21　画笑脸

表 20.28 给出了 Chap20_24.py 的源代码，它是画笑脸的实例程序。

表 20.28　　Chap20_24.py 的源代码

```
#Chap20_24.py，画笑脸
import turtle
turtle.pensize(5)
turtle.pencolor("yellow")
turtle.fillcolor("red")
turtle.penup()
turtle.goto(0, -200)
turtle.pendown()
turtle.circle(200)
turtle.penup()
turtle.goto(-100, 50)
turtle.pendown()
turtle.begin_fill()
turtle.circle(17.5)
turtle.end_fill()
turtle.penup()
turtle.goto(100, 50)
turtle.pendown()
turtle.begin_fill()
turtle.circle(17.5)
turtle.end_fill()
turtle.penup()
turtle.goto(0, 50)
turtle.pendown()
turtle.circle(-70, steps=3)
turtle.penup()
turtle.goto(-100, -70)
turtle.pendown()
turtle.right(90)
turtle.circle(100, 180)
turtle.mainloop()
```

Chap20_24.py 的运行结果如图 20.26 所示。

图 20.26 Chap20_24.py 的运行结果

20.7.22 画柱形图

表 20.29 给出了 Chap20_25.py 的源代码，它是画柱形图的实例程序。

表 20.29 Chap20_25.py 的源代码

```
#Chap20_25.py，画柱形图
import turtle
heights = [856,420,360,260,205]
def main():
    t = turtle.Turtle()
    t.hideturtle()
    for i in range(5):
        drawFilledRectangle(t,-200+(76*i),0,76,heights[i]/4,"black","yellow")
    displayText(t)
def drawFilledRectangle(t,x,y,w,h,colorP="black",colorF="white"):
    t.pencolor(colorP)
    t.fillcolor(colorF)
    t.up()
    t.goto(x,y)
    t.down()
    t.begin_fill()
    t.goto(x+w,y)
    t.goto(x+w,y+h)
    t.goto(x,y+h)
    t.goto(x,y)
    t.end_fill()
def displayText(t):
    languages = ["first", "second", "third", "fourth", "fifth"]
    t.pencolor("blue")
    t.up()
    for i in range(5):
        t.goto((-162+76*i),heights[i] / 4)
        t.write(str(heights[i]),align="center",font=("Arial",10,"normal"))
        t.goto((-162+76*i),10)
```

续表

```
        t.write(languages[i],align="center",font=("Arial",10,"normal"))
        t.goto(-200,-25)
        t.write("统计图",font=("Arial",10,"normal"))
        t.goto(-200,-45)
        t.write('(柱形图)',font=("Arial",10,"normal"))
main()
turtle.done()
```

Chap20_25.py 的运行结果如图 20.27 所示。

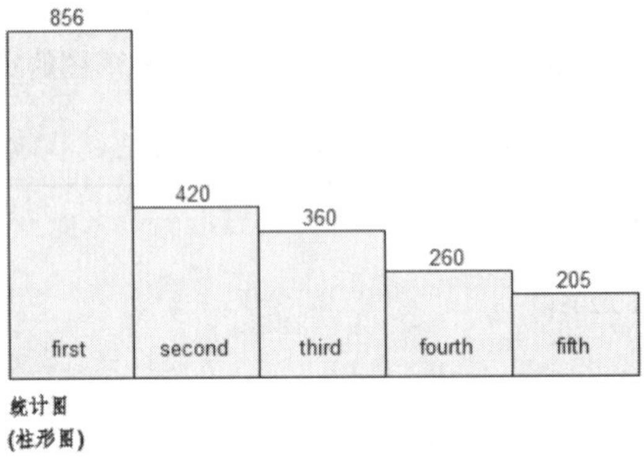

图 20.27　Chap20_25.py 的运行结果

20.7.23　画折线图

表 20.30 给出了 Chap20_26.py 的源代码，它是画折线图的实例程序。

表 20.30　Chap20_26.py 的源代码

```
#Chap20_26.py，画折线图
import turtle
yValues = [10.0,7.4,6.4,5.3,4.4,3.7,2.6]
def main():
    t = turtle.Turtle()
    t.hideturtle()
    drawLine(t,0,0,300,0) #画 x 轴
    drawLine(t,0,0,0,175) #画 y 轴
    #画折线
    for i in range(6):
        drawLineWithDots(t,40 + (40 * i),15 * yValues[i],40 + (40 * (i+1)),15 * (yValues[i+1]),"blue")
    drawTickMarks(t)
    #给图上 x y 轴上的间距点表上值
    displayText(t)
```

续表

```
def drawLine(t,x1,y1,x2,y2,colorP="black"):
    t.up()
    t.goto(x1,y1)
    t.down()
    t.pencolor(colorP)
    t.goto(x2,y2)
def drawLineWithDots(t,x1,y1,x2,y2,colorP="black"):
    t.pencolor(colorP)
    t.up()
    t.goto(x1,y1)
    t.dot(5)
    t.down()
    t.goto(x2,y2)
    t.dot(5)
def drawTickMarks(t):
    for i in range(1,8):
        drawLine(t,40*i,0,40*i,10) #画 x 轴上的间距点
    drawLine(t,0,15 * max(yValues), 10, 15*max(yValues)) #画出 y 轴最上面的那一个点
    drawLine(t,0,15 * min(yValues), 10, 15*min(yValues)) #画出 y 轴最下面的那一个点
def displayText(t):
    t.pencolor("blue")
    t.up()
    #在对应的位置标出 10.0
    t.goto(-10,(15*max(yValues))-8)
    t.write(max(yValues),align="center")
    #再对应的位置标出 2.6
    t.goto(-10,(15*min(yValues))-8)
    t.write(min(yValues),align="center")
    #标出 x 轴上对应的点
    x = 40
    for i in range(2006,2019,2):
        t.goto(x,-20)
        t.write(str(i),align="center")
        x += 40
    #在这张折线图下方给点说明
    t.goto(0,-50)
    t.write("折线图分析图",font=("Arial",16,"normal"))
main()
turtle.done()
```

Chap20_26.py 的运行结果如图 20.28 所示。

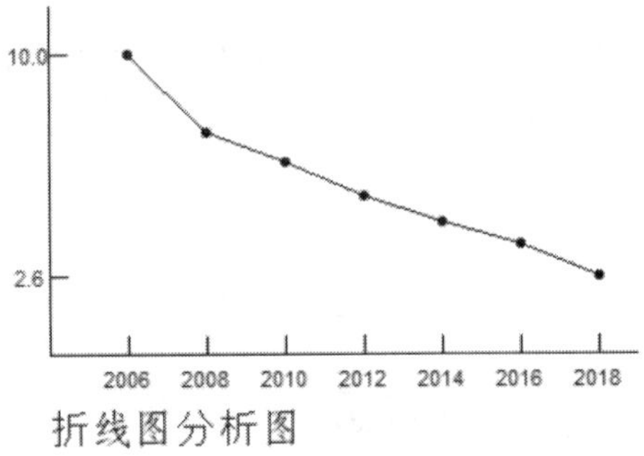

图 20.28 Chap20_26.py 的运行结果

20.8 小　结

本章讲解了通过 turtle 绘制图形，具体包括：turtle 模块命令、空间（角度）坐标体系、控制函数、画笔运动命令、画笔控制命令、全局控制命令、一系列的绘图实例。

第21章 Python处理Excel文件

办公文件，如Word文件（后缀.doc、后缀.docx等）、Excel文件（后缀.xls、后缀.xlsx等）、PPT文件（后缀.ppt、后缀.pptx等），是我们常用的文件。本章讲解了Python如何处理Excel文件。

21.1 Excel数据

我们经常要处理Excel的数据。处理Excel数据，需要使用pandas模块。本章汇总了pandas模块处理Excel的数据基本方法，讲解了pandas模块处理表格数据常用的一些操作。

首先，在编辑器PyCharm中导入、安装pandas模块。具体来说，在编辑器界面的下面，点击“Python Packages”按钮，在弹出的搜索框中，输入“pandas”进行搜索，然后点击“安装”按钮。导入、安装pandas模块之后，就可以使用pandas模块了。

其次，用同样的方法，在编辑器PyCharm中导入、安装openpyxl模块、numpy模块。pandas模块、openpyxl模块、numpy模块这几个模块都需要。

在当前目录下，有一个名为“example.xlsx”的Excel文件，这个Excel文件中有一个名为“Sheet1”的工作表（Sheet），这个工作表中有9个字段，包括“编号”“姓名”“性别”“年龄”“学历”“科室”“职务等级”“工资”“Date”。这个名为“Sheet1”的工作表共有10条记录。数据占据位置：A1:I11。

“Sheet1”工作表的界面如图21.1所示。

	A	B	C	D	E	F	G	H	I
1	编号	姓名	性别	年龄	学历	科室	职务等级	工资	Date
2	10001	杨静	女	45	本科	科室2	总监	15000	2021/3/4
3	10002	高瑾	女	42	大专	科室1	员工	7000	2022/3/5
4	10003	丁建华	男	35	博士	科室1	总监	16000	2020/11/4
5	10004	张晓丽	女	40	博士	科室1	副总经理	18000	2022/3/14
6	10005	许磊	男	55	本科	科室2	副总经理	14000	2021/3/15
7	10006	陈文玮	男	35	硕士	科室3	总监	12000	2019/10/4
8	10007	侯建平	男	23	本科	科室2	员工	8000	2018/3/5
9	10008	余敏	男	36	大专	科室2	员工	9000	2021/3/6
10	10009	刘兴庭	男	50	硕士	科室1	总经理	25000	2021/3/12
11	10010	黄婷	女	26	大专	科室3	员工	4000	2021/11/11

图21.1 Sheet1.xlsx工作表的界面

21.2 使用 pandas 库读取 Excel 文件

表 21.1 给出了 Chap21_1.py 的源代码。

读取当前目录下 Excel 文件“example.xls”，并打印内容、行数、列数。

表 21.1　　　　Chap21_1.py 的源代码

```
import pandas as pd
# 读取 Excel 文件
data_xls = pd.read_excel('example.xlsx',engine="openpyxl")
height,width = data_xls.shape
print("数据的行数：",height,"数据的列数",width)
print(data_xls)
```

Chap21_1.py 的运行结果如图 21.2 所示。

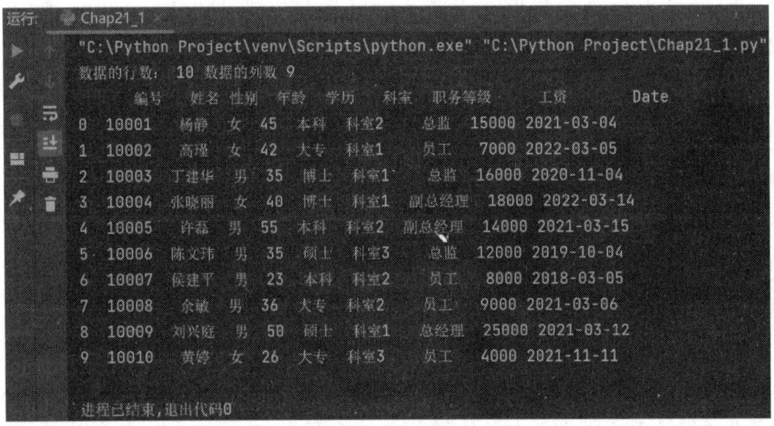

图 21.2　Chap21_1.py 的运行结果

21.3 写入 Excel 文件

表 21.2 给出了 Chap21_2.py 的源代码。

读取当前目录下 Excel 文件“example.xlsx”中工作表“Sheet1”中的数据，将得到的数据写入新建 Excel 文件“new.xlsx”中的工作表“Student”中。

表 21.2　　　　Chap21_2.py 的源代码

```
import pandas as pd
data_xls = pd.read_excel('example.xlsx',engine="openpyxl")
#writing excel file
data_xls.to_excel("new.xlsx", sheet_name="Student")
```

为了写入 Excel 文件，需要调用“to_excel”方法。

该方法接受两个参数，其中一个为写入的文件名（“new.xls”），另一个为工作表名，也就是 Excel 中的 sheet 名（“Student”）。

执行这段代码后，会在当前目录下创建一个名为“new.xls”的文件，其内容和“example.xlsx”略有不同，如图 21.3 所示。

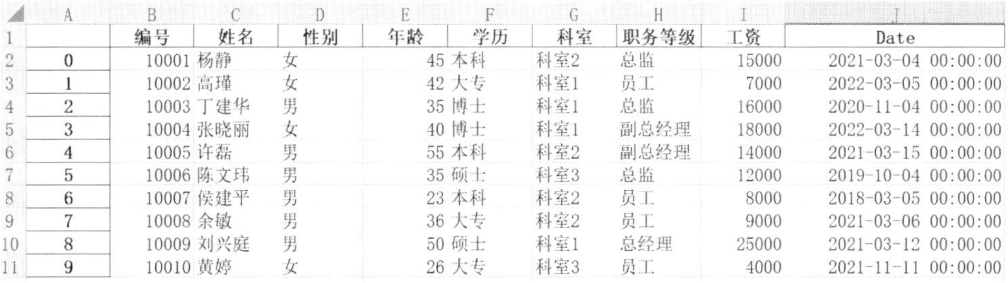

	A	B	C	D	E	F	G	H	I	J
1		编号	姓名	性别	年龄	学历	科室	职务等级	工资	Date
2	0	10001	杨静	女	45	本科	科室2	总监	15000	2021-03-04 00:00:00
3	1	10002	高瑾	女	42	大专	科室1	员工	7000	2022-03-05 00:00:00
4	2	10003	丁建华	男	35	博士	科室1	总监	16000	2020-11-04 00:00:00
5	3	10004	张晓丽	女	40	博士	科室1	副总经理	18000	2022-03-14 00:00:00
6	4	10005	许磊	男	55	本科	科室2	副总经理	14000	2021-03-15 00:00:00
7	5	10006	陈文玮	男	35	硕士	科室3	总监	12000	2019-10-04 00:00:00
8	6	10007	侯建平	男	23	本科	科室2	员工	8000	2018-03-05 00:00:00
9	7	10008	余敏	男	36	大专	科室2	员工	9000	2021-03-06 00:00:00
10	8	10009	刘兴庭	男	50	硕士	科室1	总经理	25000	2021-03-12 00:00:00
11	9	10010	黄婷	女	26	大专	科室3	员工	4000	2021-11-11 00:00:00

图 21.3　“new.xls”文件中的“Student”工作表

21.4　数 据 排 序

表 21.3 给出了 Chap21_3.py 的源代码。

读取当前目录下 Excel 文件“example.xls”中“Sheet1”工作表的数据，对“年龄”字段进行升序排列，并打印出排序结果。

表 21.3　　　　Chap21_3.py 的源代码

```
import pandas as pd
data_xls = pd.read_excel('example.xlsx',engine="openpyxl")
sorted_df = data_xls.sort_values('年龄')
print(sorted_df)
```

Chap21_3.py 的运行结果如图 21.4 所示。

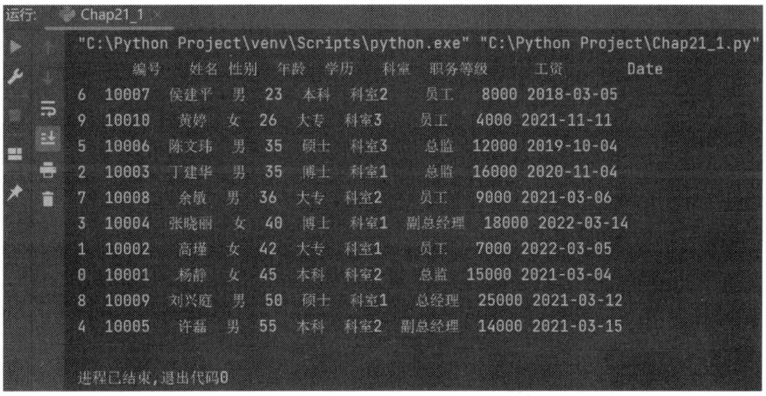

图 21.4　Chap21_3.py 的运行结果

第 22 章　Python 处理 CSV 文件

逗号分隔值（Comma-Separated Values，CSV，有时也被称为字符分隔值，因为分隔字符也可以不是逗号），其文件以纯文本形式存储表格数据（数字和文本）。纯文本意味着该文件是一个字符序列，不含必须像二进制数字那样被解读的数据。

CSV 文件由任意数目的记录组成，记录之间以某种换行符分隔；每条记录由字段组成，字段间的分隔符是其他字符或字符串，最常见的是逗号或制表符。通常，所有记录都有完全相同的字段序列，通常都是纯文本文件。

建议使用 Wordpad 或是记事本（Note）来开启，也可以先另存新文档后，用 Excel 开启，这也是方法之一。

CSV 文件格式的通用标准并不存在，但是在 RFC 4180 中有基础性的描述。使用的字符编码同样没有被指定，但是 7-bitASCII 是最基本的通用编码。

22.1　CSV 文件数据

在当前目录下，有一个名为“my_csv.csv”的 Excel 文件，在这个 Excel 文件中，有一个名为“Sheet1”的工作表（Sheet），这个工作表中有 3 个字段，包括“编号”“姓名”“成绩”。这个名为“Sheet1”的工作表共有 6 条记录。数据占据位置：A1:C7。

“Sheet1”工作表的界面如图 22.1 所示。

	A	B	C
1	编号	姓名	成绩
2	10001	宋江	80.5
3	10002	卢俊义	91
4	10003	吴用	79.5
5	10004	武松	89.1
6	10005	林冲	91.5
7	10006	秦明	92.5

图 22.1　Sheet1.xlsx 工作表的界面

22.2　使用 pandas 库读取 CSV 文件

表 22.1 给出了 Chap22_1.py 的源代码。

读取当前目录下 CSV 文件“mycsv.csv”，并打印内容、行数、列数。

表 22.1　　Chap22_1.py 的源代码

```
import pandas as pd
data = pd.read_csv('my_csv.csv',encoding='utf-8')
print(data)
```

Chap22_1.py 的运行结果如图 22.2 所示。

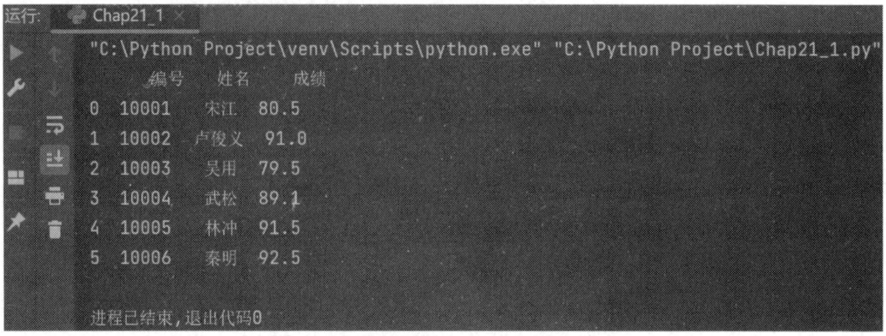

图 22.2 **Chap22_1.py** 的运行结果

22.3 打印前 5 行和后 5 行

表 22.2 给出了 Chap22_2.py 的源代码。

读取当前目录下 CSV 文件“my_csv.csv”中工作表“Sheet1”中的数据。

表 22.2 **Chap22_2.py 的源代码**

```
import pandas as pd
data = pd.read_csv('my_csv.csv',encoding='utf-8')
print(data.head())  # 前五行
print(data.tail())  # 后五行
```

Chap22_2.py 的运行结果如图 22.3 所示。

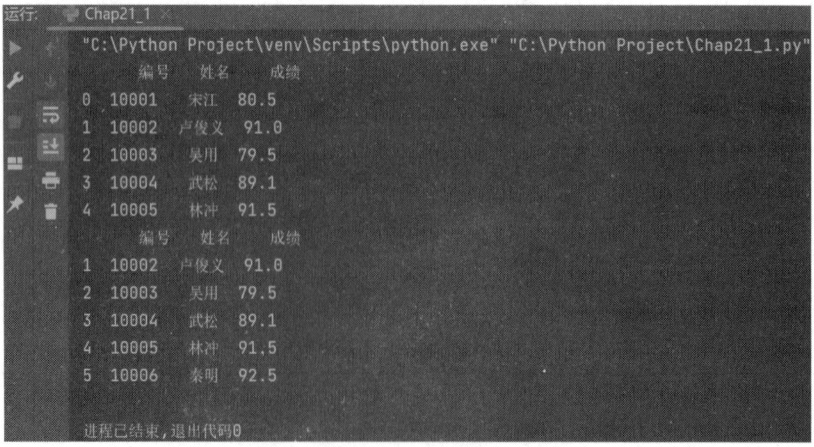

图 22.3 前 5 行、后 5 行数据

22.4 改 列 名

表 22.3 给出了 Chap22_3.py 的源代码。

读取当前目录下 CSV 文件“my_csv.csv”中“Sheet1”工作表的数据，对“成绩”字段改名，改为“战斗成绩”。

表 22.3　　　　Chap22_3.py 的源代码

```
import pandas as pd
data = pd.read_csv('my_csv.csv',encoding='utf-8')
data.rename(columns={'成绩': '战斗成绩'}, inplace=True)
print(data)
```

Chap22_3.py 的运行结果如图 22.4 所示。

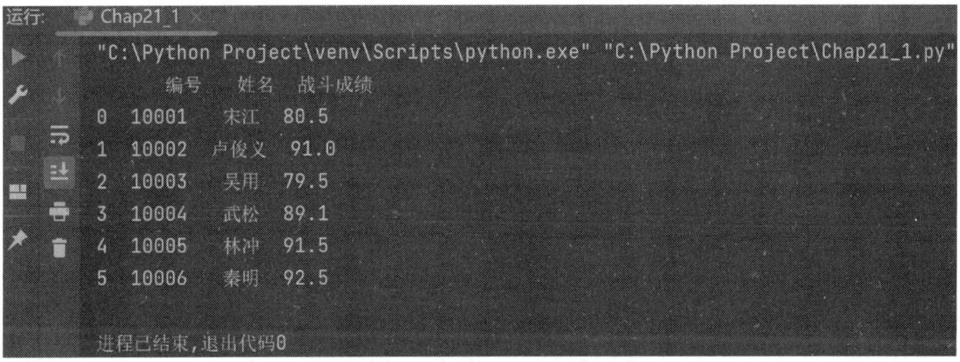

图 22.4　Chap22_3.py 的运行结果

22.5 筛　选

表 22.4 给出了 Chap22_4.py 的源代码。

读取当前目录下 CSV 文件“my_csv.csv”中“Sheet1”工作表的数据，对“成绩”字段进行筛选，筛选出成绩超过 90 分的数据。

表 22.4　　　　Chap22_4.py 的源代码

```
import pandas as pd
data = pd.read_csv('my_csv.csv',encoding='utf-8')
filtered_data = data[data['成绩'] > 90]
print(filtered_data)
```

Chap22_4.py 的运行结果如图 22.5 所示。

图 22.5 **Chap22_4.py 的运行结果**

22.6 统计分析

表 22.5 给出了 Chap22_5.py 的源代码。

读取当前目录下 CSV 文件“my_csv.csv”中“Sheet1”工作表的数据，对“成绩”字段统计分析，求成绩的中位数。

表 22.5　　Chap22_5.py 的源代码

```
import pandas as pd
data = pd.read_csv('my_csv.csv',encoding='utf-8')
average_age = data['成绩'].mean()
print(average_age)
```

Chap22_5.py 的运行结果如图 22.6 所示。

图 22.6 **Chap22_5.py 的运行结果**

22.7 排序操作

表 22.6 给出了 Chap22_6.py 的源代码。

读取当前目录下 CSV 文件“my_csv.csv”中“Sheet1”工作表的数据，对“成绩”字段进行排序，按升序排列。

表 22.6　　Chap22_6.py 的源代码

```
import pandas as pd
data = pd.read_csv('my_csv.csv',encoding='utf-8')
sorted_data = data.sort_values(by='成绩', ascending=True)
print(sorted_data)
```

Chap22_6.py 的运行结果如图 22.7 所示。

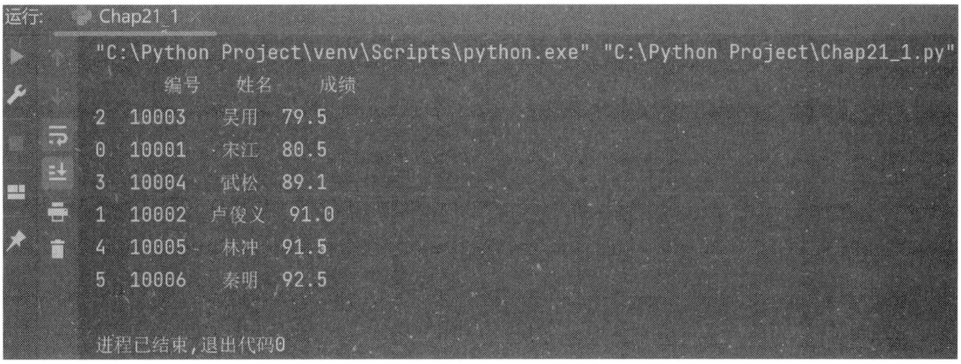

图 22.7　**Chap22_6.py** 的运行结果

22.8 打印字段

表 22.7 给出了 Chap22_7.py 的源代码。

读取当前目录下 CSV 文件“my_csv.csv”中“Sheet1”工作表的数据，返回全部列名，返回 CSV 文件形状以及前两行的数据。

表 22.7　　**Chap22_7.py** 的源代码

```
data = pd.read_csv('my_csv.csv',encoding='utf-8')
print(data.columns)  # 返回全部列名
print(data.shape)  # f 返回 csv 文件形状
print(data.loc[1:2])  # 打印第 1 到 2 行
```

Chap22_7.py 的运行结果如图 22.8 所示。

图 22.8　**Chap22_7.py** 的运行结果